活性多肽研究开发
与应用

主　编　宋　芸　苏文琴　毛麓嘉　张俊清
副主编　张鹏威　贾　皓
编　者　（以姓氏拼音为序）
　　　　关薇薇　贾　皓　罗喻超　毛麓嘉
　　　　宋　芸　苏文琴　张俊清　张鹏威

北　京

内 容 简 介

本书是一本全面介绍多肽药物研发及多肽应用的专业书籍。内容涵盖了多肽的特点、来源，多肽的合成、表征及多肽的质量研究，多肽药物的开发和多肽药物制剂，最后列出已上市的多肽药物、多肽食品和保健品等。全书内容全面，注重理论与实践的结合，具有较强的理论性、专业性和实践性。

本书既可作为高校教师、研究生及高年级本科生的教学参考书或选修教材，也可为药物研究院（所）及医药研发单位（企业）从事立项、研究、开发和管理的工作人员提供多肽药物研发的相关知识。

图书在版编目（CIP）数据

活性多肽研究开发与应用/宋芸等主编. —北京：科学出版社，2021.5

ISBN 978-7-03-068765-4

Ⅰ. ①活… Ⅱ. ①宋… Ⅲ. ①生物活性－多肽－研究 Ⅳ. ①Q516

中国版本图书馆 CIP 数据核字（2021）第 086662 号

责任编辑：王　超　李　清/责任校对：王晓茜
责任印制：赵　博/封面设计：陈　敬

科 学 出 版 社 出版

北京东黄城根北街 16 号
邮政编码：100717
http://www.sciencep.com

北京富资园科技发展有限公司印刷
科学出版社发行　各地新华书店经销

*

2021 年 5 月第　一　版　　开本：787×1092　1/16
2024 年 7 月第三次印刷　　印张：11 1/2
字数：289 000

定价：98.00 元
（如有印装质量问题，我社负责调换）

前　言

肽是氨基酸以肽键连接在一起而形成的一类化合物，也是蛋白质水解的中间产物。在自然界中存在各种各样的活性多肽，它们具有广泛的生理活性。生命活动中的细胞分化、神经激素递质调节、免疫调节及肿瘤病变等生理、病理过程均与活性多肽密切相关。

20世纪90年代以来，伴随着生物化学和分子生物学技术的飞速发展及多肽合成技术的日臻成熟，越来越多的活性多肽已被开发用于医药、食品、化妆品、农业及畜牧业等领域。1995年至今，各国药品主管部门评审通过的新药中，大约1/3与多肽或蛋白质有关。目前，世界范围内已有70多种化学合成或基因重组的多肽药物被批准上市。许多多肽新药对艾滋病、癌症、肝炎、糖尿病、慢性疼痛等治疗效果显著，已成为新药研发热点之一。多肽药物市场亦发展迅速，年增长率达20%，超过了总体医药市场9%的年增长率，为制药企业带来了巨大的利润。

本书是一本全面介绍多肽药物研发及多肽应用的专业书籍。全书共六章，内容涵盖了多肽的特点、来源，多肽的合成、表征及多肽的质量研究，多肽药物的发现和多肽药物制剂，以及已上市的多肽药物、多肽食品和保健品等。

限于编者专业水平，书中不足之处在所难免，敬请广大读者及同行专家批评斧正，并提出宝贵意见。

宋　芸

2020年5月

目　　录

第一章 多肽基础

多肽是一类普遍存在于生物体内由氨基酸组成的化学物质，迄今在生物体内发现的多肽已达数万种。生命活动中的细胞分化、神经激素递质调节、免疫调节及肿瘤病变等生理病理过程均与活性多肽密切相关。多肽因具有广泛的生物活性及良好的安全性已经显示出广泛的应用前景，其药物研发也日益受到重视。20 世纪 90 年代以来，伴随着生物化学和分子生物学技术的飞速发展及合成多肽技术的日臻成熟，越来越多的活性多肽已被开发用于医药、食品、化妆品、农业及畜牧业等领域。本章主要对多肽基础及多肽的应用作一般性介绍。

第一节 概 述

一、多肽的概念及结构

（一）氨基酸

肽指 2 个或以上的氨基酸脱水缩合形成的化合物，大小介于蛋白质与氨基酸之间（图 1-1）。因此，在认识多肽化合物之前，首先需要了解氨基酸。氨基酸中间为 α-碳原子，其上连接一个氨基、一个羧基、一个氢原子和一个侧链 R 基团（图 1-2），不同的氨基酸仅是 R 基团不同所致。天然存在的氨基酸仅有 20 种，除甘氨酸外，其余均为 L 型 α-氨基酸（图 1-3）。

氨基酸　　肽　　蛋白质

图 1-1　氨基酸、肽和蛋白质之间的关系

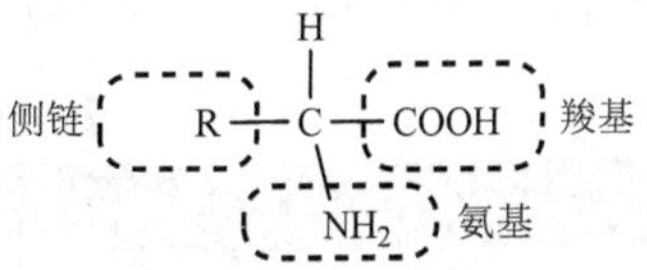

图 1-2　氨基酸通式

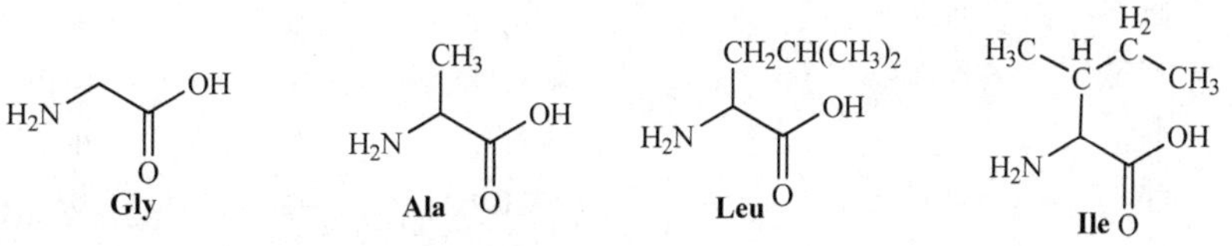

Gly　　**Ala**　　**Leu**　　**Ile**

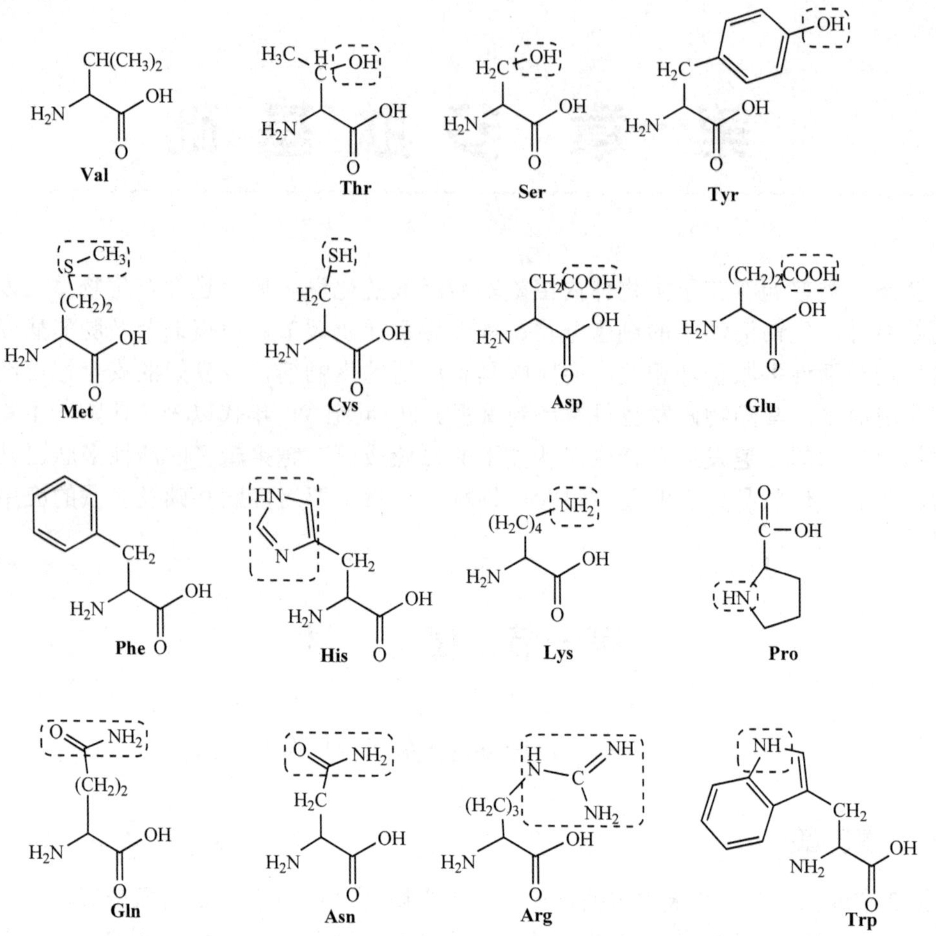

图 1-3 天然氨基酸的结构式

按照国际纯粹与应用化学联合会（IUPAC）和国际生化协会（IUB）所属术语委员会（CBN）制定和公布的命名及缩写规则，常见氨基酸的缩写有三字母代码和单字母符号两种（表 1-1）。L-氨基酸的 L 一般均省去，而 D 或 DL 则必须表示出来。

表 1-1 常见氨基酸的命名和缩写

氨基酸	中文缩写	三字母代码	单字母符号	氨基酸	中文缩写	三字母代码	单字母符号
丙氨酸	丙	Ala	A	丝氨酸	丝	Ser	S
缬氨酸	缬	Val	V	苏氨酸	苏	Thr	T
亮氨酸	亮	Leu	L	半胱氨酸	半胱	Cys	C
异亮氨酸	异亮	Ile	I	天冬酰胺	天胺	Asn	N
脯氨酸	脯	Pro	P	酪氨酸	酪	Tyr	Y
甘氨酸	甘	Gly	G	天冬氨酸	天	Asp	D
色氨酸	色	Trp	W	谷氨酸	谷	Glu	E
苯丙氨酸	苯丙	Phe	F	赖氨酸	赖	Lys	K
谷氨酰胺	谷氨	Gln	Q	精氨酸	精	Arg	R
甲硫氨酸	甲硫	Met	M	组氨酸	组	His	H

（二）多肽

　　一分子 α-氨基酸的羧基与另一分子 α-氨基酸的氨基经脱水以酰胺键连接生成的化合物称为肽（peptide），肽分子中的酰胺键称为肽键（peptide linkages）。肽是生物体内一类重要的活性物质，由两个氨基酸形成的肽称为二肽，由三个氨基酸形成的肽称为三肽，肽分子中的每一个氨基酸部分称为氨基酸残基，开链状的肽的自由氨基一端称为肽链的氨基端（amino terminal），又称为 N 端或 H 端；另一端则称为羧基端（carboxyl terminal），又称为 C 端或 OH 端（图 1-4）。通常把含小于 10 个氨基酸残基的肽称为寡肽（oligopeptide）或小分子肽，含 10～80（或 100）个氨基酸残基的肽称为多肽（polypeptide）。

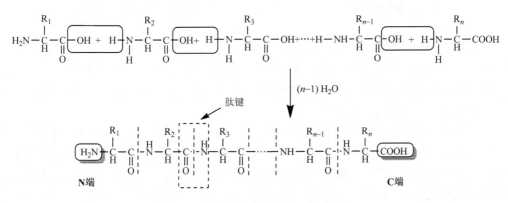

图 1-4　氨基酸的成肽反应及多肽结构

　　与高分子聚合物不同，作为肽链基本构建的单体是各种氨基酸残基，它们的侧链结构各不相同，因此肽不是高分子聚合物。与蛋白质相比，肽的共价键形成的链结构与前者相同，但链长度及分子量远远小于前者。因此，肽又不是蛋白质。

（三）多肽的结构

　　1. 多肽的一级结构（primary structure）　　指其氨基酸序列。多个氨基酸残基首尾相连形成肽链后，由于肽链的 N 端与 C 端性质不同，肽链中各氨基酸残基的连接顺序不仅会导致多肽结构的改变，也会导致多肽生物活性的变化。例如，Asp 与 Phe 缩合可以形成 2 种二肽，即 Asp-Phe 和 Phe-Asp（左侧为 N 端），前者的甲酯（即阿斯巴甜）比蔗糖甜近 200 倍（Asp 与 Phe 均无甜味，而且 Phe 略带苦味），而后者的衍生物则无甜味。氨基酸残基的改变也会导致多肽生物活性的变化，如催产素与加压素两种物质均为含 9 个氨基酸残基的多肽，分子中只有第 3 位和第 8 位氨基酸残基不同，但二者生物活性却完全不同：加压素主要作用是抗利尿和升血压，而催产素主要引起子宫平滑肌收缩；如果末端封闭，则二者都会丧失活性。

　　2. 肽键平面　　肽键与相邻 α-碳原子组成的基团（—C_{α}—CO—NH—C_{α}—）称为肽单元，多肽的主链骨架就是由多个肽单元连接而成的。在多肽氨基酸序列确定的前提下，其空间构象的表征主要与多肽分子结构中存在的 3 种扭转角（torsion angel），即 phi（ϕ）、psi（ψ）和 omega（ω）有关，如图 1-5 所示。由于肽键存在共振效应，具有明显的双键特征，不能自由旋转，因此通常认为 ω 为 180°，即组成肽单元的 6 个原子位于同一平面内，如图 1-6 所示，这个平面称为肽键平面。对一些简单的多肽和蛋白质肽键的 X 射线晶体衍射分析表明，肽单元的空间结构为平面结构，而且肽键呈反式构型。

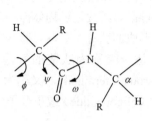

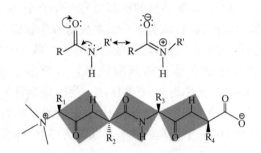

图 1-5　多肽的扭转角　　　　　　　图 1-6　共振效应与多肽键平面

　　肽键平面的确定使得多肽二级结构的研究更加简化，只需考虑 ϕ 和 ψ 两种扭转角即可。Linus Pauling 于 1951 年首次提出多肽链的 α 螺旋结构，其推论的前提之一就是肽键不可自由旋转。

　　然而，最近研究表明肽键并非完全的刚性结构，在对环状多肽及某些蛋白质和寡肽的结构研究中，已发现了许多非平面肽键。

　　3. 氢键缔合与多肽二级结构　肽单元中两个碳原子的化学状态存在差别，N 一侧为带侧链取代基（Gly 除外）的 α-碳，N 另一侧为酰基碳。除 Pro 残基外，出现在多肽分子中的其他 19 种氨基酸残基上的 N 均带有一个氢，后者作为氢的供体可与肽链上酰基中的氧（氢的受体）形成氢键。除含氨基酸残基较少的寡肽外，一般的多肽分子中往往存在密度很高的氢键缔合结构，即肽的二级结构。

　　大多数化学合成多肽的空间结构相对简单，主要与多肽主链构象即多肽的二级结构有关，如 α 螺旋和 β 折叠（图 1-7）、β 转角和不规则卷曲等。氢键缔合对多肽的规则二级结构如 α 螺旋、β 折叠起稳定的作用。多肽的二级结构对其物理性质如溶解性、吸附性能及生物活性均存在影响。对于具有一定空间结构才能发挥活性的多肽药物，应进行必要的立体化学研究。

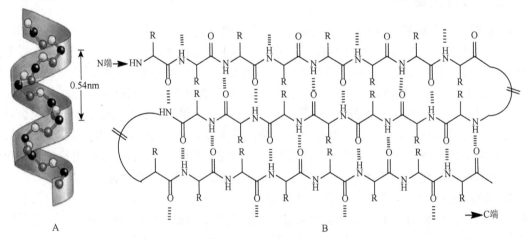

图 1-7　多肽二级结构

A. α 螺旋结构；B. β 折叠结构

二、多肽的命名及特点

（一）多肽的命名及肽链书写

多肽的命名是将多肽作为 *N*-酰基氨基酸形式，规定从肽链的 N 端氨基酸残基开始，氨基酸残基原名后加酰，处于肽链 C 端的氨基酸残基用原名，称为某氨基酰某氨基酰某氨基酸，如四肽命名为丝氨酰甘氨酰酪氨酰丙氨酸（图 1-8）。

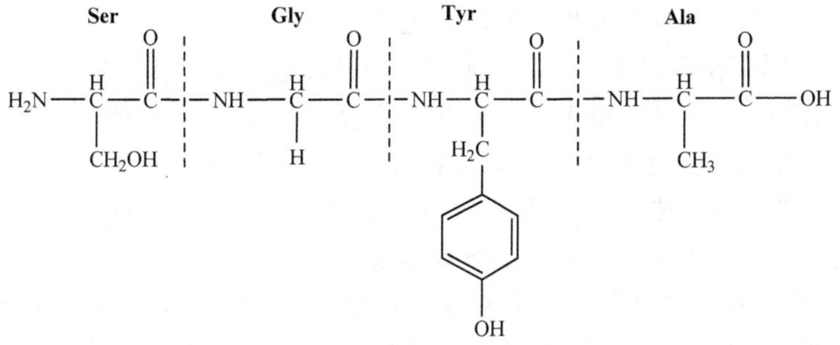

图 1-8　四肽丝氨酰甘氨酰酪氨酰丙氨酸结构

肽链中的氨基酸也可用三字母代码表示，按照氨基酸顺序从 N 端到 C 端依次书写，当三字母代码的左右均无任何连接，则应理解为氨基（一般在左侧）和羧基均未被修饰，如 Ser-Gly 即为 H-Ser-Gly-OH。Ser-Gly-Tyr-Ala 表示多肽不处于离子化状态，如果需要强调个别多肽的离子化状态，可写作如下形式：H-Ser-Gly-Tyr-Ala-O⁻、⁺H₂-Ser-Gly-Tyr-Ala-OH 或⁺H₂-Ser-Gly-Tyr-Ala-O⁻，分别表示阴离子、阳离子和两性离子。有时也可用单字母符号或中文缩写来表示肽链。图 1-8 中的多肽名称可表示如下：

三字母代码：Ser-Gly-Tyr-Ala　　　　　阴离子表示：H-Ser-Gly-Tyr-Ala-O⁻

单字母符号：S·G·Y·A　　　　　　　　阳离子表示：⁺H₂-Ser-Gly-Tyr-Ala-OH

中文缩写：丝-甘-酪-丙　　　　　　　　两性离子表示：⁺H₂-Ser-Gly-Tyr-Ala-O⁻

若氨基酸残基侧链取代基有必要表示出来，则取代基用紧接在氨基酸后的括号或上下垂直键表示，图 1-9 所示的四肽衍生物其缩写为 Ser-Lys（Boc）-Tyr-（OtBu）-Ala。

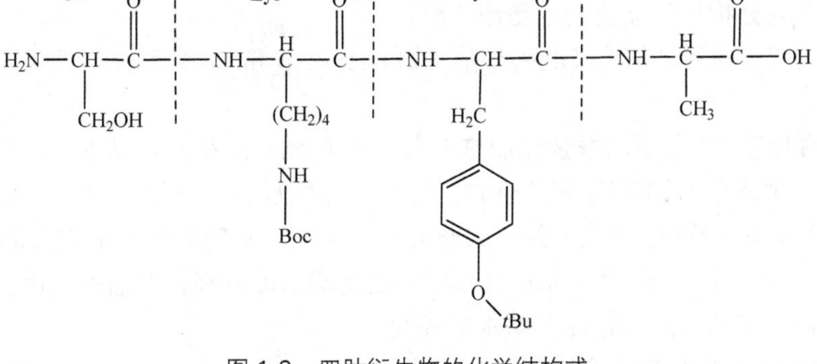

图 1-9　四肽衍生物的化学结构式

如果已知多肽的全部序列，如 Ser-Gly-Tyr-Ala，则两端不需加短线；如果所表示的是多肽的部分序列，则分子式两端都需加短线，如-Ser-Gly-Tyr-Ala-；如果多肽的部分序列未阐明或者一定位置的氨基酸未确认，则将推测的氨基酸在括号内写出，用逗号隔开，如 H-Ser-Gly-(Tyr, Leu, Ala, Ser, Gly)-Tyr-Ala-OH。

（二）多肽的特点

与普通有机化合物相比，多肽在物理、化学、生物活性及制备方法等方面具有自身的特点。组成多肽的氨基酸残基的种类、数量各不相同，因此多肽间的化学性质与功能也有所不同，甚至存在很大差别，具有一定的多样性，但同时也具有一定的共性。

1. 多肽的两性解离和等电点　多肽在水溶液中是以兼性离子存在的，在 pH 0～14 内，肽键中的亚氨基不能解离，因此其酸碱性主要取决于肽链 N 端和 C 端的自由氨基、自由羧基及 R 基上可解离的官能团。肽链中游离 α-氨基和游离 α-羧基的间隔比氨基酸中的大，因此它们之间的静电引力较弱，多肽中的 C 端羧基的 pK_a 值比游离氨基酸中的大，而 N 端氨基的 pK_a 值比氨基酸中的小一些，R 基的解离与氨基酸相似。

作为带电物质，多肽可以在电场中移动，移动方向和速度取决于其所带电荷的种类及电荷量。多肽在溶液中所带的电荷既取决于其分子组成中碱性和酸性氨基酸的含量，也受溶液的 pH 影响。当多肽溶液处于某一 pH 时，多肽游离成正、负离子的趋势相等，即成为两性离子（zwitterion，静电荷为 0），此时溶液的 pH 称为多肽的等电点（pI）。由于各种多肽分子所含的碱性氨基酸和酸性氨基酸的数目不同，因而其各自的等电点也不相同；碱性氨基酸含量较多的多肽，其等电点偏碱性；反之，酸性氨基酸含量较多的多肽，其等电点偏酸性。

2. 旋光性　除 Gly 外的氨基酸均具有旋光性。一般短肽的旋光度约等于组成该多肽的各个氨基酸的旋光度之和，长链多肽的旋光度一般大于组成该多肽的各个氨基酸的旋光度之和。

3. 颜色反应　氨基酸中的 α-氨基、α-羧基及侧链取代基可与多种化合物作用，产生颜色反应，用于多肽的定性或定量分析。

（1）茚三酮反应：多肽与过量的水合茚三酮混合在水溶液中加热，其末端 α-氨基酸残基（Tyr 除外）会氧化脱氨，形成游离的氨，并将茚三酮还原成还原型茚三酮，氨与还原型茚三酮发生作用，生成紫色化合物，该过程中 Tyr 的氨基氧化成亚氨基结构，反应产物是黄色；在适当条件下，颜色的深浅与氨基酸的浓度成正比。通过与标准溶液比较，可进行氨基酸浓度的测定。它可以定性和定量测定微克数量级的氨基酸，是一种简单精确和灵敏的氨基酸测定方法。常用的氨基酸自动分析仪的显色剂也是茚三酮。

（2）黄色反应：硝酸可与氨基酸的苯基（如 Phe、Trp 和 Tyr）反应生成硝基苯衍生物而显黄色。

（3）双缩脲反应：2 分子的尿素经加热失去 1 分子 NH_3 而得到双缩脲，双缩脲能够与碱性硫酸铜作用，产生蓝色的铜-双缩脲络合物，称为双缩脲反应。肽键具有与双缩脲相似的结构特点，也可发生双缩脲反应，生成紫红色或蓝紫色络合物。双缩脲反应是多肽特有的颜色反应，游离的氨基酸不存在此反应，多肽水解加强时，氨基酸浓度升高，双缩脲呈色深度下降，借助分光光度计可测定多肽含量，检测多肽水解程度。

4. 水溶性　除了少数疏水多肽以外，多数多肽分子具有许多极性侧链基团，如—OH、

—NH₃、—COOH 等。它们可与水分子形成氢键缔合和（或）与正、负离子形成极性区，所以很多多肽具有水溶性。但在多肽合成过程中，作为中间体的有关多肽片段的侧链基团及端基（氨基或羧基）处于被保护状态，一般不溶于水而溶于有机溶剂。只有合成结束，各种保护基团被脱除，相应的极性基团游离以后，得到的游离多肽才具有水溶性，但这往往导致分离纯化的困难。研究表明，构成多肽的 20 种天然氨基酸的水溶性相对系数（以 Gly 为 0）按下列顺序递增（图 1-10），因此分子中含有 Lys、Glu、Asp、Arg 和 Ser 等残基越多的多肽，水溶性越强。

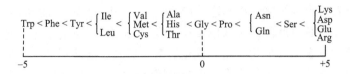

图 1-10　20 种天然氨基酸的水溶性顺序

5. 酸碱性　根据氨基酸残基的侧链结构，可将氨基酸残基分为三类：不含极性侧链的中性氨基酸、含侧链羧基的酸性氨基酸，以及含氨基、胍基或咪唑环的碱性氨基酸。其酸碱性与各自的等电点有关（图 1-11）。

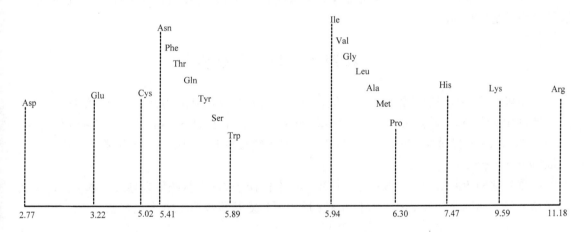

图 1-11　氨基酸各残基的等电点

当肽链中含有的 Asp 及 Glu 残基数多于 Lys、Arg 及 His 的残基数时，该多肽为酸性多肽，反之为碱性多肽。分子量大的多肽，酸碱性的存在不但直接影响其水溶性及分离纯化条件（如等电点沉淀法和电泳法等），而且存在由离子键介导的三级结构，因而对其生物活性也产生影响。

6. 酶解性　多肽的基本单元——氨基酸残基及其共价键结合方式均与蛋白质相同，因此，多肽是许多蛋白酶的必然底物。从药物研发角度看，多肽的酶解性是其致命的弱点。首先，多肽药物不能口服，否则会被消化道的各种蛋白酶消化破坏，失去活性；其次，即使是经注射进入体内，多肽化合物在到达作用靶点之前，也会被血液及组织中的蛋白酶降解，使其生物利用度大大降低。因此多肽用于临床治疗受到一定限制。

各种蛋白酶对多肽的水解，往往具有一定的特异性，仅选择性作用于某些氨基酸位点，因此利用多肽的酶解性可得到小分子多肽片段；也可利用酶解的专一性，对多肽主链进行改造，使其避免某些酶的酶解；还可将多肽用于前体药物，在特定酶的作用下使多肽酶解释放出活性成分，在一定程度上提高药物靶向性。

7. 热变性及重金属螯合性   分子量较大的多肽与蛋白质相似，它们多具有二级甚至三级结构。这些结构使肽与蛋白质分子具有与生物活性密切相关的构象特点。当温度达到一定程度时，它们的二级、三级结构就会解体，原有的构象发生改变，导致生物活性丧失，就像煮鸡蛋使蛋白质凝固一样。因此，在多肽合成反应及分离纯化中应尽量避免加热。

肽分子中具有的—OH、—NH$_2$、—COOH、—SH 及咪唑基在一定的空间位置中可与多价的重金属（M）形成较稳定的螯合物。这种特性既可赋予肽化合物独特的生物活性（如 Zn-肽的免疫调节作用，如谷胱甘肽的重金属解毒作用及 ^{111}In 或 ^{99m}Tc 标记肽的造影剂功能），又可能在合成工艺中造成重金属（如铅、汞）残留过量。后者在新药标准中是须严格控制的指标，因为这些重金属可以直接引发人体中毒，也会破坏肽链原有的构象使其失活。因此，在肽类合成的全过程中，应合理设计合成路线及后期纯化条件等。

第二节　多肽分类

一般可依据多肽的大小、结构特征及其来源或功能等几个方面对多肽进行分类，但所有多肽的分类都是相对的。

一、按照多肽的大小分类

根据多肽所含氨基酸的数目对多肽进行分类，由 n 个 α-氨基酸缩合而成的多肽称为 n 肽，可以通过加前缀 di-(二肽)、tri-(三肽)、tetra-(四肽)、penta-(五肽)、hexa-(六肽)、hepta-(七肽)、octa-(八肽)、nona-(九肽)、deca-(十肽)等表示；对于较长的多肽，可以直接用数字表示，如十二肽(dodecapeptide)。

根据目前的命名法则，一般由 15 个以下氨基酸缩合成的多肽统称为寡肽。本质上，多肽和蛋白质没有明确的划分界限，本书所述多肽主要指氨基酸残基≤50 个的多肽。

二、按照多肽的结构分类

根据肽链的结构分为同聚肽（homopolypeptides）和杂聚肽（heteropeptide），然后还可根据连接键的不同进一步划分（图 1-12）。

三、按照多肽的来源分类

所有的生物细胞都可自行合成多肽，因此天然多肽来源广泛，但随着新技术的应用，基因重组多肽和化学合成多肽也越来越受到人们的关注，尤其多肽的化学合成技术已日渐成熟，因此，天然多肽已不是人类获得多肽的唯一来源。按照多肽来源可分为天然生物活性多肽、基因重组多肽和化学合成多肽。

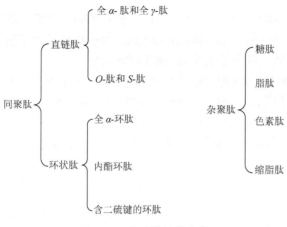

图 1-12　多肽按结构分类

（一）天然生物活性多肽

天然生物活性多肽主要分为动物生物活性多肽和植物生物活性多肽。

1. 动物生物活性多肽

（1）哺乳动物生物活性多肽：其主要存在于中性粒细胞及皮肤和黏膜的上皮细胞，分为防御素和类胰蛋白酶两大类。

（2）禽类生物活性多肽：其分子具有由 6 个 Cys 形成的 3 个二硫键，且家禽体内只存在 β 防御素。

（3）两栖动物生物活性多肽：人类已从两栖动物分离得到 100 多种生物活性多肽，其氨基酸几乎无同源性。

（4）昆虫生物活性多肽：现已发现 170 多种昆虫生物活性多肽，昆虫的免疫防御体系主要由其生物活性多肽发挥作用。

（5）海鞘多肽：已从海鞘中发现多种环肽。最令人瞩目的是从加利福尼亚海域及加勒比海中群体海鞘 *Trididemnum solidum* 中分离出的 3 种环肽 didemnin A～didemnin C，它们都具有体内和体外抗病毒及抗肿瘤活性。

（6）海葵多肽：海葵是另一类富含生物活性多肽的海洋生物。

（7）海绵多肽：geodiamolides A 和 geodiamolides B 是从海绵中分离得到的环肽，具有细胞毒活性。celenamides A～celenamides D 是从东太平洋硬海绵木中分离得到的乙酰化寡肽，体外实验证明其具有降低血色素的作用。

（8）芋螺多肽：芋螺多肽大多为由 10～30 个氨基酸残基组成的寡肽，含 2 对或 3 对二硫键，其活性与蛇毒及蝎毒等动物神经毒素相似，可使动物出现惊厥、颤抖及麻痹等症状。

（9）海星多肽：其具有刺激细胞运动并使之产生应激反应的功能。

（10）海兔多肽：从印度海兔中分离得到 10 种细胞毒性环肽多拉巴汀，即 dollabilatin 1～dollabilatin 10，其中 dollabilatin 10 对 B16 黑色素瘤的治疗剂量仅为 1.16 μg/ml，是目前已知活性最强的抗肿瘤化合物之一。

（11）海藻多肽：hormothamin 是从海藻中分离得到的毒素多肽，具有溶细胞、细胞毒和神经毒等活性。从海藻 *Lyngbya majuscula* 中分离得到一具有细胞毒活性的环多肽 majusculamide C，其对 X5536 骨髓瘤细胞的抑制率可达 35%。

（12）鱼多肽：鲨鱼软骨中存在一类多肽，它们对肺癌、肝癌、乳腺癌、消化道肿瘤、子宫颈癌、骨癌等均有抑制作用。Suesuna 和 Osajima 最先报道了沙丁鱼和带鱼的水解物中含有血管紧张素转换酶抑制肽，其分子质量为 1000～2000Da。

2. 植物生物活性多肽　植物生物活性多肽主要存在于叶子、种子、胚及子叶中，大多富含 Cys，且所有的 Cys 都形成分子内二硫键。植物环肽一般是指高等植物中主要由氨基酸通过肽键连接形成的一类环状含氮化合物。目前发现的植物环肽主要由 2～37 个 *L*-构型的编码或非编码氨基酸组成。按照植物环肽结构骨架及分布的不同，可将其分为 2 个大类和 8 个类型（图 1-13）。

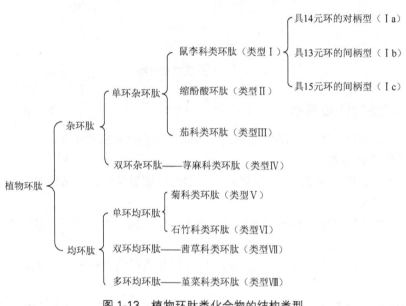

图 1-13　植物环肽类化合物的结构类型

（二）基因重组多肽

利用基因重组的方法生产多肽是降低生产成本的有效途径，但多肽对原核细胞存在毒性，在一定程度上限制了原核表达系统在其基因重组中的应用；而真核表达系统表达效率较低，对其工业化生产也造成一定影响。为克服多肽对细菌细胞的毒性，常采用融合表达或选择对多肽药物具有抗性的株系进行原核表达。对于短肽一般不需要采用基因重组技术生产。

（三）化学合成多肽

1906 年，Gly-Gly 二肽的成功合成，开启了特定序列的多肽人工合成的新时代。

20 世纪 50 年代后，许多活性多肽被从动物、植物组织中分离出来，其氨基酸序列也被确定。但是最重要的进展是化学家 Vincent du Vigneaud 的实验室先后完成了 2 个环九肽催产素及加压素的全合成。

20 世纪 60 年代初，美国化学家 Robert Bruce Merrifield（下文称 Merrifield）创建的固相合成多肽技术改变了传统液相多肽合成冗长、复杂的困难局面，并为多肽合成实现自动化、仪器化提供了客观条件。此后，大量活性多肽被化学家合成出来，极大地促进了有关医学科学及药物研究的发展。

内源性和外源性生物活性多肽为多肽药物研发提供了巨大的天然活性肽库，尽管它们可直接开发为药物，但由于其固有的特性，往往需要经过化学修饰，赋予其适合药物开发的特性，才能开发为有价值的药物。以内源性或外源性生物活性多肽为先导的多肽药物研发，是新药研发的捷径之一，给多肽药物提供了更广阔的发展空间，20 世纪 80 年代末至 90 年代出现的生物基因合成肽库和化学合成肽库给多肽药物及制药工业带来革命性进展，使其于 1998 年被美国科学家评为进展最快的十大领域之一。

四、按照多肽的功能分类

根据多肽生理功能和药理作用分类是药物化学中最为重要的分类方法。

目前，多肽药物已经应用于多个领域，如抗肿瘤肽、免疫活性肽、骨代谢肽、镇痛肽、多肽抗生素、多肽激素、抗病毒多肽、多肽疫苗及诊断用多肽等。下面分别对其进行简要介绍。

（一）抗肿瘤肽

抗肿瘤肽主要分为生长抑素类、促黄体素释放素类和抗肿瘤侵袭与转移肽三大类。

1. 生长抑素类（SST） 目前已人工合成多种生长抑素类似物，如八肽类似物奥曲肽（octreotide）、兰瑞肽（lanreotide）、伐普肽（vapreotide）和六肽类似物司格列肽（seglitide）等。目前，已有两种长效生长抑素类似物制剂问世，即长效奥曲肽（sandostatin LAR，善龙）和长效兰瑞肽。

2. 促黄体素释放素类 促黄体素释放素（luteinizing hormone releasing hormone，LHRH）又称促黄体生成素释放素（gonadotropin releasing hormone，GnRH）、促性腺素释放素，是垂体分泌的具有调控生殖功能的十肽，至今它的结构改造物已达数千种，其中成功用于临床上的药物也有十余种。根据作用机制的不同，GnRH 类似物又分为激动剂和拮抗剂。激动剂的作用机制为给药初期促进垂体促性腺素分泌，临床表现为初期使病情有所加剧，持续给药降低垂体的敏感性，从而抑制垂体促性腺素的分泌，由此可治疗激素依赖性疾病。而拮抗剂没有起始的刺激阶段，对性腺激素的抑制作用即时发生。

GnRH 激动剂在临床上已达到成熟的阶段，被用作避孕药和治疗激素依赖性肿瘤如前列腺癌、乳腺癌等。市场上常用的激动剂：①戈舍瑞林（goserelin，商品名诺雷得，Zoladex）；②亮丙瑞林（leuprorelin，商品名抑那通）；③曲普瑞林（triptorelin，商品名达菲林，Diphereline）；④布舍瑞林（buserelin）；⑤那法瑞林（nafarelin）。目前，世界上 GnRH 激动剂的产值已达每年十几亿美元。

GnRH 拮抗剂的种类远多于激动剂，真正用于临床的有 4 个药物：①加尼瑞克，用于妇女不孕症的治疗；②西曲瑞克，适应证为不孕和子宫内膜异位；③阿巴瑞克，适应证为晚期前列腺癌；④地加瑞克，用于晚期前列腺癌的治疗。与 GnRH 激动剂相比，拮抗剂没有起始的刺激阶段、疗程较短、无禁忌证、没有雌激素不足等症状，所以临床上将具有更广阔的应用前景。

3. 抗肿瘤侵袭与转移肽 Arg-Gly-Asp（RGD）是广泛存在于细胞间识别系统的基本单位，研究发现，RGD 肽具有抑制肿瘤细胞黏附与迁移、诱导肿瘤细胞凋亡和抑制肿瘤血管形成等作用。

（二）免疫活性肽

由化学合成得到的免疫活性肽化合物，往往具有高活性、低毒性、无免疫原性反应等优点，具有较好的开发应用前景。免疫活性肽主要分为胸腺激素（thymosin）、吞噬刺激素及其他类别。

1. 胸腺激素 是基本上在胸腺产生的激素，主要分为胸腺五肽（TP5）、胸腺素α_1、胸腺素β_4和血清胸腺因子等。

目前市场上成熟的产品有胸腺五肽和胸腺素α_1，其作用机制基本相同，主要作用于 T 淋巴细胞分化、发育及成熟的各个阶段，从而调节细胞免疫功能，增强机体防病和抗病能力。其临床主要用于治疗：慢性乙型肝炎、皮肤病、性病、类风湿关节炎、急性重型肝炎、年老体弱、免疫功能低下、严重感染及外科手术感染，以及用于辅助治疗肿瘤。

2. 吞噬刺激素 在生物的种系发生上，吞噬作用是一种比较古老的防御机制，也是研究得很早的一种免疫反应。其中，吞噬刺激素是免疫学领域得到公认且具有重要生物学意义的研究成果。吞噬刺激素是具有激发吞噬作用的天然四肽，其氨基酸序列为 Thr-Lys-Pro-Arg，于 1970 年被发现。吞噬刺激素以激素量发挥作用，活性高，易于透析，其载体为多肽。

（三）骨代谢肽

治疗骨质疏松症的多肽药物主要分为成骨生长肽、降钙素、甲状旁腺激素（parathyroid hormone，PTH）及其他类。

成骨生长肽是一种由 14 个氨基酸组成的多肽，在体内能增加骨形成，增加骨小梁密度，促进骨折愈合。其体外作用是促进骨髓基质细胞有丝分裂，并促使基质矿化。此外，成骨生长肽可促进造血，包括促进骨髓移植物的成活，对放疗、化疗后骨髓的抑制有造血再生作用。因此在骨代谢、治疗骨质疏松、骨折愈合、放疗、化疗及骨髓移植中有广泛应用前景。

降钙素是由 32 个氨基酸组成的活性肽，是维持体内钙磷代谢的重要激素，降钙素通过抑制破骨细胞活性和数量，促进成骨细胞的形成而参与骨代谢。目前临床应用的制剂主要有鳗鱼降钙素（益钙宁）和鲑鱼降钙素（密钙息）。1995 年，美国食品药品监督管理局（FDA）批准降钙素的一种鼻喷剂申请。降钙素临床主要用于治疗骨质疏松症、骨折及变形性骨炎等。

甲状旁腺激素不仅是调节钙平衡的激素，在促进骨质形成中也起一定作用，小剂量间歇性注射甲状旁腺激素可刺激成骨细胞及骨小梁的增长。礼来公司的特立帕肽（teriparatide，商品名 Ferteo）2002 年经美国 FDA 批准用于治疗绝经后妇女骨质疏松症和原发性骨质疏松症，2003 年特立帕肽在美国、欧洲相继上市，2011 年在中国上市。该产品通过提高成骨细胞活性发生作用，可以减少脊柱骨折达 66%～90%，减少其他骨折达 50%。

（四）镇痛肽

由于肽化合物具有高活性、低毒性、无成瘾性等特点，因此在拓展新型镇痛药方面具有很好的开发前景。目前已经发现了很多镇痛肽，主要分为内啡肽类、毒素肽类和其他类别。

（五）多肽抗生素

多肽抗生素具有分布广泛、结构新颖、高活性、低毒性、抗菌/抗病毒/抗寄生虫、耐药性发生概率低等优点。

化学合成的糖肽类抗生素是一类临床应用较广的肽类抗生素，它对革兰氏阳性菌具有特异性抑制作用。已经在临床应用的万古霉素和替考拉宁是现在临床上解决革兰氏阳性菌严重感染的最后一线药物。

罗氏公司 2003 年上市的天价多肽药物 Fuzeon（系由 36 个氨基酸分子组成）是以 HIV 胞膜蛋白 gp41 为靶点的融合抑制剂，可以阻止病毒与 $CD4^+$ 细胞发生融合。我国自主研发的新一代多肽类融合抑制剂西夫韦肽效价比 Fuzeon 高 20 倍，每日注射 20mg 即可明显抑制体内病毒的复制。

（六）多肽激素

多肽激素是细胞合成的，具有调节生理和代谢功能的微量有机物质，可通过自身作为激素或调节激素反应发挥多种生理作用。目前上市及进入临床试验的多肽药物中，有许多这类多肽的模拟物。依据多肽激素的作用和分泌部位，常见多肽激素如下所示。

1. 加压素及其衍生物　加压素又称抗利尿激素或血管升压素，具有抗利尿和升高血压两种作用，它能促进肾小管对水分的重吸收，使尿量减少、尿液浓缩、口渴减轻，适用于抗利尿激素缺乏所致尿崩症的诊断和治疗。与之相似的还有脑神经垂体素、鞣酸加压素、去氨加压素和苯赖加压素及鸟氨酸加压素等。

2. 催产素及其衍生物　催产素由下丘脑视上核和室旁核合成并释放，有促进子宫及乳腺平滑肌收缩的作用，能使子宫平滑肌强烈收缩，促进分娩，同时能刺激乳腺腺泡周围肌上皮细胞的强烈收缩而引起排乳反应，适用于产前宫缩乏力、阵痛迟缓、分娩时催生及减少产后出血，也可用于产妇乳房充血、产褥期乳腺炎引起的泌乳不畅及手术后的肠麻痹。此类多肽激素还有去氨基催产素及酒石酸催产素等。

3. 促皮质素及其衍生物　该类多肽主要有锌促皮质素、磷锌促皮质素、明胶促皮质素、羧酰促皮质素、丝赖促皮质十八肽、甘精促皮质十八肽、锌促皮质二十四肽、促皮质二十四肽、促皮质二十五肽及促皮质二十八肽等。

4. 下丘脑-垂体多肽激素　生长激素释放激素是下丘脑-垂体多肽激素中的一种，在动物体内具有促进生长激素（growth hormon，GH）释放的生物活性。该类多肽还有 GnRH、促甲状腺素释放激素（TRH）、生长激素抑制素、促黑色素细胞抑制激素、促黑色素细胞释放激素、催乳素释放激素、催乳素抑制激素、促皮质素释放激素等。

5. 消化道激素　胃肠道激素中的胰泌素，又称促胰液素或促胰泌素等，是由 27 个氨基酸残基组成的强碱性单链多肽。胰泌素的主要生理作用是促进胰腺的外分泌，增加胰液总量及所含的碳酸氢盐，以中和十二指肠内的胃酸，保证消化酶活力，参与胃液分泌的调节，临床上用于配合胰血管等造影，辅助胰腺肿瘤或囊肿的诊断。该类多肽激素还有促胃泌素四肽、五肽、十四肽、十七肽、三十四肽，胆囊收缩素八肽、三十三肽、三十九肽，抑胃肽，胃动肽，血管活性肽，胰肽，P 物质，神经降压肽，蛙皮肽十四肽、十肽等。

（七）抗病毒多肽

病毒感染后一般要经过吸附（宿主细胞）、穿入、脱壳、核酸复制、转录翻译等多个阶段，因此，阻止任意过程均可防止病毒复制。最有效的抗病毒药物作用在病毒吸附及核酸复制两个阶段。病毒通过与宿主细胞上的特异受体结合吸附细胞，依赖其自身的特异蛋白酶进行蛋白质加工及核酸复制，因此可从肽库内筛选与宿主细胞受体结合的多肽，或能与病毒蛋白酶等活性位点结合的多肽，用于抗病毒的治疗。

（八）多肽疫苗

多肽疫苗与核酸疫苗一样是目前疫苗研究领域内较受重视的研究方向之一，研究者对病毒多肽疫苗进行了大量研究。目前对人类危害极大的两种病毒性疾病（艾滋病和丙型肝炎）均无理想的疫苗，而核酸疫苗和多肽疫苗的研究结果令人鼓舞。

（九）诊断用多肽

多肽在诊断试剂中最主要的用途是用作抗原，检测是否存在病毒、细胞、支原体、螺旋体等微生物的囊虫、锥虫等寄生虫的抗体。多肽抗原比天然微生物或寄生虫蛋白抗原的特异性强，且易于制备。目前使用的多肽抗原大部分是从相应致病体的天然蛋白质内分析筛选获得，有些是从肽库内筛选的全新寡肽。

第三节　多肽药物的研究与开发

自 1953 年 Merrifield 合成第一个具有生物活性的多肽起，多肽药物的研究发展迅猛，国际上甚至还开展了针对多个受体的多肽药物的研究。多肽合成技术的成熟，进一步加快了多肽药物的发展速度，使其在 1990～2000 年出现了大幅度的增长，多肽药物的靶点不断增多，适应证更广泛，合成长度可超过 50 个氨基酸，成本大大降低。下面就多肽发展的现状及未来趋势进行简要概述。

一、多肽药物简介

多肽药物在治疗肿瘤、糖尿病、心血管疾病、肢端肥大症、骨质疏松症、胃肠道疾病、中枢神经系统疾病、免疫疾病，以及抗病毒、抗菌等方面具有显著的疗效，已在全球批准上市的多肽药物共有 80 余种，其中抗肿瘤药物 17 种，糖尿病治疗药物 7 种，感染与免疫治疗药物 16 种，血管与泌尿系统疾病治疗药物 9 种，其他药物 30 余种。现列举一些多肽药物的实例，并将其各自的功能或治疗应用及来源进行简要总结（表 1-2）。

表 1-2　已批准上市的经典多肽药物代表

名称	残基数	功能或适应证	来源
催产素	9	引产、促排乳	经典合成
加压素	9	尿崩症、促记忆	经典合成
促肾上腺皮质激素（ACTH）（1～24）	24	风湿性关节病、哮喘、肾病	经典合成
胰岛素	51	糖尿病	提取、重组、半合成
胰高血糖素	29	胰岛素过多引发的低血糖	提取、固相合成、重组
分泌素	27	促进胰腺分泌	提取
降钙素	32	骨质疏松、高钙血症等	经典及固相合成
谷胱甘肽	3	抗炎、抗氧化、抗放射	提取、生物发酵
GnRH	10	生殖调节、乳腺癌	经典及固相合成

续表

名称	残基数	功能或适应证	来源
肌肽	2	促进伤口愈合	经典合成、提取
甲状旁腺素 1-34	34	骨质疏松	固相合成
生长激素释放因子（GRF）	29	促进伤口愈合	固相合成
生长抑素十四肽（SST）	14	糖尿病、胃溃疡、胰腺炎	固相合成
TRH	3	甲状腺疾病	经典合成
胸腺素 α_1	28	免疫调节、乙肝	固相合成
胸腺五肽	5	免疫调节、术后恢复	经典及固相合成

　　表 1-2 中只限于未经结构改造的经典多肽药物实例。实际上，以内源性活性肽为先导物进行结构改造发现的新型多肽先导物每年都在 500 种以上。除了作为治疗药以外，多肽在疾病预防、保健、诊断及疾病机制研究等方面均有广泛应用（图 1-14）。

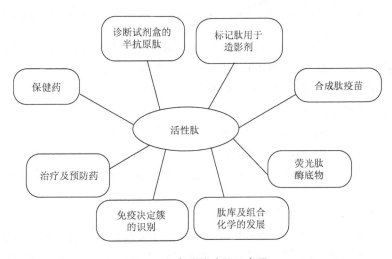

图 1-14　多肽的功能及应用

（一）多肽药物的来源

　　目前，多肽药物共有 3 种获取途径：①基因重组多肽；②化学合成多肽；③从天然生物中提取的多肽。我国在进行多肽药物申报过程中，根据其来源不同，分别按照生物制品、化学药物及生化药物分类，目前多数多肽药物以化学合成为主。

（二）多肽药物的作用靶点

　　目前多肽药物的主要作用靶点是 G 蛋白偶联受体（GPCR），在临床研究中有 39% 多肽药物靶向 GPCR，GPCR 包括 GLP-1 受体和 GLP-2 受体、趋化因子 4 受体、阿片类受体、生长素受体、黑素皮质素受体、催产素受体等。其他靶点还有细胞因子受体超家族和利钠肽受体家族。随着生物技术的发展，多肽的作用靶点逐渐增加，如细胞表面黏附因子、通道分子、酶、缝隙连接蛋白等。针对这些不同靶点开发的多肽药物逐年增加。

（三）多肽药物开发的特点

1. 多肽药物特点　与普通有机小分子药物相比，多肽药物在活性、不良反应、制备工艺条件、剂型要求及环境污染方面均有其特殊情况（表1-3）。

表1-3　多肽药物与普通合成药的比较

	多肽药物	普通合成药
生物活性	极高	高或一般
剂量	多在1μg/kg以下	多在100μg/kg以上
不良反应	一般很小	无规律
合成条件	反应较单一，条件温和、安全	反应类型多，有强温、强压及易燃易爆的风险
厂房及设备	大型实验室即可，无须大流程装置	生产车间要求各异，面积较大，往往需要大型反应罐及管道
剂型	很少口服，多为针剂、贴膜、微球、喷雾、滴剂等	多数可口服
废物排放	排放有限，属绿色制药工业	废物排放较多，与大化工生产相近

多肽药物的成药性高于一般化学药物，其生物活性高，特异性强，毒性反应相对较弱，在体内不易产生蓄积，与其他药物的相互作用比较少，与体内受体的亲和性比较好。鉴于此，许多医药企业加大了多肽药物的研发力度，特别是在肿瘤及糖尿病治疗领域，已有多个多肽药物上市，并取得了巨大的经济效益。

多肽药物虽然具有独特的优势，但与小分子化学药物相比，也有不足之处，即多肽分子的稳定性较差，在体内容易被降解，因而半衰期较短，需要连续给药以维持其药效，给患者带来不便。目前，经过科学家多年的努力，针对多肽药物容易降解的现象，已有多种方法可以有效延长其体内半衰期。

2. 多肽药物的优缺点

（1）多肽药物的优点：多肽药物多数源于内源性肽或其他天然肽，因此，其结构清楚，作用机制明确；与一般有机小分子药物相比，多肽药物具有活性高、用药剂量小、不良反应少、无代谢异化等突出特点；与蛋白质类药物相比，多肽免疫原性相对较小；可化学合成产品纯度高，质量可控。另外，多肽药物可运用多种手段进行化学修饰，对多肽药物本身的分子结构进行改造，以改变其理化性质和药物代谢动力学性质（易酶解、半衰期短、口服生物利用度低），故化学修饰是多肽药物的重要研究内容。科研人员可以根据多肽药物的这些特点，进行结构设计和化学修饰，充分发挥其优点，克服或避免其缺点，针对相应的适应证达到研发的预期目标。

（2）多肽药物的不足

1）多肽药物的结构限制：多肽药物的化学结构决定其活性，影响活性的结构因素主要为氨基酸及其排序、末端基团、肽链和二硫键位置等。此外，药物的空间结构即二维、三维结构也同样影响其生物活性。另外，多肽的分子量较大，粒径大小在1～100nm，因此不能透过半透膜，这也是其药用的限制因素之一。

2）多肽药物的稳定性限制：多肽药物在体内外环境中可能产生多种复杂的化学降解和物理变化而失活，如凝聚、沉淀、消旋化、水解及脱酰氨基等。

3）多肽药物的生物利用度限制：多肽及蛋白质类药物半衰期短、清除率高、胞膜转运能力差、易被体内酶和细菌及体液破坏，非注射给药生物利用度低，一般都仅为百分之几。

（四）延长多肽分子半衰期的方法

一般多肽分子的血浆半衰期较短，从而使其应用受到限制。经过科学家多年的努力，目前已建立了一系列成熟的方法来延长多肽分子的半衰期。

1. 改变多肽的结构 从源头开始进行多肽链的设计，在保证药效的前提下，用其他的氨基酸替代易被酶切割的氨基酸；或者是增强多肽分子二级结构，保护切割位点，如形成环肽。

2. 对多肽进行修饰 国际上用聚乙二醇（PEG）修饰多肽的技术已经非常成熟，已有多个蛋白多肽药物经过修饰后成功上市，如 PEG 修饰干扰素。

3. 多肽融合蛋白 多肽与白蛋白[人血清白蛋白（HSA）或牛血清白蛋白（BSA）]结合，如白蛋白与白细胞介素-2 的融合蛋白；多肽与外源性或内源性 HSA 偶联，如艾塞那肽与 HSA 形成重组白蛋白 CJC-1134-PC，其皮下注射给药的半衰期为 8 天；通过基因工程，使多肽与人免疫球蛋白的 Fc 片段形成融合蛋白，如度拉糖肽，成人每周注射 1 次。使用其他修饰方法也可以改变多肽半衰期，如脂肪酸衍生物地特胰岛素注射液。改变多肽的剂型也是一种有效改善多肽半衰期的方法，如治疗晚期前列腺癌的醋酸组氨瑞林植入剂，将其原来每天给药 1 次延长到 12 个月给药 1 次。

二、多肽药物新剂型与给药途径

传统的多肽药物由于其室温下不稳定、在体内容易被降解的特点，在应用时大部分为注射剂，特别是以静脉注射或静脉滴注为主，主要制剂类型为冻干粉针剂。近年来，随着各种递药系统的发展，研究人员开发了多肽药物多种不同的制剂类型，呈现出多种给药途径。

（一）多肽剂型

目前上市的多肽药物制剂有微球、埋植剂、脂质体、微乳、纳米粒等。

1. 微球 包括缓释微球与原位微球。其中，缓释微球是将多肽药物溶解或分散于高分子材料中形成的微小球状实体。例如，曲普瑞林是第一个上市的缓释多肽微球制剂，缓释周期可达 1 个月。原位微球制剂是将生物可降解的聚合物与多肽药物制成注射液，给药后，聚合物会随着溶剂的扩散而固化，形成微球，达到控制释药的作用，如亮丙瑞林缓释注射液（商品名：Eligard），6 个月注射给药 1 次。

2. 埋植剂 可分为两大类，即天然聚合物（如明胶、葡聚糖等）与合成聚合物[如聚乳酸（polylactic acid，PLA）]。临床上的多肽药物埋植剂有戈舍瑞林植入剂，28 天给药 1 次。

3. 脂质体 多肽药物被包封在磷脂双分子层内所形成的脂质体制剂可以提高药物的稳定性，且具有生物相容性好及免疫原性低的优点。最新研发的脂质体有 PEG 修饰长循环脂质体、柔性脂质体、免疫脂质体等。例如，以聚丙烯酸酯脂质体包裹胰岛素，口服该制剂后，胰岛素药效明显增强。

4. 微乳 疏水性多肽主要是分布在水包油（O/W）型微乳的分散相，亲水性多肽的制剂为油包水（W/O）型，后者居多。研究人员用微乳包裹多肽，使多肽免受胃酸中酸性物质及酶的影响，从而提高多肽的稳定性，延长其半衰期。例如，将环孢素制成微乳剂后，其口服生物利用度明显提高。

5. 纳米粒 纳米载药系统具有一定的靶向性，并且可以保护多肽药物，使其不接触到蛋白酶，从而延长多肽药物的半衰期。纳米粒一般分为 2 种：聚合物纳米粒与固体脂质纳米粒。RGD 多肽易在体内被清除，在实体瘤模型动物中进行的研究表明，壳聚糖纳米粒作为 RGD 多肽的载体，可以有效延长 RGD 多肽在体内作用的时间，增强其抑制血管增生的活性，从而达到抗肿瘤的最佳效果。

（二）多肽药物给药途径

多肽药物给药途径分为 2 种：注射给药与非注射给药，前者包括静脉注射、皮下注射、肌内注射；后者包括口腔、鼻腔、眼部、舌下、经皮、肺部、直肠、阴道给药等。相对于其他给药方式，患者更倾向于口服给药，但由于多肽分子的口服生物利用度低，所以大部分还以注射给药为主。目前有少数多肽药物采用口服给药的方式，如杆菌肽、环孢素、利那洛肽等，这些药物的多肽结构较为稳定，多为环肽。鼻腔给药方式简单，且鼻腔内毛细血管丰富，上皮细胞具有主动吸收功能，故鼻腔给药成为理想的给药途径之一。临床使用的鼻腔给药多肽制剂以鼻喷雾剂为主，如降钙素、布舍瑞林等。随着新一代吸收促进剂（烷基糖、PEG 修饰的脂肪酸等）的出现，新的多肽药物鼻腔给药制剂被研发出来，部分已经进入了临床试验。

肺部表面积大、毛细血管丰富，肺部给药剂型多为干粉吸入剂、定量型气雾剂，如吸入性胰岛素（afrezza）已于 2014 年 6 月 27 日被 FDA 批准上市。由于皮肤的酶活性低，不会对药物产生降解作用，经皮给药是有潜力的给药途径，现在已有多种技术应用到临床，如离子导入技术、电致孔技术、微针技术、超声波技术。虽然多肽药物不易穿过皮肤，但通过对以上这些新技术的应用，多肽的经皮给药也有了新进展。例如，多肽药物 BA058 为人甲状腺激素相关蛋白类似物，用于治疗骨质疏松，采用微针阵列技术，可通过角质层进入真皮，使用方便，现已进入 II 期临床。

三、多肽药物的设计与发现

多肽药物由氨基酸组成，可以先进行人工设计，然后通过合成及基因重组技术获得；另外，也可以从天然动植物中提取，获得新的多肽组分或多肽成分。

（一）天然活性多肽的发现

从自然界存在的生命体中提取分离单一的多肽分子，通过一系列活性测定手段，筛选出具有开发价值的活性多肽，是多肽药物研发初期的新药发现模式。自然界中有许多多肽分子参与了机体的代谢、生理或病理等过程，根据这些自然存在的现象也可以发现多肽的药用开发价值，艾塞那肽的成功上市就是很好的例子。胰高血糖素样肽-1（GLP-1）可抑制胃排空，减少肠蠕动，故有助于控制摄食，减轻体重，但其在体内的半衰期只有几分钟，由此引发 GLP-1 类似物的研发热潮，经过不懈努力，人们成功研制了艾塞那肽，该多肽药物作为糖尿病治疗药物成功上市。

（二）基于肽库的多肽药物发现

对一些天然蛋白质进行化学降解或蛋白酶水解后，会产生大量的多肽片段，可以从中筛选出具有活性的多肽。另外，构建生物合成肽库包括噬菌体肽库、细胞表面呈现肽库、以真核细胞为载体的肽库，可以从中筛选先导多肽分子。随着合成技术的不断成熟，目前很容易进行化学合成多肽库的构建及多肽药物筛选，此类肽库可以通过随机合成一定长度的多肽而组建，成本低、速度快。

（三）基于蛋白质功能区域的多肽药物研发

蛋白质发挥其功能时，有时仅需其部分功能区域，并不需要全部序列，通过基因敲除或者仅合成多肽功能片段的方式，也可发挥其功能，从而避免了基因工程表达蛋白质的工艺烦琐及高成本、难纯化等问题。例如，内皮抑制素可以抑制血管的增生，从而起到抗肿瘤、抗类风湿性关节炎的作用，根据内皮抑制素的功能片段，Xu 等研制出多肽 HM-3，其具有抑制血管增生的功能，临床前研究表明本品具有较好活性，目前其已进入 I 期临床研究阶段。

（四）基于分子设计和修饰的多肽药物研发

多肽药物的研发及多肽先导化合物的发现，是一项耗资巨大、风险较高的工程。近年来，以各种理论计算方法和分子模拟技术为基础的计算机辅助设计在各种多肽药物的研究开发中得到广泛应用。例如，抗艾滋病药物西夫韦肽是一种人类免疫缺陷病毒（HIV）膜融合蛋白抑制剂，是依据 HIV 膜融合蛋白 gp41 的空间结构进行全新设计和合成的药物。I 期、II 期临床试验结果表明西夫韦肽具有良好的抗病毒效果。

四、国内外多肽药物发展状况

（一）多肽药物相关专利

1980～2013 年，国际上申请了大约 389 320 件多肽相关专利。从 1996 年开始，每年申请的多肽专利超过 10 000 件，其中 2003 年申请专利数量高达 23 690 件，为历年之最。由此可见，多肽市场的发展空间非常巨大。一般药物从研发到进入市场大约需要 10 年，国际上多肽专利申请集中在 2000～2005 年，在 2010～2015 年，有多个多肽新药进入市场，这一点已得到证实，2001～2012 年，已有 16 种多肽新药在美国、欧洲等地区上市。

（二）国际多肽药物发展现状

据统计，多肽批准上市率比小分子新化合药物高出 10%。从 1970 年开始，每年有 1 个多肽药物进入临床，据不完全统计，2011 年有 500～600 个多肽处于临床前研究阶段，至 2012 年，进入临床研究的多肽药物有 128 个，其中处于 I 期临床研究阶段的有 40 个，II 期临床 74 个，III 期临床 14 个，2012 年有 6 个多肽药物在美国、欧洲上市。

对全球多肽药物的市场进行分析可见，美国占有全球多肽药物市场的 65%，欧洲占 30%，主要市场在德国和英国；在亚洲，日本独占鳌头。全球多肽药物销售额逐年增加，2010 年多肽全球销售额超过 130 亿美元，占全球药物销售额的 1.5%，2013 年的多肽销售额为 141 亿美元。

市售多肽药物集中在代谢疾病与肿瘤领域，代谢疾病领域以 2 型糖尿病和肥胖症居首。北美市场是全球多肽药物治疗 2 型糖尿病与肥胖症的最大市场。抗糖尿病多肽药物的销售额也在大幅度增加，如治疗 2 型糖尿病的利拉鲁肽，2013 年的全球销售额高达 26 亿美元。治疗肿瘤的多肽药物，如亮丙瑞林、奥曲肽、硼替佐米等，在新药中的比例不断扩大，市场占有率高，销售额突飞猛进。另外，在罕见病领域也开始了研究与开发多肽治疗药物。

■（三）我国多肽药物研发状况

我国多肽药物开发并不晚，众所周知，第一个人工合成的胰岛素就是在我国合成的。我国早期自主研发的多肽药物，大多数是从天然生物中提取，合成多肽的后续投入不够。多肽市场主要由国外龙头药企把控。我国研制多肽的药企存在多肽生产技术落后、规模小、研发能力不足、仿制力不足、创新能力弱等问题，如胸腺五肽就有几十家在重复生产。

近年来，我国加大了研发力度，多肽药物开发有了长足发展，多肽品种逐渐增多，截至 2011 年底，在我国上市的多肽药物有 20 余种；目前在我国上市的仿制多肽药物和进口多肽药物也有所增加，大约有 33 种；目前我国在审的多肽仿制药还约有 22 种。

■（四）多肽药物面临的挑战

近年来，多肽新药上市数量明显增多，但多肽药物研发仍然面临着严峻的挑战。在研发阶段，多肽自身的性质使其应用受到限制，如在体内迅速被清除、半衰期短、结构复杂等；多肽研发成本高，如固相合成的代价较高，后续纯化工作复杂；多肽以注射给药为主，患者不易接受，限制了多肽的广泛应用，因此加大力度开发多肽新剂型，可以有效解决这一问题。目前对多肽生产要求与小分子化合物一致，然而两者并不相同，如何给多肽设置药物标准也是亟须解决的问题。多肽研发需要各领域研发人员协同合作，才能攻克难题，推进多肽药物研发的进步。

五、多肽药物未来发展方向

随着多肽合成技术、生化和分子生物学技术的日臻成熟，多肽药物研究取得了划时代的进展，并已成为国外各医药公司新药研发的重要方向之一，如辉瑞、默克、罗氏、礼来等一些大型跨国医药巨头通过收购或自主研发的形式在该领域投入了巨资。未来多肽药物的发展将集中在多肽免疫、拓展多肽功能、新型多肽制剂的研究等领域。

■（一）多功能多肽药物

多功能多肽药物可以是针对多个适应证的多肽，也可以是将多个多肽偶联，从而发挥多种功能。例如，抗生素多肽还具有其他生物功能，包括增强机体免疫力和创伤修复；多肽偶联方面的应用很多，目前研究得较多的是 GLP-1 多功能受体激动剂，将 GLP-1 分别与 GLP-2、胰高血糖素（GCG）、缩胆囊素、促胰岛素（GIP）相连接形成新的分子，这方面临床试验已经取得了实质性的进展，如 Zealand Pharma 和礼来公司分别研发的 GLP-1-GCG 双受体激动剂 ZP2929 和 GLP-1-GIP 双受体激动剂 MAR709 已分别进入Ⅰ期和Ⅱ期临床研究阶段。已上市的多功能多肽药物有阿必鲁肽、利拉鲁肽，处于Ⅲ期临床研究阶段的有礼来公司研发的多肽偶联物 TT401。

（二）细胞穿透肽

传统的多肽药物由于本身的理化性质特点，很难跨越细胞膜；而细胞穿透肽是一类以非受体依赖方式、非经典内吞方式直接穿过细胞膜进入细胞的多肽。例如，1 型人免疫缺陷病毒转录激活因子 TAT（HIV-1TAT）是第一个被发现的细胞膜穿透肽，其进入细胞的方式是高效的，且对细胞无毒性作用。细胞穿透肽可以介导小分子、核酸、多肽、蛋白质进入胞内，增强其吸收。

（三）多肽与其他药物偶联

多肽可以与小分子、寡核糖核苷酸、抗体等分子偶联，偶联物的药效、安全性、靶向性得到进一步提高。在肿瘤治疗领域，已有 20 多种多肽偶联分子进入临床试验。例如，将抗CD-22 单克隆抗体与促凋亡多肽结合，其中单克隆抗体起靶向作用，多肽则能够促进肿瘤细胞凋亡。

（四）多肽疫苗

传统疫苗分为减毒疫苗和灭活疫苗，与其相比，多肽疫苗具有价格低廉、安全性高、特异性强等优点，且多肽疫苗完全由人工合成，不存在毒力回升或灭活不完全的现象，不易引发过敏性反应。

（五）抗菌肽

细菌耐药性增强的问题日趋凸显，传统的抗菌药研发难度大，因此，临床上对于新型抗菌药物的需求尤为迫切。与传统的抗菌药不同，抗菌肽作用于细菌的细胞膜，导致膜通透性增大，从而杀死细菌。抗菌肽 OP-452 已进入 II 期临床研究阶段，Magainin 进入III期临床研究阶段。

（六）抗病毒多肽

抗病毒多肽主要作用于病毒吸附受体及病毒复制阶段，可以从肽库中筛选出与细胞表面受体相结合或能与病毒蛋白酶等活性位点结合的多肽，这些被筛选出来的多肽具有潜在的抗病毒作用。HIV 易变异，耐药性强，从肽库中筛选出针对包膜糖蛋白 gp41 的多肽，有良好的抗 HIV效果，如抗 HIV 多肽 VIR-576，现已进入 II 期临床研究阶段，抗 HIV 多肽 SFT 已进入III期临床研究阶段。

第四节　功能肽开发及应用

功能肽通常是由 2 个及 2 个以上的 α-氨基酸组成的具有特殊活性的肽，其分子质量一般小于 6kDa。功能肽是源于蛋白质的多功能化食品，是多样化且来源充足的食品原料，具有多种人体代谢和生理调节功能，如易消化吸收、促进免疫、激素调节、抗菌、抗病毒、降血压、降血脂等。

一、功能肽的特点及合成方法

现代营养学研究发现，人体摄入的蛋白质经消化道中的酶作用后，大多以寡肽的形式被消化吸收，以游离氨基酸形式吸收的比例也很小。而且，机体对寡肽的吸收代谢速度比游离氨基酸快，主要原因是寡肽与游离氨基酸在体内有不同的输送体系。此外，肽在机体肠道细胞中还存在许多的肽酶反应，加上肽的渗透压力比氨基酸的小，这就使得一些寡肽能以完整的形式被机体吸收进入血液循环系统，并被组织利用。蛋白质以多肽的形式被吸收，既避免了氨基酸之间的吸收竞争，又减少了高渗透压对人体产生的不良影响。以多肽的形式为机体提供营养物质，有利于尽快发挥多肽的功能效应。多肽的生物效价和营养价值比游离氨基酸要高，上述功能肽特点总结如图 1-15 所示。用功能肽开发有益于人类健康的各类保健食品前景看好。

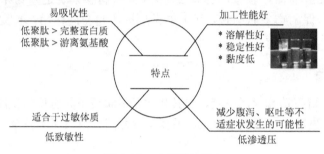

图 1-15　功能肽的特点

按照来源功能肽分为内源性功能肽和外源性功能肽。凡源于人体自身的肽被称为内源性功能肽；而外源性功能肽指人体之外的、存在于动植物及微生物中的肽，以及经蛋白质降解、氨基酸合成得到的肽。目前，国内外制备功能肽的方法主要有分离提取法、化学合成法、DNA重组法、酶法及食品蛋白质水解法，不同的方法适合不同的目的，也各有其优缺点。表 1-4 列举了几种常用功能肽合成方法的比较。

表 1-4　几种常用功能肽合成方法的比较

	固相化学合成法	液相化学合成法	酶水解法	DNA 重组法
一般规模	毫克～数十克	克～吨	克～吨	克～吨
多肽合成长度	中～长链	短～中链	短链	长链～蛋白质
序列限制	无	无	脯氨酸合成技术仍待解决	无
官能基保护	全面保护	部分或全面保护	部分或最少保护	不需保护
成本	非常昂贵	昂贵	较不昂贵	不昂贵
反应条件	有害	有害	温和或无害	温和
消旋化现象	有时会发生	有时会发生	不发生	不发生
产品纯度	非常高	高	中～高	低～中
应用	多为实验室使用	广泛应用于实验室及工业化生产	工业化生产	广泛应用于实验室及工业化生产
技术熟练程度	成熟	成熟	成熟	发展中
未来展望	由于成本昂贵，可用于生产高价值保健多肽	生产高价值的短链或中链保护肽	生产中、高价值食品及保健多肽，特别适合食品配料用多肽的生产	适用于长链多肽和蛋白质的生产

二、功能肽对人体的作用

功能肽对人体的作用（表 1-5）主要有以下几方面：①修复细胞，改善细胞代谢，防止细胞变性，防止癌变；②促进大脑发育，提高记忆力，预防老年痴呆；③增强免疫力，防止疾病发生；④增强人体体能和肌肉力量，促进红细胞复原，抗疲劳；⑤促进细胞繁殖，保护肝脏，防止肝硬化；⑥抗病毒感染，抗氧化，清除体内自由基，起血液清道夫作用，延缓衰老，美容养颜；⑦调节体内内分泌，促进蛋白质合成，降脂减肥；对风湿、糖尿病、色斑和神经系统疾病疗效显著；⑧络合矿物质，促进吸收，增加利用率；⑨改善消化系统，治疗各种胃肠道疾病，防止和消除心脑血管疾病；⑩提高血红细胞的载氧能力，促进造血功能，治疗贫血，防止血小板聚集。

表 1-5　来源于天然食物功能肽的作用

多肽	作用
白蛋白多肽	①可直接被组织利用，减轻肝功能受损患者的负担，促进肝功能恢复；②营养调节作用，能与 Ca^{2+}、Cu^{2+}、Zn^{2+} 等离子及某些化合物（胆红素、甲状腺素、多种药物）结合，促进它们在体内的运输；③调节机体的免疫功能；④提高人体消化功能，增强体质；⑤促进食物中核酸在肠道的吸收
大豆多肽	①促进脂肪代谢，降低血脂和血浆胆固醇，具有减肥作用；②抑制血管紧张素转换酶活性，能降低血压；③增强运动员体能；④可促进 Ca^{2+} 等矿物质的吸收
玉米多肽	①抑制血管紧张素转换酶活性，能降低血压；②含高 F 值低聚肽，护肝，治疗肝性脑病；③有醒酒作用；④增强免疫功能；⑤增强运动员体能，可作为运动员的营养食品；⑥降低血脂、促进 GLP-2 分泌
大米多肽	①抑制血管紧张素转换酶活性，降低血压；②调节机体的免疫功能
绿豆多肽	①有解毒作用；②能降低血浆胆固醇；③有抗菌、抑菌作用
花生多肽	①能降低血浆胆固醇；②具有抗氧化、延缓衰老功能
苦瓜多肽	①降低血糖；②抗生育作用；③抗菌作用；④免疫调节作用及抗肿瘤作用
核桃多肽	①促进 Ca^{2+} 的吸收；②增强运动员体能；③增智，提高记忆功能
丝肽	①保护皮肤，营养头发，用于化妆品工业；②防辐射、防晒及延缓衰老作用
棕榈多肽	①抗氧化、抗疲劳；②抗菌
林蛙多肽	①提高机体免疫力；②延缓衰老，美容养颜
云芝糖肽	①延缓衰老；②增强机体免疫能力；③防止癌变；④活血化瘀，治疗高血压、高血脂、冠心病
鹿骨肽与龟板肽	①改善心脏收缩功能；②抗疲劳、壮阳；③抗炎，调节机体免疫力；④促进钙、磷等营养物的吸收和利用，防治骨质疏松症；⑤抗自由基、延缓衰老，美容养颜；⑥降血压
虫草肽	①保护心血管；②降血脂及抗动脉硬化；③抑制血小板聚集；④平喘祛痰、抗炎症；⑤镇静作用；⑥提高机体免疫功能；⑦防止癌变
胶原肽	①保护胃黏膜，防治溃疡病；②具有抑制血管紧张素转换酶活性，降低血压的作用；③促进成骨作用；④促进胶原代谢——美容作用；⑤预防骨关节疾病；⑥抗氧化、降血糖
脑肽	①调节睡眠，防治失眠；②提高学习和记忆能力；③改善脑循环
肝肽	①抗氧化，保护肝脏；②防治乙醇、高糖、高油引起的脂肪肝等
乳蛋白多肽	①含阿片肽等，有防止癌变作用；②含有免疫活性肽，调节机体的免疫功能；③含有抗高血压肽，抑制血管紧张素转换酶活性，降低血压；④含有抗血栓肽，防治血栓形成；⑤含有矿物元素结合肽，促进食物中矿物质的吸收和利用；⑥含有抗菌肽，有抗菌消炎作用；⑦含有酪蛋白糖肽，能抑制胃酸分泌，防治溃疡病；⑧调节胃肠活动，提高消化吸收能力；⑨抗诱变，具有防止癌变作用

　　伴随着分子生物学和生物化学技术的飞速发展，多肽的研究已取得了划时代的进展。到目前为止，人们从生物体中发现及人工合成的多肽已有数万种。多肽是人体进行代谢和调控活动的重要物质。多肽科学涉及化学、药学、生物学、医学等领域，其主要特点是学科间的交叉与渗透。对生物活性多肽尤其是短肽的研究已经成为当前多肽药物和保健食品的研究热点。食物蛋白来源丰富，方便易得。用食物蛋白生产活性肽成本较低，安全性高，适合大规模生产。随着现代科技的发展，近年来已有大量的食物蛋白来源活性肽被发现并分离出来。着眼于功能肽特殊的氨基酸组成与优良的特性，改善并维持其安全性与营养价值，是今后功能肽研发的一项重要目标。相信在未来的几年内，功能肽食品的开发和应用必将对中国保健食品及医药工业的发展产生深远的影响。

（宋　芸）

第二章 多肽的制备及分离纯化

本章主要介绍多肽原料药的合成和制备问题，合成方法主要有化学合成（液相合成、固相合成和液-固结合合成）及生物化学合成。此外，又介绍了组合化学与多肽合成及多肽药物的产业化，多肽的分离纯化等内容。

第一节 多肽合成原理及其发展历史

一、多肽合成的基本原理

在了解了多肽和蛋白质的结构特征以后，就可以知道化学合成多肽和蛋白质的任务就是如何把各种氨基酸单位按照天然物的氨基酸顺序排序连接起来。由于氨基酸在中性条件下是以分子内的两性离子形式 $[^+H_3NCH(R)COO^-]$ 存在，因此，氨基酸之间直接缩合形成酰胺键的反应在一般条件下是难以进行的。氨基酸酯的反应活性较高，在 $100℃$ 下加热或者室温下长时间放置都能聚合生成肽酯，但反应并没有定向性，两种氨基酸 a_1 和 a_2 在聚合时将生成各种任意顺序的混合物。因此，为了得到具有特定顺序的合成多肽，采用任意聚合的方法是行不通的，而只能采用逐步缩合的定向合成方法。如图 2-1 所示，先将不需要反应的氨基或羧基用适当的基团暂时保护起来，然后再进行连接反应，以保证合成的定向进行。

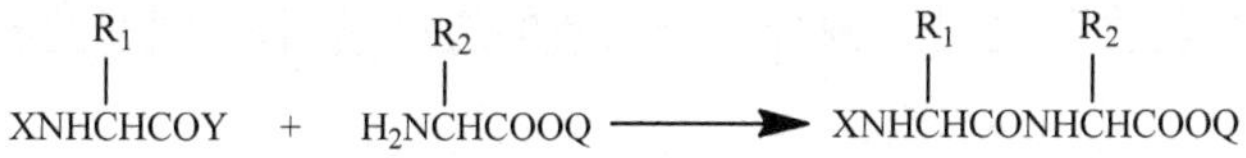

$$XNHCHCOY + H_2NCHCOOQ \longrightarrow XNHCHCONHCHCOOQ$$

（式中 R_1、R_2 为侧链基团）

图 2-1 多肽定向合成反应式

式中的 X 和 Q 分别为氨基和羧基的保护基，它不仅可以防止乱接副反应的发生，还具有消除氨基酸的两性离子形式并使之易溶于有机溶剂的作用。Q 在有的情况下也可以不是共价连接的基团，而是由有机强碱（如三乙胺）同氨基酸的羧基氢离子组成的有机阳离子。Y 为强吸电子基团，它能使羧基活化而有利于另一个氨基酸的自由氨基对其活化羧基的碳原子进行亲核进攻生成酰胺键。由此得到的连接产物是 N 端和 C 端都带有保护基的保护肽，要脱去保护基后才能得到自由的肽。如果肽链不是到此为止，而是从 N 端或 C 端延长肽链，则可以先选择性地脱去 X 或 Q，然后再同新的 N 端保护氨基酸（或肽）或 C 端保护氨基酸（或肽）进行第二次连接，并依次不断重复下去，直到达到所需的肽链长度为止。对于长肽的合成来说，一般有逐步缩合和片段缩合两种伸长肽链的方式，前者是由起始的氨基酸（或肽）开始，每连接一次，接长一个氨基酸。后者则是用 N 端保护肽同 C 端保护肽缩合来得到两者长度相加的新的长肽链。

对于合成含有 Glu、Asp、Lys、Arg、His、Cys 等带侧链功能团的氨基酸的肽来说，为了避免由于侧链功能团所带来的副反应，一般也需要用适当的保护基将侧链基团暂时保护起来。

除去上面讲的定向反应外，合成产物的产率高低及分离纯化容易与否也是多肽合成能否取得成功的关键问题。

二、多肽合成的简短历史

1902 年 9 月 22 日下午，诺贝尔奖获得者有机化学家 Emile Fischer 第一次提出 "peptide"（肽）这个词。化学家 Franz Hofmeister 第一次用酰胺结构—CONH—表示了蛋白质中单个氨基酸间的连接形式。

1906 年 Emile Fischer 首次实现人工合成 Gly-Gly，并明确指出其结构为 $H_2NCH_2CONHCH_2$-COOH，使人们首次具体地理解了肽的结构。

1932 年，化学家 Marx Bergmann 及其助手已经应用苄氧羰基（Cbz 或 Z）作为可以脱除的保护氨基的化学基团，实现了不同氨基酸之间的定向合成，并成为多肽合成史上的革命性进展。

20 世纪 50 年代，化学家 Vincent du Vigneaud 的实验室先后完成了两个环九肽催产素及加压素的全合成，证实了这两个内源性肽的结构，并作为药物用于临床。为此，Vincent du Vigneaud 教授获得了诺贝尔化学奖。

20 世纪 60 年代初，美国化学家 Merrifield 创建的固相合成肽技术，不仅改变了传统液相肽合成中冗长、麻烦的困难局面，而且使肽合成可以发展为自动化、仪器化的阶段。从 20 世纪 70 年代开始，难以计数的活性肽被化学家合成出来，并由此极大地促进了有关的医学科学及药物研究的飞速发展。因此，Merrifield 教授于 1984 年荣获诺贝尔化学奖。

从 20 世纪 80 年代至今，由于多肽合成技术、结构改造研究及肽库高通量合成等新领域的快速发展，多肽研究与药物研究已经融合为一门新的边缘学科，多肽与药物的密切结合将给人类社会带来更多的福祉。

现将近一个世纪的有关多肽合成的发展事件总结如表 2-1 所示。

表 2-1 多肽合成发展事件总结

时间	进展	意义
1902 年	德国人 Emile Fischer 首创 "peptide" 一词	"肽" 的概念问世
1906 年	人工合成 Gly-Gly	肽可以由人工合成
1932 年	应用可逆性氨基保护基 Z 出现	保证肽的定向合成
1952 年	混合酸酐法构建肽键	有效缩合方式
1953 年	Vincent du Vigneaud 成功合成催产素，并由此获得 1955 年诺贝尔化学奖	首次合成肽类激素，并用作药物
1955 年	活泼酯法构建肽键	多种缩合方式
1957 年	Boc 保护基开始应用	酸脱除临时保护
1963 年	美国人 Merrifield 创造固相肽合成技术	开始固相肽合成时代
1975 年	苯丙三唑（BOP）型缩合剂出现	引发多种新型缩合剂的研究
20 世纪 70~80 年代	基于固相肽合成技术，人工合成数以万计的复杂活性肽	促进多种生命学科的飞速发展

时间	进展	意义
1980～	各种伪肽键的合成	促进肽的结构改造
1980～	9-芴甲氧羰基（Fmoc）保护基的应用	正交方式使仪器合成更方便
1984 年	Merrifield 获诺贝尔化学奖	确认固相肽合成的贡献
1985～	各种新型缩合剂陆续问世	高效肽缩合剂的应用
1990～	拟肽设计与合成	药物化学的新领域
1992～	肽库→组合化学，肽合成效率达到 10^6～10^7 种肽/批	变革了传统的药物化学模式

第二节　化学合成多肽

合成多肽药物是指采用化学合成方法制备的多肽药物。这类药物的药学研究同样遵循国家主管部门已经发布的相关技术指导原则的一般性要求。但是，由于多肽主要由氨基酸（包括天然氨基酸和非天然氨基酸）组成，使得多肽药物在制备方法、结构确证、质量研究等方面又存在与一般药物不同的独特问题。

多肽的化学合成目前主要有液相合成、固相合成和固-液结合合成三种方法。

液相合成是经典的多肽合成方法，一般采用逐步缩合法或片段缩合法。逐步缩合法通常从链的 C 端开始，向不断增加的氨基酸组分中反复添加单个 α-氨基保护的氨基酸。片段缩合法一般先将目标序列合理分割为片段，逐步合成各个片段后按序列要求将片段进行缩合。其优点是每步中间产物都可以纯化，可以获得中间产物的理化常数，可以随意进行非氨基酸修饰，可以避免氨基酸缺失；缺点是较为费时费力等。

固相合成是将目标多肽的最后一个氨基酸的羧基以共价键的形式与树脂相连，再以该氨基酸的氨基为起点，使其与相邻氨基酸的羧基发生酰化反应形成肽键。然后使包含这两个氨基酸的树脂肽的氨基脱保护后与下一个氨基酸的羧基反应，不断重复这一过程，直至目标多肽合成为止。其优点是简化了每一步反应的后处理操作，产率较高且能够实现自动化等；其缺点是每一步中间产物不可以纯化，必须通过可靠的分离手段进行纯化等。

无论是单用液相合成还是固相合成方法合成多肽药物，均存在着方法上的缺陷。液相合成步骤烦琐冗长，耗时费力，而固相合成需使用大量的洗脱溶剂，最后的分离纯化困难。因此发展了固-液联用法，此方法已经成功应用于很多多肽药物的合成中。

一、多肽的液相合成

1901 年，Emil Fischer 首次用酸水解二酮哌嗪法合成二肽，标志着液相合成多肽的开始。虽然现在固相合成在多肽合成中占据主导地位，但液相合成肽仍然是制备多肽甚至蛋白质的主要方法。今天，大多数多肽药物的商业化制备仍然是用经典的液相合成法合成的。与固相合成相比，液相合成在保护、合成策略上还有自身的一些特点。

（一）液相合成 N^{α}-氨基保护

已经使用的氨基保护基很多，但归纳起来，可以分为烷氧羰基、酰基和烷基三大类。烷氧羧基使用最多，原因是 N-烷氧羰基保护的氨基酸在接肽时不易发生消旋化，几种代表性的常用氨基保护基及脱除条件总结为表 2-2。

表 2-2　液相合成常用的氨基保护基及脱除条件

结构式	缩写	脱去条件
	Z	HBr/HOAc，催化氢解，液态 HF，液态 HBr，沸腾的 TFA
	Boc	1mol/L HCl/HOAc，4mol/L HCl/二氧六环，HF，三氟乙酸（TFA），HBr/HOAc
	Fmoc	仲胺溶液，如 5%哌啶/CH₂Cl₂
	Tfa	NaOH，Na/液氨，NH₂OH
	Nps	HBr/HOAc，HF，TFA，1mol/L HCl/HOAc，4mol/L HCl/二氧六环，CH₃CSNH₂
	Tos	Na/液氨，TFMSA-硫茴香醚，HF
	Trt	HOAc，TFA，HCl/有机溶剂，HBr/HOAc

1. 烷氧羰基保护基　主要代表性保护基为 Z 和叔丁氧羰基。

（1）Z：于 1932 年由 Bergmann 发现的一个很老的氨基保护基，但是至今还在普遍使用。其优点在于：①试剂的制备和保护基的导入都比较容易；②N-苄氧羰基氨基酸和肽易于结晶而且比较稳定；③苄氧羰基氨基酸在活化时不易消旋；④能用多种温和的方法选择性地脱除。Z 的脱除可在 HBr/HOAc、液态 HBr、沸腾的 TFA、液态 HF 等酸解条件下完成，或是利用钯黑、钯碳作为催化剂进行催化氢化脱除。

自由氨基酸在用 NaOH 或 NaHCO₃ 控制的碱性条件下可以很容易同 Z-Cl 反应得到 N-苄氧羰基氨基酸。氨基酸酯同 Z-Cl 的反应则是在有机溶剂中进行，并用碳酸氢盐或三乙胺来中和反应产生的 HCl。此外，Z-ONp、Z-OSu 等苄氧羰基活化酯也可用来作为 Z 的导入试剂。

（2）叔丁氧羰基（Boc）：除 Z 外，Boc 也是目前多肽合成中广为采用的氨基保护基，特别是在固相合成中，氨基的保护多不用 Z 而用 Boc。Boc 具有以下的优点：①Boc-氨基酸除个别外都能得到结晶；②易于酸解除去，但又具有一定的稳定性，Boc-氨基酸能较长时期保存而不分解；③酸解时产生的是叔丁基（But）阳离子，再分解为异丁烯，不会带来副反应；④对碱水解和肼解都稳定；⑤Boc 对催化氢解稳定，但对酸比 Z 要敏感得多。

当 Boc 和 Z 同时存在时，可以用催化氢解除去 Z，Boc 保持不变，或用酸解除去 Boc 而 Z 不受影响，因而两者能很好地搭配。

2. 酰基保护基　酰基保护基主要分为三氟乙酰基、邻硝基苯硫基和对甲苯磺酰基三类。

（1）三氟乙酰基（Tfa）：Tfa 是 1952 年由 Weygand 最先引入到多肽合成中的。Tfa 的导入试剂为三氟乙酸酐，它可由三氟乙酸酐用 P_2O_5 脱水合成。由于三氟乙酸酐同氨基酸反应时易生成噁唑烷酮而发生消旋，因此，同甲酰基的导入一样，在低温下于 TFA 溶液中用三氟乙酸酐酰化为好。

Tfa 可以在水或乙醇水溶液中用 0.1～0.2mol/L NaOH 处理或者用 1mol/L 哌啶溶液处理很容易脱去。由于脱去的方法温和，也适用于某些长肽链中的 Tfa 基的脱去。例如，安芬生（anfinsen）用上述条件于 8mol/L 尿素中 5℃ 处理 8h 脱去 42 肽中 Lys 侧链的 Tfa，但长肽链的碱水解脱除保护基具有溶解度低及断链副反应等不利因素。N-Tfa-氨基酸在接肽时易于消旋，也是采用此保护基时应该注意的。

Tfa 保护的氨基酸或肽酯在高真空下易于气化，因而能用于气相层析以检测消旋的程度和测定天然肽的排列顺序，而且由于含有 F，也可用 ^{19}F-NMR 来检测合成肽的纯度、消旋程度及类似物的鉴定等。

（2）邻硝基苯硫基（Nps）：是 1963 年由车尔伐斯等提出来的。Nps 的特点是它比 Boc 更易被酸脱去，而且导入试剂 Nps-Cl 的合成比较方便，价格也便宜。将 Nps-Cl 同氨基酸在碱性条件下反应很容易合成 Nps-氨基酸，不过由于它自身羧基的酸性会导致 Nps 的缓慢分解，因此一般以二环己铵盐的形式保存。Nps 还可以高分子的形式(Ⓟ-Nps-Cl)来保护氨基。

Nps 很容易被酸解脱去，当用 2mol/L HCl 水解时，其脱去的速度比 Boc 要快约 70 倍，若用 HCl 的有机溶液，则只需要 2 当量的 HCl 就足以完全脱除 Nps。采用这个条件，可以在 Boc 和叔丁酯（或醚）基存在的情况下，选择性地只脱去 Nps。当含有 Trp 的肽在用 HCl 脱除 Nps 时，会发生 Trp 吲哚环的 2-位上被定量地 Nps 化，因而必须加入吲哚为捕捉剂以避免这个副反应。Nps 除去能用酸解脱去以外，还能用兰尼镍还原或用硫粉、巯基乙醇、巯基乙酸、硫代乙酰胺及 2-硝基硫粉、2-硝基-4-氯代硫粉、3-硝基-4-巯基苯甲酸、2-巯基吡啶等试剂脱去。用 1～5 当量的 2-巯基吡啶在甲醇中 2min 即能完全脱去 Nps，在二氧六环中则不到 1min。

Nps 保护的一个主要缺点是 Nps-氨基酸和 Nps-肽不易结晶，而且 Nps-肽总是带有黄色，即使在脱去 Nps 以后，也很难得到无色的产物。

（3）对甲苯磺酰基（Tos）：Tos 在 NaOH 或 $NaHCO_3$ 存在下同氨基酸反应很容易得到产率较高的 Tos-氨基酸。如果用 Lys 或鸟氨酸（Orn）的铜盐络合物进行反应则得 N^{ε}-Tos-Lys 和 N^{δ}-Tos-Orn。

Tos-氨基酸能通过酰氯、叠氮、二环己基碳二亚胺（DCC）和四乙基焦亚磷酸等方法进行接肽，但混合酸酐法一般不能采用。这是因为 Tos 的强吸电子效应使得被酰化的氨基上的氢原子容易离解，因而在用混合酸酐法接肽时会产生 *N*，*N*-双取代等副反应而使产率很低。基于 Tos 化氨基上氢原子容易离解的原因，Tos-氨基酸的酰氯在 NaOH 等强碱作用下很不稳定，会发生分解生成 Tos-NH$_2$、醛和 CO 等。

Tos 非常稳定，它能经得起酸解（TFA、HBr/HOAc、HF 等）、皂化、催化氢解等多种条件的处理不受影响，而只能用 Na/液氨处理脱去。因而只是在多肽合成的早期阶段曾经用作 *α*-氨基的保护基以外，一般都是用作碱性氨基酸的侧链保护基。Na/液氨处理操作麻烦，并且会引起某些肽键的断裂和肽链的破坏。

3. 烷基保护基　其主要代表为三苯甲基。

三苯甲基（Trt）是 20 世纪 50 年代开始用于多肽合成中的，其很容易用酸脱去。例如，*N*-Trt 可以用冰醋酸或 50%（或 75%）乙酸水溶液在 30℃处理 30min 或回流数分钟顺利地脱去，这时 *N*-Boc 和 *O*-But 可以稳定不动。其他如无水 HCl 的甲醇溶液或氯仿溶液、无水 HBr 的乙酸溶液、TFA 都能很方便地脱去 Trt，Trt-Lys(Trt)OCH$_3$ 用 HCl/甲醇处理可以得到 Lys(Trt)OCH$_3$ 说明侧链上的 *α*-Trt 对酸更稳定一些。Cys(Trt)、His(Trt)、Tyr(Trt)等的侧链 Trt 都比 N^{α}-Trt 对酸稳定，因而可以采用适当的酸解条件选择性地脱去 N^{α}-Trt 而保留侧链 Trt。Trt 对酸的敏感性程度还随所用酸的不同而异。例如，Trt 对乙酸比较敏感，在 80%乙酸中，Trt 的脱除速度大约比 2-联苯基-2-丙氧羰基(2-biphenyl-2-propoxycarbonyl, Bpoc)快 7 倍，比 Boc 快 21 000 倍，因而可以在 Boc 存在下选择性地脱去 Trt。但若以 0.1mol/L HBr/HOAc 为试剂，Trt 的脱去速度反而慢于 Boc。Trt 虽然也能被催化氢解脱去，但脱去的速度比 *O*-(Bzl)和 *N*-Z 要慢得多。

由于 Trt 有很大的立体阻碍作用，除氨基酸侧链基团很小的 Trt-甘氨酸酯以外，一般的 Trt-氨基酸酯都难于皂化，若用很强烈的皂化条件（如高温）则有引起消旋的危险。Trt 的立体阻碍影响还表现在接肽反应中，Trt-氨基酸（除 Trt-Gly 和 Trt-Ala 以外）一般不能采用混合酸酐接肽，Trt-氨基酸的酯不能肼解，也就不能用叠氮物法接肽，而只能采用 DCC 这类方法来接肽。但 Trt 的立体阻碍只表现在对 Trt-氨基酸的反应影响上，Trt-肽则不存在这个问题，因而对长链肽的末端氨基的保护来说，Trt 还是可用的，特别是对于含硫氨基酸的肽来说，由于不能采用催化氢解来实现 Z 和 Boc 之间的选择性脱去，采用 Trt 则有其有利之处。

（二）液相合成的 C^{α}-羧基保护

在多肽合成中，除了羧基组分的羧基需要活化来进行接肽以外，其他不反应的羧基都存在需要保护的问题。羧基被保护后，除了可以防止在接肽反应中当反应羧基用某些方法活化时不需要反应的羧基也会被活化而带来的副反应以外，还有一个能使氨基组分的氨基不能同羧基形成内盐而完全游离出来，以便于同羧基组分反应形成肽键的作用。一般是采用成酯的形式对羧基进行保护，若该羧基末端最后要转变为酰肼，则也可以采用取代酰肼的形式来进行保护。当用叠氮物法、活化酯法和混合酸酐法接肽时，也可采用将氨基组分的羧基同有机碱（如叔胺等）成盐的形式来进行反应。这时，虽然可以避免羧基保护基的选择和大肽去酯时所带来的麻烦，但在接肽的方法上受到一定限制，而且由于羧基自由的肽在有机溶剂中的溶解度比酯的溶解度要小，从而在接肽反应和产物的分离提纯方面也有一些不便之处。因此，综合考虑，在多肽合成中多数仍然采用以酯或取代酰肼的形式对羧基进行保护。

根据脱去条件不同，目前使用和研究过的羧基保护基大致可分为三类（表 2-3）：①可用碱皂化脱去的，如甲酯和乙酯等；②可用酸脱去的，如叔丁酯、对甲氧苄酯和邻苯二甲酰亚胺酯等；③除了能用酸或碱脱去以外，还能用其他的方法选择性地脱去，如苄酯和苯羰基甲酯能用催化氢解法脱去。在合成工作中，究竟选用哪一种羧基保护基，则应根据其他功能团所用的保护基来进行选择和搭配。

表 2-3　羧基保护基及脱除条件

结构式	缩写	脱去条件
CH_3—	Me	NaOH/H_2O
CH_3CH_2—	Et	NaOH/H_2O
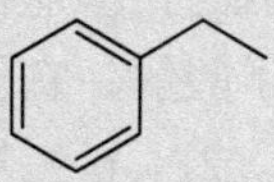	Bzl	H_2/Pd，HBr/HOAc，HF（液），碱水解
	But	TFA，HCl/HOAc，BF_3，OEt_2/HOAc
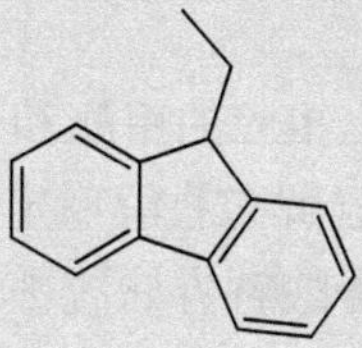	Fmoc	哌啶

1. 甲酯和乙酯　肽的甲酯和乙酯对 HBr/HOAc、TFA、HCl/有机溶剂等酸解条件和催化氢解都是稳定的，但能用 NaOH（或 KOH）在有机水溶液中皂化脱去。一般是将保护的肽酯溶于甲醇或乙醇中，加入过量的 1～2mol/L NaOH（或 KOH）在室温下皂化去酯。如果所需要皂化的肽酯在醇中不能溶解时，可改用丙酮、二氧六环、二甲基甲酰胺（DMF）、二甲亚砜（DMSO）等为溶剂进行皂化。皂化的时间随肽的不同而异，可从 15min 到数小时。对于较大的肽酯或有空间位阻的肽酯，要改用过量较多的碱和较长的皂化时间。但这可能带来消旋或断链等副反应的危险。有的肽键，如 Pro-Thr 之间的肽键在皂化时容易断裂，乙基（Et）有时会被碱破坏，含有 Glu（OR）、Gln、Asn 的肽酯在皂化时还可能会发生环化和移位等副反应。此外，对含有碱不稳定的 N-保护基如邻苯二甲酰基（Pht）、甲砜乙氧羰基（Msoc）、Fmoc 等的肽酯也不能采用皂化去酯的方法。因此，遇到这样的情况，应该在短肽时即皂化去掉羧端的酯或者采用能够氢解或酸解脱去的保护基来保护羧基。

N-保护氨基酸或肽的苄酯除了像甲酯或乙酯一样能用皂化脱去以外，还能用催化氢解的方法脱去（图 2-2）。

$$R'NHCHRCOOCH_2C_6H_5 \xrightarrow{H_2/Pd} R'NHCHRCOOH + C_6H_5CH_3$$

图 2-2　催化氢化脱除苄酯保护基

但含有半胱氨酸和胱氨酸的肽的苄酯不能用催化氢解的方法脱去。当用甲醇或乙醇为溶剂进行还原时，可能会发生部分的转酯反应生成甲酯或乙酯。避免的方法是改用叔丁醇或乙酸等为溶剂进行氢化。

2. 苄酯和取代苄酯　苄酯很容易经肼解或氨解得到酰肼或酰胺。苄酯对 HCl/有机溶剂和 TFA 稳定，因而可以在这些条件下选择性地脱去 Boc 而不影响苄酯。HBr/HOAc 的短时间处理

（如室温 0.5h），只引起苄酯的部分脱落，因此 N-Z 保护的肽酯可以用 HBr/HOAc 选择性脱去 N-Z 而得到肽的苄酯溴氢酸盐，不过产物中总难免含有少量苄酯被脱去的副产物。此外，苄酯还能用 Na/液氨等还原的方法脱去，但有时会发生少量的氨解反应而形成酰胺副产物。

酸性氨基酸的二苄酯用 1 当量的碱皂化时主要是 α-酯优先被皂化，但当 Trt-Glu(OBzl)皂化时则因 Trt 的空间位阻效应而主要是 γ-酯被皂化。

对于取代的苄酯来说，有两种情况：当苯环上的取代基为硝基、卤素等电负性强的基团时，其对酸的稳定性增加；当取代基为甲基、甲氧基等给电子基团时，其对酸的稳定性减弱。例如，对硝基苄酯、2,4,6-三甲基苄酯、五甲基苄酯和对甲氧苄酯都能被催化氢解脱去，但对硝基苄酯在 HBr/HOAc 中较为稳定，而 2,4,6-三甲基苄酯和五甲基苄酯比苄酯易于酸解，它们可以同 Z 一起用 HBr/HOAc 短时间处理脱去，对甲氧苄酯则可用 TFA 处理脱去。2,4,6-三甲基苄酯也能被 TFA 很容易地脱去，但对 HCl/甲醇和催化氢解稳定。

另外，苄酯、二苯甲酯和三苯甲酯对酸的稳定性顺序是依次减弱。二苯甲酯能用 TFA（0℃），HCl/HOAc，BF₃/乙醚室温处理 1min 或催化氢解等方法脱去。

3. 叔丁酯　叔丁酯是目前多肽合成中最常用的羧基保护基之一。它比相应的甲酯和乙酯等稳定，可放置较长时间而不生成二酮哌嗪。氨基酸或肽的叔丁酯对催化氢解和肼解稳定，并不易被碱皂化脱去，但能用 HCl/有机溶剂、HBr/HOAc、TFA、HF（液）等酸解方法脱去。同 Boc 相比，叔丁酯对酸更为稳定。例如，用 0.1mol/L HBr/HOAc 处理时，Boc 大约 5min 即可脱去，而叔丁酯则要 1h 左右才能脱去。由于叔丁酯对酸的不稳定性，因此一般最好不用 HCl 而用柠檬酸等较弱的酸来洗涤叔丁酯的衍生物。

■（三）侧链功能团的保护

不少氨基酸的侧链上都带有能反应的基团，如羟基、巯基、酚基、羧基、氨基、胍基、咪唑基、吲哚基等，为了避免副反应的发生，在多肽合成中往往选用适当的保护基将它们保护起来（表 2-4）。其中，Cys 的巯基和 Lys 的 ε-氨基是必须加以保护的，Glu 和 Asp 的 γ-和 β-羧基在作为羧基组分时必须保护，而作为氨基组分时可以保护也可以不保护，其他基团则要视具体情况而定。

表 2-4　侧链功能团的保护基

氨基酸	侧链官能团	保护基
His	咪唑基	Dnp、Bzl、Z、Tos、Boc 等
Trp	吲哚基	Nps、Boc、For、Dcz 等
Ser	羟基	Bzl、But 等
Tyr	酚羟基	Z 及其衍生物、Boc、Bzl、But 等
Arg	胍基	—NO₂、Z、Tos、Mts、Mds、Boc、Adoc 等

1. Lys 侧链氨基的保护　Lys 的 ε-氨基是必须加以保护的，由于 ε-氨基的保护在肽链合成过程中并不需要选择性地脱除，只需在肽链的合成完成以后除去，因此一般选用在脱除其他保护基时都不会被脱除的保护基。最早使用的侧链氨基保护基是 Tos，如 Lys(Tos)曾经成功地用于催产素、加压素及胰岛素等多肽及蛋白质的合成。Lys 的铜盐络合物在微碱性条件下同 Tos-Cl

反应时，可以选择性酰化 ε-氨基而得到很好产率的 Lys(Tos)。

Tos 非常稳定，只有用 Na/液氨处理才能脱去。当用 Tos 来保护 ε-氨基时，其他功能团的保护基选择就比较容易。随着氨基保护基种类的发展，已较少使用 Tos 来保护侧链氨基，而代之以能用较温和条件脱去的其他保护基。

同 Lys(Tos)的合成类似，Lys(Z)也可用 Z-Cl 同 Lys 的铜盐反应来制备。将 Z-Lys(Z)用 PCl_5 或 $SOCl_2$ 处理生成 Lys(Z)的 N^α-羧基内酸酐后，再水解，可得到 Lys(Z)。Z 能用催化氢解、液体 HF、HBr/乙酸和 Na/液氨等方法脱去，当 ε-氨基选用 Z 为保护基时，则 α-氨基和 α-羧基必须用不能被催化氢解而能用 HBr/乙酸等更温和的酸解或碱解脱去的保护基，如 N^α-Boc、N^α-Mz、N^α-Bpoc、N^α-Fmoc、甲酯、叔丁酯和硫乙酯等。

ε-Z 在用 TFA 处理时会有微量的 Z 被脱去，这在液相合成中问题不大，因为合成产物可经重结晶方法纯化。但在固相合成中，由于每次的连接产物不经过纯化的步骤，就会造成支链肽越积越多的危险，因此，又开发了几种比 Z 更为稳定的基团取代 Z，如 Z 基苯环上用吸电子基团如卤素、—CN 或—NO_2 等取代 Z 后，将增加对酸的稳定性。

ε-氨基的另一种搭配方式是将 ε-氨基用 Boc 保护，α-氨基则用能催化氢解脱去的 Z 或更易酸解脱去的 Trt 和 Nps，以及被碱解脱去的 Tfa 等保护（图 2-3）。N^e-Boc 可以通过 Boc-N_3 同 Lys·1/2Cu 反应或 Boc-N_3 同 Z-Lys 反应来导入。由于 ε-Boc 比 α-Boc 更稳定，因而能从 BocLys(Boc)选择性地脱去 α-Boc。基于同样的理由，若 ε-氨基用对甲氧苄氧羰基保护，也可以用 HCl/HOAc 选择性脱去 α-Boc 而不影响 ε-Mz。

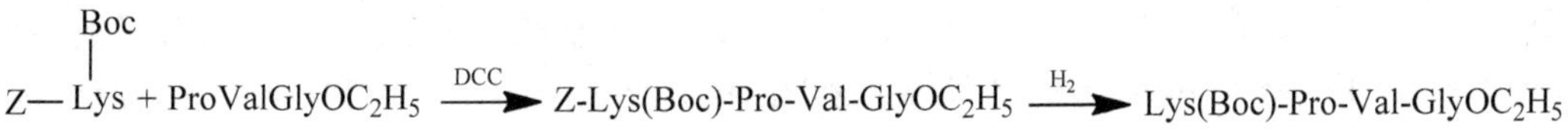

$$\overset{\overset{\displaystyle Boc}{\displaystyle |}}{Z—Lys} + ProValGlyOC_2H_5 \xrightarrow{DCC} Z\text{-}Lys(Boc)\text{-}Pro\text{-}Val\text{-}GlyOC_2H_5 \xrightarrow{H_2} Lys(Boc)\text{-}Pro\text{-}Val\text{-}GlyOC_2H_5$$

图 2-3　Lys 侧链 Boc 保护合成多肽

ε-氨基还有一种搭配方式是用碱脱去的保护基如 Tfa 和 Msoc 保护。N^e-Tfa 是通过 $F_3CCOSC_2H_5$ 同 Lys 反应导入的，它对酸解和催化氢解都稳定，但能用 1mol/L 哌啶和 NaOH 碱解脱去。

2. Arg 侧链胍基的保护　Arg 侧链胍基具有很强的碱性（pK_a 12.5），如果适当地利用质子的形式保护，也能进行含 Arg 的肽的合成。但是由于 Arg 侧链不保护的肽水溶性较强，往往在产物的分离纯化上有些困难。为了减弱胍基的碱性并增大其在有机溶剂中的溶解度，目前仍多采用胍基保护的办法。

（1）N^γ-硝基(—NO_2)：硝基是最常用的 Arg 侧链保护基团之一，采用 N^γ-NO_2 保护的办法，曾经合成了一系列含 Arg 的肽。Arg(NO_2)很容易由 Arg 用发烟硝酸加发烟硫酸（或浓硫酸）在冰冷条件下硝化或用 KNO_3 在 HF 中 0℃下硝化 30min 来制备。N^γ-NO_2 对一系列酸解或碱解的条件都稳定，但能用 H_2/Pd、电解还原、HF（液）、氟磺酸和三氟乙酸硼等处理脱去。Na/液氨处理也能将 N^γ-NO_2 脱去，但伴随有少量脱脒副产物 Orn 的生成。N-NO_2-Arg 用 NH_3-甲醇液处理会导致 Orn 的生成。一般来说 HF 处理不会产生 Orn，但在少数情况也发现有微量 Orn 的生成。

（2）N^γ-Z：Arg 同 Z-Cl 在 $NaHCO_3$ 的弱碱性条件下反应可得到很好产率的 Z-Arg，而在强碱性条件下同过量（4 当量）的 Z-Cl 反应则得到 Z-Arg(Z)$_2$ 和少量的 Z-Arg(Z)。

虽然 Z-Arg(Z)可用酰氯法和 DCC 法来进行接肽，但因侧链的单 Z 保护并不能完全消除胍基的碱性，因此在实用中多采用双 Z 保护的方法。Z-Arg(Z)$_2$ 经 SOCl$_2$ 处理可变为 Arg(Z)$_2$-NCA，再水解即得到 Arg(Z)$_2$，醇解则得到 Arg(Z)$_2$OR。Arg(Z)$_2$ 与 BocN$_3$ 反应可制得 BocArg(Z)$_2$，再用于肽合成。Guttmann 曾经用对硝基苄氧羰基来保护胍基，并且报道 N^{γ}-Z$_2$ 可用 Zn/HOAc 还原选择性地脱去而不影响 N^{α}-Z。

Arg 在 pH 11～12 条件下同 Tos-Cl 反应则可得到 Z-Arg(Tos)。N^{γ}-Tos 对氢化、HBr/HOAc 或 TFA 等均稳定，但能用 Na/液氨、HF(10℃，30 min)、氟磺酸和三氟甲基磺酸处理脱去。

N^{γ}-Trt 比 N^{α}-Trt 稳定，故 Trt-Arg(Trt)$_2$ 可以用温和的酸解条件选择性地脱去 N^{α}-Trt 得到 Arg(Trt)$_2$。N^{γ}-Trt 对催化氢解特别稳定，但能用 HBr/HOAc 脱去。用 Trt 保护胍基曾经合成了一些含 Arg 的短肽。

3. His 侧链咪唑基的保护 His 的侧链咪唑基是一个弱碱性基团（pK_a 6）。His 的侧链咪唑基虽然可以不保护进行接肽，但多数还是采用保护的形式。保护基选择适当，不仅可以减少由于侧链咪唑基带来的副反应，而且还有提高溶解度和抑制消旋等的作用。

His 几乎是所有氨基酸中最容易发生消旋的氨基酸。当不保护咪唑基时，即使用一般不引起消旋的叠氮物法接肽，也会有很少量（<0.8%）消旋产物形成。His 易于消旋，是由于咪唑基 π-氮原子参与的结果。

（1）N^{im}-Bzl：将 His 溶于液氨中，加入金属钠使咪唑基形成钠盐后，再用氯化苄反应，可以得到高产率的 N^{im}-Bzl-His 结晶。由 His(Bzl)同 Z-Cl 反应则得到 Z-His(Bzl)。N^{im}-Bzl 并不能消除咪唑基的碱性，因此在用 HCl-ROH 法制备 N^{im}-Bzl 组氨酸甲酯时得到的是 N^{im}-Bzl-His-OR·2HCl。另一导入 N^{im}-Bzl 的方法是将 Z-His 在二环己胺存在下于 DMF 中同 2 分子的溴化苄反应先制得 Z-His(Bzl)-OBzl，再皂化即得到 Z-His(Bzl)。Z-His(Bzl)在有机溶剂中的溶解度很小，但接成肽以后的产物溶解度会增大。

N^{im}-Bzl 对 TFA、HBr/AcOH、HF（液）、碱皂化、肼解等处理稳定，但能用 Na/液氨处理脱去。在 50%乙醇、80%乙酸或冰醋酸中催化氢解也能脱去 N^{im}-Bzl，不过同 Z 相比，需要较长的时间。对于较长链的含 His 的肽来说，催化氢解脱去 N^{im}-Bzl 是有困难的，有时甚至会破坏咪唑环，因此不宜采用。

（2）N^{im}-烷氧羰基：尽管 N^{im}-Bzl 保护曾被我国科学工作者成功用于胰岛素的全合成中，但由于其只能用 Na/液氨脱去，不利于抑制消旋。首先被考虑的更理想的 N^{im}-保护基便是烷氧羰基。将 His 同 Z-Cl 在 pH 9～10 条件下反应，可以得到 Z-His(Z)。N^{im}-Z 能够用碱皂化、肼解、催化氢解、HBr/TFA、HF（液）、Na/液氨处理等方法脱去，但对 HBr/HOAc 稳定，50% TFA 能使其很缓慢地脱去。

N^{im}-Boc 很容易被 TFA-CH$_2$Cl$_2$（1∶1）脱去，但用 0.1mol/L HCl/CHCl$_3$ 脱去较慢。N^{im}-Boc-His 曾被用来合成人的生长激素和人的 ACTH 中的肽段。

（3）N^{im}-Tos：N^{α}-酰化组氨酸同 Tos-Cl 反应很容易得到 N^{im}-Tos 衍生物。N^{im}-Tos 对 TFA 在室温下稳定，但能用碱皂化、HF、6mol/L HCl(110℃)、NH$_3$/DMF、乙酸酐-吡啶、甲酸乙酸酐-吡啶或三氟乙酸酐-2%吡啶等处理脱去。在肽合成中，N^{im}-Tos 可以同 N^{α}-Boc、N^{α}-Mz、N^{α}-Nps 基等配合使用，它和 N^{im}-Dnp 是较多采用的 His 保护基。由于 N^{im}-Tos 能被 HBr 或 HCl 的有机溶液部分地脱去，故在脱去 N^{α}-Boc 时，最好采用 50%（或 25%）TFA 的 CH$_2$Cl$_2$ 溶液。此外，由于 N^{im}-Tos 能被三氮唑脱去，因此在接肽时不能以三氮唑为添加剂或用羟基三氮唑的活化酯进行接肽。再者，因为 N^{im}-Tos 能被胺解，在接肽时要注意可能发生缓慢的 $N^{im}→N^{\alpha}$ 的转 Tos 副反应。

（4）N^{im}-Dnp：Z-His 或 Boc-His 在 NaHCO$_3$ 溶液中同 2，4-二硝基氟苯反应，可以很方便地导入 N^{im}-Dnp。Dnp 取代并不能完全消除咪唑环的碱性，故可以得到 Z-His(Dnp)·HCl 结晶。N^{im}-Dnp 对 HBr/TFA、HF 和 6mol/L HCl 等酸处理都稳定，对氨解和碱水解都比较稳定，但能用巯基乙醇、巯基乙酸或硫代苯酚等试剂脱去。用 10mol/L 的巯基乙醇水溶液（pH 8）处理 Boc-His(Dnp)，1h 内可将 Dnp 完全脱去。由于硫代苯酚的酸性较强，在低 pH 下也能电离，因而能在稍偏酸性的条件下脱去 N^{im}-Dnp。N^{im}-Dnp 的一个缺点是对光敏感，而且产物常带颜色，需要经阴离子交换树脂纯化除去。另一个缺点是不适合用混合酸酐法接肽。

4. Glu 和 Asp 侧链羧基的保护　在肽合成中，当 Glu 和 Asp 为 C 端氨基酸时，α-羧基和侧链羧基均可采用同样基团保护，而不存在选择性保护的问题。另外，如果用混合酸酐法、活化酯法或叠氮物法接肽时，氨基组分的末端羧基和 Glu、Asp 的侧链羧基有时也可以不用保护。但作为羧基组分的肽段及在固相肽合成中，Glu 和 Asp 的侧链羧基则需要保护，这就存在 α-羧基同侧链羧基之间的选择性保护问题。

在肽合成的早期阶段，虽然采用甲酯或乙酯来保护 Asp 或 Glu 的 β 或 γ 羧基，并且取得了一些成功。但是因为甲酯和乙酯的脱去需要使用皂化的方法，这不仅会引起肽链的断裂，对于合成较大的肽不利，而且 β 或 γ 甲酯（或乙酯）在皂化过程中还会通过环化中间体而发生 $\alpha \rightarrow \beta$ 或 $\alpha \rightarrow \gamma$ 移位副反应，所得到的移位副产物很难分离纯化，因此逐渐改用了易于用其他方法脱去的保护基。

目前，Asp 或 Glu 的 β 或 γ 羧基多采用苄酯、叔丁酯保护，也有个别采用对硝基苄酯或对溴苄酯保护。

5. Cys 侧链巯基的保护　Cys 侧链巯基的保护在多肽合成中一直是引人注意的问题。因为含有二硫键的胱氨酸肽在化学合成中涉及 2 个氨基和 2 个羧基的选择性保护问题，比较困难，因此只有少数的情况是采用胱氨酸的形式，一般是通过半胱氨酸肽来合成的，而 Cys 的巯基非常活泼，很容易氧化并发生副反应。已经研究和使用过的巯基保护基较多，其导入和脱去方法总结为表 2-5。

表 2-5　Cys 巯基的导入和脱去方法

S-保护基	结构	脱去条件
Bzl	C$_6$H$_5$CH$_2$—	Na/NH$_3$、HF、F$_3$CSO$_3$H
对甲氧苄基	H$_3$CO—〈 〉—CH$_2$CH	HF、F$_3$CSO$_3$H、FSO$_3$H、Hg（OCOCF$_3$）/HOAc
吡啶甲基（Pym）	N〈 〉—CH$_2$CH	电解还原（pH 2.6）
Trt	(C$_6$H$_5$)$_3$C—	HBr/HOAc，PysCl/HOAc
But	(CH$_3$)$_3$C—	Hg（OCOCF$_3$）/HOAc

（1）S-Bzl 和 S-取代苄基：S-Bzl 保护是在多肽合成中曾经广泛采用的方法，它成功地用于催产素、加压素和胰岛素等的全合成工作。胱氨酸经 Na/液氨还原后的溶液同氯化苄反应及半胱氨酸盐酸盐（或对甲苯磺酸盐）在碱性溶液中剧烈搅拌下同溴化苄反应都可导入 S-Bzl 得到

S-苄基半胱氨酸，*S*-Bzl 对酸和碱都比较稳定，它可经 TFA、HBr/HOAc、HCl/CH$_3$OH 等酸处理和碱皂化及肼解等处理，只能用 Na/NH$_3$ 还原、HF (20℃，30min)、F$_3$CSO$_3$H (40℃，30min) 等处理脱去。FSO$_3$H 25℃处理 4h 可使 *S*-Bzl 脱去 84%左右。

（2）*S*-Trt：*S*-Trt 可以通过以下的几个方法来制备。①Cys·HCl 在二乙胺存在下于水-乙醚混合液中同过量的 Trt-Cl 反应生成 Trt-Cys（Trt），再用 HCl/丙酮酸解脱去 *N*-Trt 得到 Cys(Trt)；②Cys·HCl 或（TosOH）在 DMF 中同 Trt-Cl 长时间室温反应（2 天）；③Cys 同 Trt-Cl 在 TFA 中反应或 Cys·HCl 同 TrtOH 在 BF$_3$-乙醚存在下于乙酸中反应；④*N*-酰基胱氨酸经 Zn 还原成 *N*-酰基半胱氨酸后立即与 Trt-Cl 反应或与 Trt-OH 在 BF$_3$-乙醚存在下反应。

S-Trt 除对皂化和肼解稳定以外，还对某些脱 *N*-Boc 的条件[如 1mol/L HCl/甲醇（50℃，4h）或 BF$_3$-乙醚]、脱 *N*-Nps 的条件（如 HCl/甲醇或 HCl/HF）及脱 *N*-Trt 的条件（如 HCl/丙酮、TosOH/CH$_3$OH 和冰醋酸）均较稳定，因而可以用这些条件选择性地脱去这些保护基而保留 *S*-Trt。

（3）*S*-But：*S*-叔丁基半胱氨酸衍生物可以通过两种方法来制备：①用 *N*-保护半胱氨酸同异丁烯加成，得到 *S*-和羧基均被叔丁基化的产物，然后再用酸解脱去叔丁酯；②Cys 在高氯酸催化下同乙酸叔丁酯进行转酯作用生成 Cys(But)OBut，然后再用 TFA 或 HBr/HOAc 脱去叔丁酯得到 Cys(But)。

S-But 对酸、Na/NH$_3$ 处理和 Na/液氨中的催化氢化都完全稳定。用液体 HF (20℃，60min) 才开始脱去。但近来发现，*S*-But 可以用 Hg(CF$_3$COO)$_2$/HOAc 或 Hg(OAc)$_2$ 于 pH 4，25℃处理数小时定量地脱去，而且 *S*-叔丁基半胱氨酸的存在并不影响 *N*-Z 的氢化脱去。此外，*S*-But 还能用 PysCl/HOAc 处理脱去。

6. Ser 和 Thr 侧链羟基的保护　　在肽液相合成中，Ser 和 Thr 的羟基一般可以不加保护。但当 Ser 和 Thr 的羧基被活化或缩合反应较慢及羧基组分过量较多时，也会发生由于羟基所带来的副反应。

最常用的羟基保护基是 Bzl 和 But。*O*-Bzl 对皂化、肼解和 TFA 处理均稳定，但能用催化氢解、Na/液氨还原及较强的酸处理条件如 HBr/二氧六环、CH$_3$SO$_3$H、CF$_3$SO$_3$H、液体 HF 等脱去。*O*-But 则对催化氢化、碱皂化和肼解等条件稳定，而能用 HCl/TFA（室温 30min）、TFA（室温数小时）或浓 HCl 0℃处理 10min 等酸解条件脱去。但同 Boc 相比，叔丁基醚对酸更为稳定。

7. Tyr 侧链酚羟基的保护　　与 Ser 和 Tyr 一样，Tyr 的酚羟基可以保护也可以不保护，常用的保护基有酰基和烷基。

Tyr 在碱性溶液中同过量的 Z-Cl 反应可以制得 Z-Tyr(Z)，利用 Tyr 的铜盐复合物同 Z-Cl 反应则可单独导入 *O*-Z 而得到 Tyr(Z)。酚羟基上的 Z 也同样可用催化氢化、HBr/HOAc、碱皂化及肼解的方法脱去。

除酰基保护基外，更常用的是将酚羟基用烷基进行保护。其中用得最多的是 *O*-苄基酪氨酸和 *O*-叔丁基酪氨酸。*O*-苄基酪氨酸是通过 Tyr 的铜盐复合物在 1 当量氢氧化钠存在下同溴化苄反应来制备。*O*-Bzl 对碱和弱酸条件稳定，但能用催化氢化、Na/液氨还原，以及强的酸解条件如 HBr/HOAc (1～2h)、HBr/TFA、液体 HF 等脱去。

Tyr(But)则由 *N*-保护 Tyr 或其酯与异丁烯反应来制备，其 *O*-But 对催化氢化、碱皂化和肼解等均稳定，但能用 TFA（室温 1～2h）或浓 HCl（0℃，8～10min）处理脱去。

8. Trp 的侧链吲哚基保护　　Trp 在进行氨基保护及接肽反应中并没有遇到困难，第一个用作 Trp 保护基的是甲酰基。将 Trp 用 HCl 的甲酸溶液处理可以制得 N^{in}-甲酰基色氨酸，N^{in}-甲酰基对酸（包括 HF）和无水叔胺均较稳定，但能用肼的 DMF 溶液、0.1mol/L 哌啶水溶液和 pH 9~10 的碱水解脱去。在肽固相合成和液相合成中都曾经应用 N^{in}-甲酰基色氨酸并取得较好的效果。Trp 的吲哚环被甲酰化后可防止其在用 HCl 或 TFA 脱去 Boc 时发生的叔丁基化副反应，并可用于制备 Trp 的叔丁酯衍生物。

（四）多肽液相合成的溶剂

多肽液相合成常用溶剂是四氢呋喃（THF）和 DMF，前者沸点较低，易于蒸去，但溶解能力也较低，含 Gln 和 Asn 的肽或其他较大的肽在 THF 中溶解度不大。当用 THF 不能溶解时，可以 DMF 为溶剂，它对含 Gln 和 Asn 的肽或其他较大的肽比 THF 溶解度更高，但沸点较高，需要减压蒸馏才能除去。当 DMF 也不能溶解时，可尝试采用 DMSO 或六甲基磷酰三胺为溶剂，有时也可试用三氟乙醇（TEE）或三氟丙酮为溶剂。

需要注意的是，上述多肽合成所用的溶剂均需要做无水处理。

（五）液相合成的缩合方法

经过几十年的发展，人们已经发现了多种接肽方法，根据生成活性中间体的不同大致可以分为以下几种：碳二亚胺法、混合酸酐法、BOP 法、吡啶并三唑法（AOP）、叠氮物法及其他活化酯法。

1. 碳二亚胺法　1955 年 Shechan 等首先将 DCC 用于多肽合成，取得了很好的效果。但是用 DCC 作缩合剂会生成二环己基脲（DCU），DCU 在水中和有机溶剂中都有一定的溶解度，致使少量的 DCU 残留在溶剂混在多肽产物中很难完全除尽。为此人们开发了水溶性的 N-二甲氨基丙基-N-乙基碳二亚胺（EDC）来代替 DCC，反应完成后只需用酸洗涤即可除去反应生成的脲，有效地解决了这个问题。

碳二亚胺类缩合剂的反应机制：缩合剂先与羧基组分生成活性中间体，然后再与氨基组分在碱性条件下完成肽链增长反应（图 2-4）。

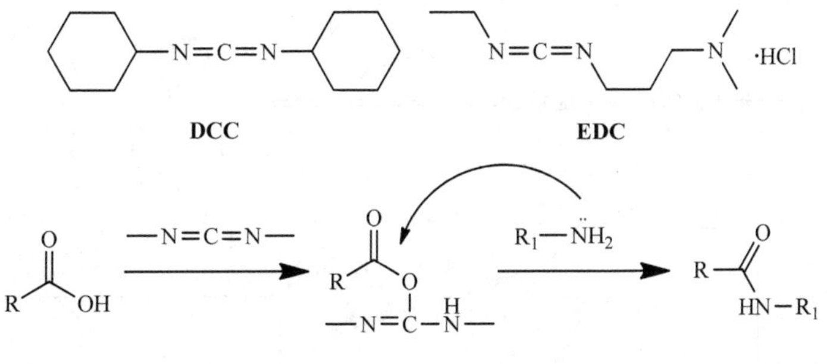

图 2-4　碳二亚胺偶合反应机制

2. 混合酸酐法　混合酸酐法是 20 世纪 50 年代初期发展起来的，它是将羧基组分同空间位阻较大的氯甲酸异丁酯等反应生成混合酸酐，再与氨基组分反应生成肽。混合酸酐法具有反应速度快、产物纯度高、产率高、经济性好等优点。

反应过程中，羧基组分首先与氯甲酸异丁酯在低温下（−15℃左右）反应生成混合酸酐，然后在叔胺存在的碱性条件下与氨基组分反应生成肽（图2-5）。由于反应除目标产物外生成的是二氧化碳和丁醇，因此相对于碳二亚胺法来说分离纯化比较容易。

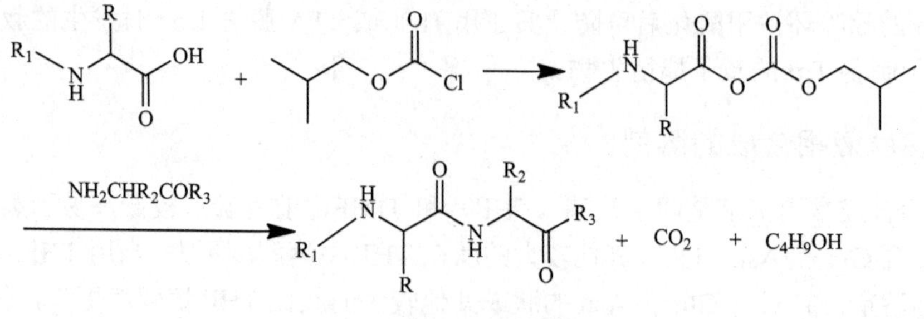

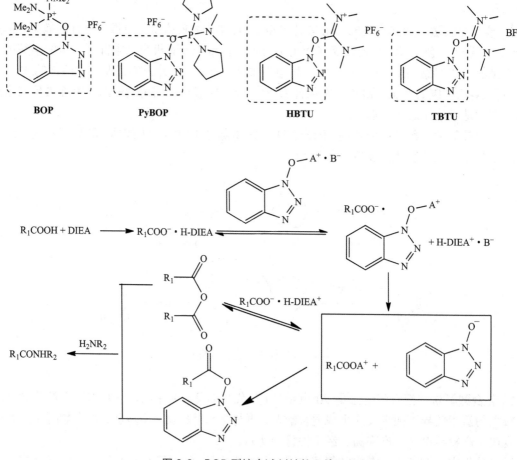

图 2-5　混合酸酐法接肽机制

3. BOP 法　以 BOP 为代表的第一代 BOP 型的缩合试剂可以说是缩合试剂里的一场革命，因为它的接肽效率要远远高于 DCC，引起消旋的风险也明显减小。之后，人们又发现了同类型的缩合试剂 HBTU、PyBOP、TBTU 等（图2-6）。它们的共同点就是缩合试剂在有机碱的参与下先与羧基组分反应，生成羧酸的苯并三唑酯活性中间体，然后再与氨基组分反应生成目标多肽。

图 2-6　BOP 型缩合试剂结构及接肽机制

4. AOP 法 此类缩合试剂的基本结构与 BOP 型的区别在于用吡啶环代替了原来的苯环。据文献介绍，此类缩合试剂的活性比 BOP 型更强。反应机制与 BOP 型相似。代表试剂有 AOP、PyAOP、HATU、HAPyU 等（图 2-7）。

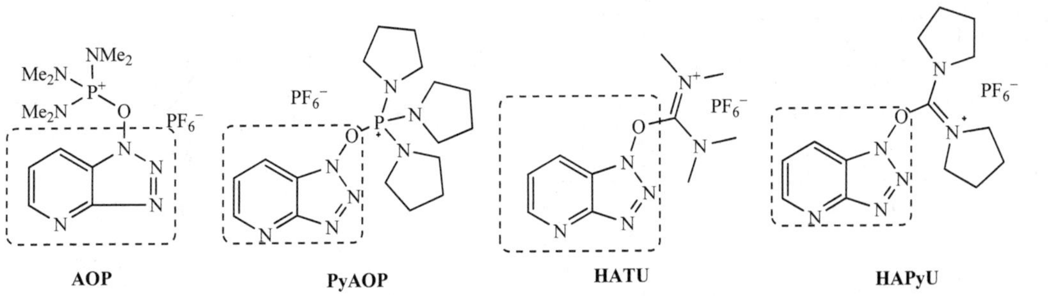

图 2-7 AOP 型缩合试剂化学结构

5. 叠氮物法 1902 年，Curtius 发现了一种新的接肽方法——叠氮物法，此法不仅能够引起最小的消旋，还可以采用最小保护，所以直至今天，这仍然是一种十分有效的接肽方法。

叠氮物法接肽分为三步（图 2-8），首先，保护肽的甲酯、乙酯、苄酯等在室温下与肼反应生成酰肼，然后酰肼在低温（−15℃以下）和酸性条件下与亚硝酸叔丁酯反应生成叠氮物，最后用有机碱调节 pH 至 8～9，加入氨基组分完成接肽反应。

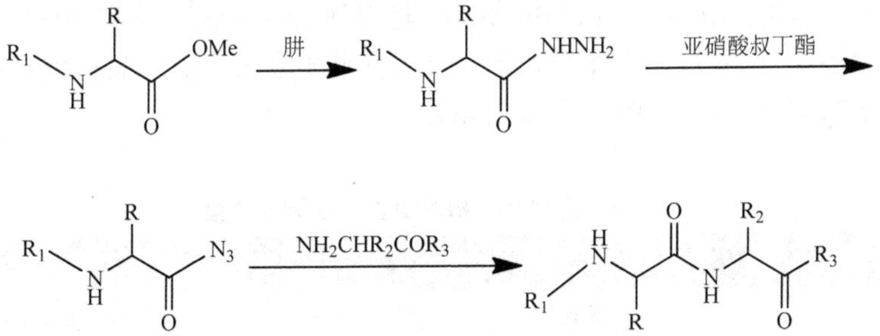

图 2-8 叠氮物法接肽反应机制

除此以外，人们还发现了一种磷酸酯型缩合试剂 DPPA，它可以不经肼解，直接由羧基变成叠氮盐。氨基酸或肽片段的羧基直接与 DPPA 反应，生成活性中间体 $RCON_3$，然后与胺基组分反应生成目标肽片段（图 2-9）。与传统叠氮物法相比，由于其不需要酰肼中间体，简化了反应步骤，而且反应条件更加温和（只需要保持反应温度在 5℃以下即可，而传统方法需要保持反应温度在−15℃以下），操作更加简便。

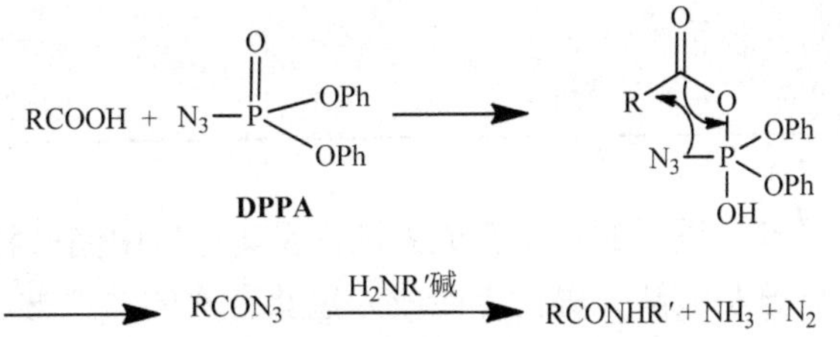

图 2-9 DPPA 接肽机制

6. 其他活化酯法　除上述缩合试剂外，人们还发现了大量其他类型的缩合试剂，如 BOP-Cl、TSTU、TNTU 等。这类反应试剂也是先与羧基组分反应生成活化酯中间体，然后再与氨基组分反应得到多肽（图 2-10）。

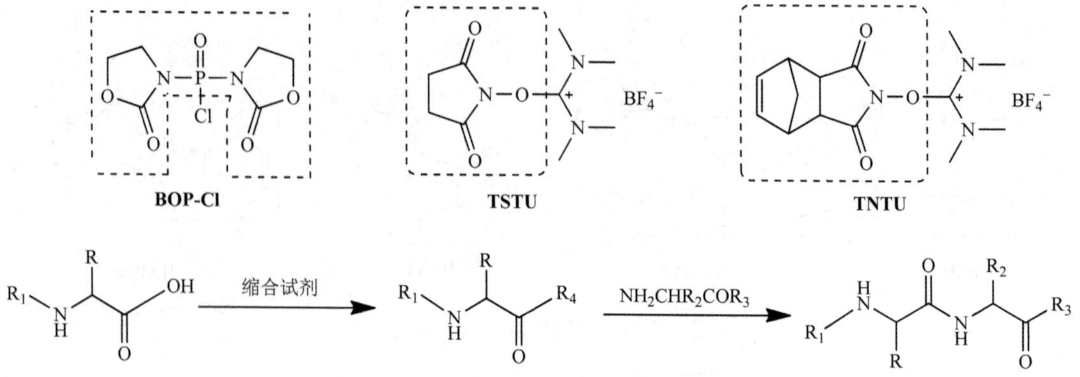

图 2-10　其他缩合试剂结构及接肽机制

R_4 为结构式中画框的部分

（六）多肽液相合成反应实例

瑞林类药物的母体是 GnRH，是由下丘脑脉冲式分泌的十肽激素，其氨基酸序列为 pGlu-His-Trp-Ser-Tyr-Gly-Leu-Arg-Pro-Gly-氨基。将母体 GnRH 的 6 位和 10 位 Gly 进行构型转换和残基置换，得到了一系列 GnRH 激动剂，即具有重要临床价值的瑞林类寡肽药物，通式为 pGlu-His-Trp-Ser-Tyr-X-Leu-Arg-Pro-Y（表 2-6）。

表 2-6　瑞林类药物的氨基酸序列及构型

X =	Y =	瑞林类药物
Gly	Gly-NH₂	戈那瑞林（gonadorelin）
D-Leu	NHEt	亮丙瑞林（leuprorelin）
D-Trp	Gly-NH₂	曲普瑞林（triptorelin）
D-Ser（OtBu）	NH-NH（CO）NH₂	戈舍瑞林（goserelin）
D-Ser（OtBu）	NHEt	布舍瑞林（buserelin）
D-Trp	NHEt	德舍瑞林（deslorelin）
D-Nal（2）	Gly-NH₂	那法瑞林（nafarelin）
D-His（N-Bzl）	NHEt	组氨瑞林（histrelin）
D-Ala	NHEt	丙氨瑞林（alarelin）
D-Trp（N-Me）	NHEt	黄体瑞林（lutrelin）
Gly	NHEt	夫替瑞林（fertirelin）

液相多肽合成是在溶液中进行的化学合成方法，因其每步中间产物都可以纯化，可以随意进行非氨基酸修饰并避免氨基酸缺失等优点而成为短肽合成的首选方法，采用此方法已经成功合成了多个瑞林类药物。

1. 氨基、羧基及活泼侧链官能团的保护　氨基酸作为肽合成的基本单元，含有氨基、羧基及某些活泼的侧链官能团，为确保反应定向进行及减少副反应的发生，不参与反应的活性基团在接肽反应时必须处于被保护状态。以戈舍瑞林（图 2-11）为例，合成中所用到的氨基酸有 pGlu、His、Trp、Ser、Tyr、*D*-Ser、Leu、Arg 和 Pro，本文对这些氨基酸的氨基、羧基及活泼侧链官能团的保护进行了总结（表 2-7）。

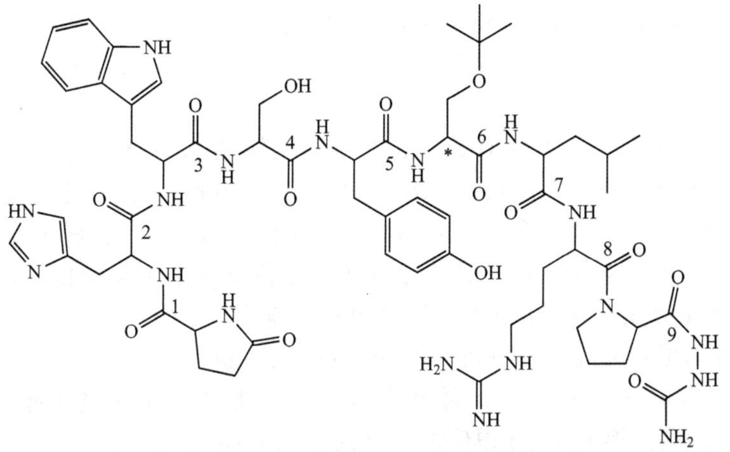

图 2-11　戈舍瑞林化学结构（*为构型转换和残基置换位置）

表 2-7　合成戈舍瑞林所用氨基酸活性基团的保护

氨基酸	氨基保护基	羧基保护基	侧链功能基	侧链保护基
pGlu	Z	—		—
His	—	Bzl 或 Me	咪唑基	Bzl，Trt 或—
Trp	Z 或 Boc	—	吲哚基	Boc 或—
		Bzl 或 Me		
Ser	Z 或 Boc	—	羟基	But 或—
	—	Me		—
Tyr	Z	—	酚羟基	But，Bzl 或—
	—	Me		—
D-Ser（But）	Z	—	羟基	But
Leu	Z	—		
	—	Me		
Arg	Z 或 Boc	—	胍基	NO_2，Tos，Z_2，Mtr
	—	Me		NO_2 或—
Pro	Z	—		
	—	Me		

注：Z. 苄氧羰基；Boc. 叔丁氧羰基；Bzl. 苄基；Me. 甲基；But. 叔丁基；Tos. 对甲苯磺酰基；—. 无保护基

2. 短肽片段的合成　将以上氨基酸的活性基团进行保护后，前一个氨基酸分子裸露的羧基和下一个氨基酸分子裸露的氨基在溶液中可以定向形成酰胺键。文献所用到的瑞林类药物的接肽方法主要有碳二亚胺法、混合酸酐法、活化酯法和叠氮物法，这几种方法经常交叉混合用于同一个瑞林类药物不同短肽片段的合成中。下面仅以二肽 pGlu-His 的合成为例简要介绍这几种方法的具体操作。

（1）碳二亚胺法：pGlu 和 His-OMe·2HCl 悬浮在 DMF 中，在−5℃下向该体系中加三乙胺和 DCC，在此温度下反应 2h 后室温搅拌过夜，即得保护二肽 pGlu-His-OMe。

（2）混合酸酐法：Z-pGlu 溶解在 THF 中冷却至−20℃，向体系中加 N-甲基吗啉（NMM）和氯甲酸异丁酯，在此温度下搅拌 1min 得混合酸酐，加 N-羟基琥珀酰亚胺（HOSu）反应 30min后再向体系中加 His-OH·HCl 和三乙胺的水溶液。0℃反应 1h 后室温搅拌过夜，得保护二肽 Z-pGlu-His。

（3）活化酯法：等摩尔的 His-OH·HCl 和 Na_2CO_3 溶解在水和 DMF 的混合溶剂中。室温下向该体系中加入 Z-pGlu-ONB 的二氧六环溶液，室温反应 14h 得保护二肽 Z-pGlu-His。

（4）叠氮物法：该方法均以氨基酸酯或肽羧酸酯为起始原料。合成步骤：pGlu-His-OMe和 99%的水合肼溶解在甲醇中，10℃反应 1h 后室温过夜得 pGlu-His-NHNH$_2$。然后在 0℃条件下，pGlu-His-NHNH$_2$ 溶解在干燥的 DMF 和 DMSO 的混合溶剂中，并向该体系中加入无水 HCl的 THF 溶液。冷却至−20℃，加亚硝酸异戊酯后反应 30min，再冷却至−24℃后缓慢滴加三乙胺调节体系的 pH 为 8～9。在−20℃，再向反应混合物中加 Trp-OBzl 的干燥 DMF 溶液，反应30min 后于 0℃下继续搅拌 18h，即得保护三肽 pGlu-His-Trp-OBzl。

3. 保护基的脱除　通过以上方法得到的保护短肽片段，只有脱除氨基或羧基保护基后，才能和另一个氨基酸或短肽片段进行下一步接肽反应以增长肽链。从表 2-7 可以看出，瑞林类寡肽原料药的合成所用到的氨基保护基主要是 Z 和 Boc。其中包含有 Arg（NO$_2$ 或 Tos）的肽片段，如果需要保持侧链保护基，则用 HBr/AcOH 体系处理以脱去 Z，而其余氨基酸的 Z 则用5% Pd/C 催化氢化脱除。Boc-Arg 保护基的脱除是在室温下用 3mol/L HCl 在乙酸乙酯中反应，其余 Boc 的脱除则在冰浴下用少量 TFA 处理。

对于羧基保护基的脱除，His(Bzl)-OBzl 和 Trp-OBzl 中苄酯保护基采用 5% Pd/C 催化氢化进行；除 Arg(NO$_2$)-OMe 之外，其余肽甲酯的脱除则用 1mol/LNaOH 室温进行皂化；而大部分羧基保护基则在水合肼、HCl 和亚硝酸异戊酯等的作用下转变为叠氮物，而后用于下一步接肽反应。

瑞林类寡肽的合成所用到的侧链保护基的脱除大都采用催化还原法，如 His(Bzl)，Tyr(Bzl)和 Arg(NO$_2$)的侧链保护基均采用 Pd/C 催化氢化脱除，而 Arg(Z$_2$)则采用 Pd/BaSO$_4$ 在甲醇中催化氢化脱除侧链保护基。Arg(Tos)中侧链保护基 Tos 则用 HF/苯甲醚体系脱除。

需要指出的是，侧链保护基与 α-氨基保护基的选择必须符合正交保护策略，即 α-氨基保护基的脱除条件要尽量远离脱除侧链保护的条件，以便在肽链缩合的过程中保持侧链保护基的完整性。

4. 瑞林类寡肽药物的合成　将氨基酸的活性基团进行合理保护后，可以通过溶液中的逐步缩合法和片段缩合法合成瑞林类寡肽药物。

逐步缩合法从肽链的 C 端氨基酸 Gly 开始，依次和 Boc 或 Z-保护氨基酸在 DCC 作用下逐步向 N 端增长肽链，直至侧链保护的戈那瑞林的生成。

片段缩合法是指在溶液中将几个预先合成的短肽片段连接起来。文献报道的片段缩合方式主要有 2+8、3+7、4+6、5+5 及 6+4 这几种方式。其中一个典型的 4+6 片段缩合合成戈舍瑞林的路线如图 2-12 所示。

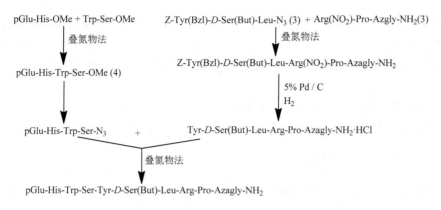

图 2-12　4+6 片段缩合合成戈舍瑞林的路线

首先液相合成保护二肽 pGlu-His-OMe 和 Trp-Ser-OMe，以及保护三肽 Z-Tyr(Bzl)-D-Ser(But)-Leu-N₃ 和 Arg(NO₂)-Pro-Azgly-NH₂，然后分别采用叠氮物法合成保护的四肽（2＋2）及六肽（3＋3）片段。脱除六肽的氨基保护基及 Arg 侧链胍基保护基后和四肽片段重复采用叠氮物法合成十肽戈舍瑞林。需要指出的是，除本例采用的叠氮物法外，碳二亚胺法、混合酸酐法和活化酯法也适用于片段缩合合成瑞林类化合物。

二、多肽的固相合成

1963 年，美国化学家 Merrifield 创建了固相肽合成，并用此方法获得了结晶的 Leu-Ala-Gly-Val 四肽。其用简单的洗滤操作代替了传统液相合成的每步都需要分离纯化或重结晶以除去未反应的原料和副产物的烦琐步骤，使合成时间大大减少。固相肽合成方法的发明使多肽合成仪器化、自动化操作成为可能（图 2-13）。为此，Merrifield 获得了 1984 年诺贝尔化学奖。

图 2-13　Merrifield 和第一代固相肽合成仪

固相合成方法与液相合成方法相比，存在以下优点。

（1）键合到不溶性载体上的目标产物，只要经过简单的洗涤、过滤，就可被分离出来。

（2）向反应器中加入过量的反应试剂，能够促进反应的进行，过量的反应试剂可通过简单的冲洗、过滤清除。

（3）接肽的全过程都可以在一个容器中进行，因而避免了反应中间体由于转移而造成的损失。

（4）固相合成仪的问世，使固相合成实现了自动化。

（5）如果选择适当的 Linker 树脂和裂解条件，高分子树脂可再生重复使用。

（一）多肽固相合成的原理

多肽的固相合成的反应过程如图 2-14 所示：先将所要合成肽链的末端氨基酸的羧基以共价键键合到一个不溶性的高分子树脂上，然后脱去此氨基酸的氨基保护基，以此为氨基组分同过量的活化羧基组分反应以接长肽链。这样的步骤重复多次至目标肽的生成，即缩合→洗涤→去保护→中和、洗涤→下一轮缩合，最后再将肽链和侧链保护基一并脱除，得到目标产物。

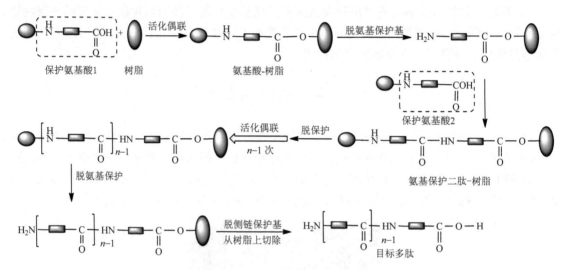

图 2-14　固相肽合成流程示意图

多肽固相合成的主要过程，包括下列几个循环。

（1）去保护：Fmoc 保护的柱子和单体必须用一种碱性溶剂（如哌啶）去除氨基的保护基团。

（2）激活和交联：下一个氨基酸的羧基被活化剂活化。活化的单体与游离的氨基反应交联，形成肽键。该步骤需要使用大量的超浓度试剂促使反应完成。这两步反应反复循环直到合成完成。

（3）洗脱和脱保护：多肽从柱上洗脱下来，其保护基团用脱保护剂（如 TFA）洗脱和脱保护。

（二）固相多肽合成中保护策略

固相多肽合成是一个重复添加氨基酸的过程，合成顺序一般从 C 端向 N 端，主要方法目前有两种，即 Fmoc 固相合成法和 Boc 固相合成法；其中 α-氨基用 Fmoc 保护的称为 Fmoc 固相合成法；α-氨基用 Boc 保护的称为 Boc 固相合成法。

　　在肽合成之前首先要确定的是采用哪种保护策略，因为不同的保护策略需要不同的 Linker 树脂及不同的裂解条件。比较而言，固相合成的保护方式要比液相合成简单得多。

　　1. Boc 固相合成法　　所有参与反应的氨基酸其 α-氨基均采用 Boc 进行保护，其羧基活化后与树脂末端裸露的氨基组分进行接肽反应。每一步接肽反应完成后，在中强酸作用下脱除 Boc 保护基，使 α-氨基裸露出来以便进行下一步接肽反应。为了确保反应的定向进行，活泼的侧链基团必须进行保护。侧链保护基的选择原则仍需符合正交保护策略，即其脱除条件必须远离脱除 Boc 的中强酸条件，以便在肽链形成的过程中保持侧链保护的完整性。

　　Boc 是一种十分重要的氨基保护基，在肽增长的过程中，具有防止消旋的作用，它可以与大多数缩合方法匹配使用，能在 TFA 的条件下脱除，在 Na/液氨还原、碱性条件水解、催化氢化条件下稳定。Boc 在 TFA 条件下脱除反应机制如图 2-15 所示。

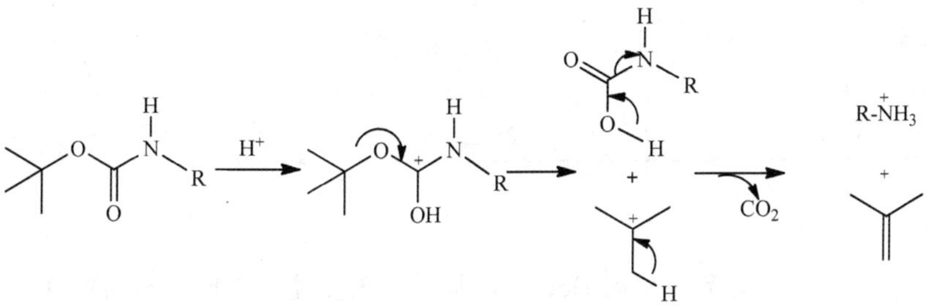

图 2-15　脱除 Boc 的反应机制

　　2. Fmoc 固相合成法　　所有参与反应的氨基酸，其 α-氨基均采用 Fmoc 进行保护，其羧基活化后与树脂末端裸露的氨基组分进行接肽反应。每一步接肽反应完成后，Fmoc 保护基均采用 20%的哌啶/DMF 进行脱除（图 2-16）。为确保肽链形成过程中侧链保护的完整性，侧链保护基的脱除条件也必须远离脱除 Fmoc 的碱性条件。

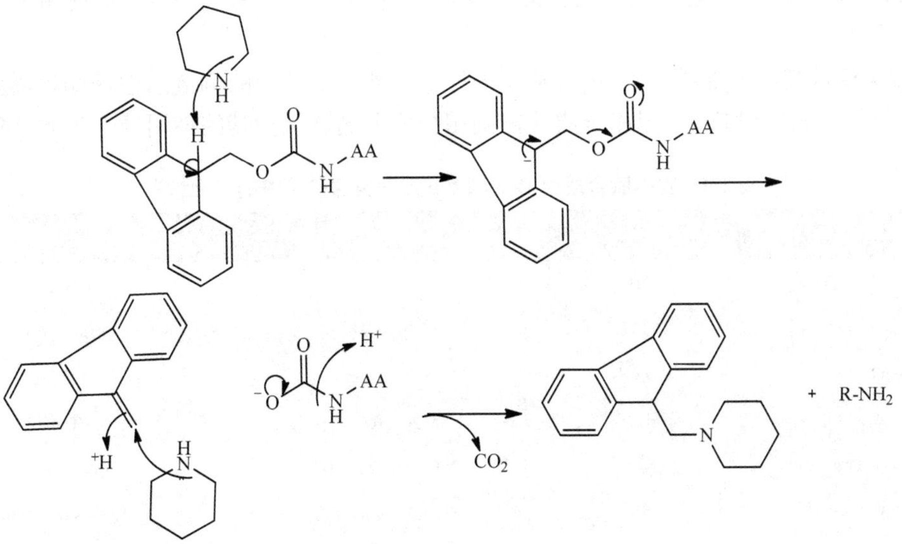

图 2-16　脱除 Fmoc 的反应机制

　　Fmoc 也是一种应用十分广泛的氨基保护基，它可以在比较温和的碱性条件下脱除，特别是在仲胺（如哌啶、二乙胺）存在的条件下，几秒钟便可完成。用 Fmoc 保护 α-N 端，用对酸敏感基团对氨基酸侧链进行半永久性保护，成为固相合成中经常使用的策略。

3. 两种保护基的比较　目前，Fmoc 保护策略和 Boc 保护策略在实验研究和实际生产的应用都十分广泛，但是，运用 Fmoc 保护策略进行固相合成的实例更多，原因是 Fmoc 保护策略比 Boc 保护策略更具优势（表 2-8）。

表 2-8　Boc 保护策略及 Fmoc 保护策略的比较

条件	Fmoc	Boc
脱除 α-保护基条件	20%哌啶/DMF	30%～50% TFA/DCM
固相载体类型	Wang，六甲基磷酰胺（HMPA），Trt	Merrifield，PAM，MBHA
裂解方式	弱酸	强酸
自动化合成	很方便	较少
原料平均价格比	2～3	1
对环境的影响	污染较小	酸排放较多

从表 2-8 可以看出：

（1）Boc 保护策略在脱除 α-N 端 Boc 保护基时，需要使用 30%～50%的 TFA/DCM，因此对酸敏感的侧链保护基就会被脱掉，在后续的反应中参与反应，形成杂质。而 Fmoc 用弱碱（哌啶）脱除，反应条件温和。

（2）在肽合成过程中，由于 Boc 保护策略反复使用 TFA，容易使产物复杂，而且产生了大量的酸液，对环境的污染性比较大，而 Fmoc 保护策略对环境的污染比较小。

另外，将目标肽从树脂上切下，Fmoc 保护策略使用相对较弱的 TFA，而 Boc 保护策略使用强酸（如液态的 HF），实验操作比较复杂，危险性高。

4. Boc 和 Fmoc 联用法　Boc 保护策略和 Fmoc 保护策略各有优缺点，有时将两者结合起来会更有优势。

5. 侧链活性基团的保护　除 α-氨基要进行保护外，氨基酸的侧链活性基团也需要进行保护，Boc 固相合成法和 Fmoc 固相合成法在固相合成中侧链保护基的使用情况如表 2-9 所示。

表 2-9　固相肽合成中 Boc 和 Fmoc 两类保护策略的匹配情况

氨基酸	侧链功能基	保护基（Boc 保护策略）	保护基（Fmoc 保护策略）
Ser、Thr、Tyr	OH	Bzl	tBut
Asp、Glu	COOH	OBzl	OtBut，Boc
Asn、Gln	CONH$_2$	—，Xan	—，Trt
Arg	胍基	NO$_2$，Tos，—	Pbf，Tos，Mtr
Lys、Orn	NH$_2$	Fmoc，Z，Tfa	Boc，Aloc
Cys	SH	Bzl，Acm，Fm	Trt，But，Acm
His	咪唑	Bzl，Dnp，Tos	Trt，Mmt，Adoc
Trp	吲哚	—，CHO	—，Boc
Met	SMe	—，(O)	—

除了要注意各种侧链保护基与 Boc 保护策略及 Fmoc 保护策略的关系之外，也应该注意其他的相关情况。Boc 基团需要反复采用 50%的 TFA 来脱除，容易造成部分肽链的脱落，合成长肽链时严重影响收率，肽树脂切割一般采用 HF，对环境及实验设备都有较高的要求。而 Fmoc 基团可以使用哌啶轻易地脱除，侧链保护基和载体功能基可采用 TFA 裂解，与 Boc 固相合成法相比，具有反应条件温和、合成效率高及切割条件温和等优点。Fmoc 保护策略的一个不足之处是易形成 β 折叠结构，在二肽合成阶段有形成二酮哌嗪的倾向。另外，Fmoc 保护基有自发性脱落现象，造成合成的肽链纯度较低。

（三）固相多肽合成树脂的选择

固相多肽合成树脂一般由两个部分组成：固相载体和载体上的功能基（linker）。固相载体一般采用聚苯乙烯共聚 1%～2%苯乙烯树脂珠。载体的功能基为目标肽的 C 端羧基保护基，所以选择固相合成的树脂只是对载体功能基的选择。树脂的选择与合成多肽的序列及所采用的合成策略紧密相关，在实际选择时需要综合考虑。几种常见树脂在合成中的应用如表 2-10 所示。

表 2-10　几种常见树脂在合成中的应用

树脂	功能基活性官能团	保护基	裂解条件	产物
Wang 树脂	—OH	Fmoc	70%～95%TFA/DMF	羧酸
Merrifield 树脂	—Cl	Boc	HF，TFMSA，氨解	羧酸、酰胺
PAM 树脂	—OH	Boc	HF，TFMSA，氨解	羧酸、酰胺
Trt 树脂	—OH	Fmoc	1%～50%TFA/DMF	羧酸
HMPA 树脂	—OH	Fmoc	95%TFA/H_2O	羧酸
MBHA 树脂	—NH_2	Boc	HF，TFMSA	酰胺
BHA 树脂	—OH	Boc	HF	酰胺

（四）肽固相合成的缩合试剂

在肽固相合成中，只有存在于溶液中的反应物和副产物可以过滤除去，而固定在固相载体上的原料和产物则不能分离纯化，因此，肽固相合成在简化了肽合成过程中分离步骤的同时对合成反应的要求也比液相合成高很多。它不仅要求反应快，而且要求能得到定量的连接产率并且不对树脂上的肽链发生副反应。所以，尽管生成肽键的缩合方式有许多（如活泼酯法、混合酸酐法、对称酸酐法、叠氮物法、N-羧基内酸酐法及酶促合成法），但是适于肽固相合成的也只有活泼酯法及对称酸酐法。无论采用何种方式缩合接肽，其中的关键是选择合适的缩合剂。常用于固相合成的缩合剂有三大类：碳二亚胺型缩合剂、鎓盐型缩合剂和其他类型缩合剂。

1. 碳二亚胺型缩合剂　该类化合物中的 DCC 是最早应用于接肽反应的缩合剂。此外，N, N-二异丙基二亚胺（DIC）及 EDC 也是应用较多的碳二亚胺型缩合剂。DIC 的应用历史较短，但其使用起来更方便些，因为它在反应后生成的副产物二异丙基脲在许多有机溶剂中是可溶的，因而较 DCC 具有更大的优越性。EDC 在有机溶剂及水中的双溶性使其应用范围较 DCC 和 DIC 更为广泛（图 2-17）。

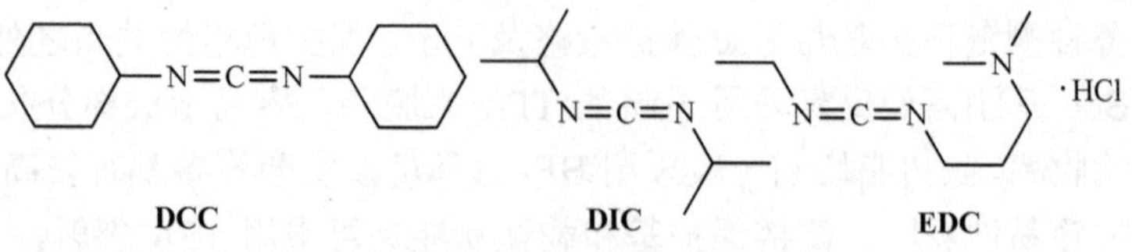

图 2-17 碳二亚胺型缩合剂结构式

单独使用 DCC 作为缩合剂会导致消旋等副反应，并且反应收率及速度都很低，一般加入复合试剂来解决这些副反应问题。常用的复合试剂是 *N*-羟基化合物（图 2-18），如 HOSu、HONb、HOBt、HOAt 等。这些添加剂与羧基组分形成了相应的活化酯，它们均能有效地抑制消旋，抑制侧链的 Asn 和 Gln 脱水生成相应的腈，加速反应进行，大大提高合成肽的收率。

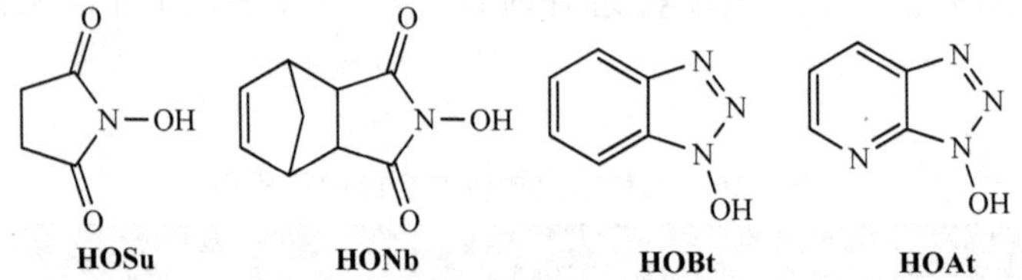

图 2-18 *N*–羟基化合物结构

2. 鎓盐型缩合剂 1978 年，Dourtoglou 成功地将基于 HOBt 衍生的苯并三唑鎓盐型缩合剂 HBTU 应用于多肽合成，使肽缩合剂发生了重大变革。首先，从结构上看，彻底摆脱了由碳二亚胺与水加成生成脲这种缩合反应模式；其次，此类缩合剂引起消旋的风险也明显减小。此类缩合剂在反应时需加入叔胺，如 NMM、DIEA，这样可以使羧基更好地活化，并且有利于中和反应中释放出的 HOBt。鎓盐型缩合剂结构如表 2-11 所示。

表 2-11 鎓盐型缩合剂结构

基本结构	名称	R⁺	X⁻
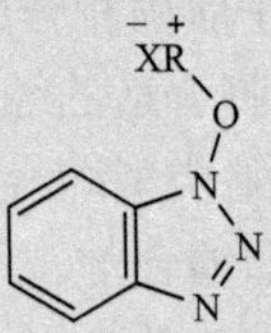	BOP	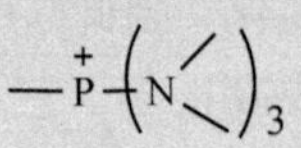 $-\overset{+}{P}-(N\diagup)_3$	PF_6^-
	PyBOP	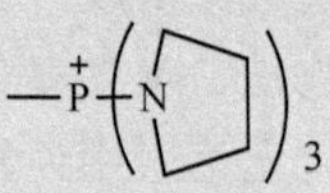 $-\overset{+}{P}(N\diagdown)_3$	PF_6^-
	HBTU	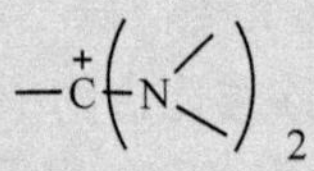 $-\overset{+}{C}(N\diagup)_2$	PF_6^-
	TBTU	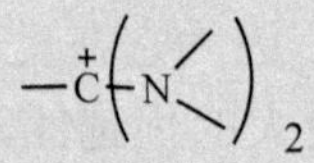 $-\overset{+}{C}(N\diagup)_2$	BF_4^-

续表

基本结构	名称	R⁺	X⁻
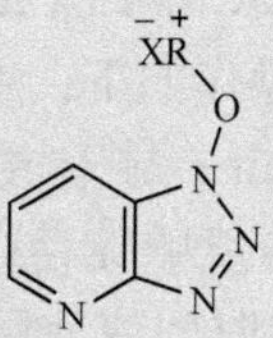	AOP	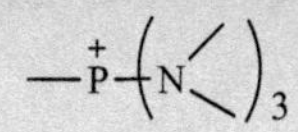	PF_6^-
	PyAOP	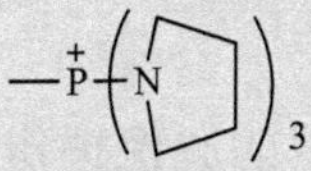	PF_6^-
	HATU	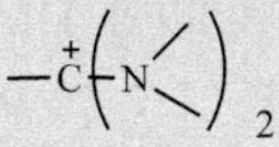	PF_6^-
	HBPyU	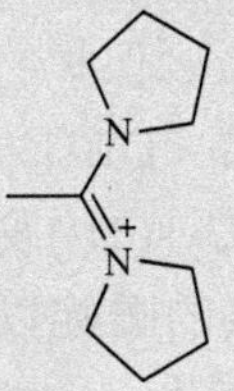	PF_6^-

3. 其他类型缩合剂 除了碳二亚胺型和鎓盐型缩合剂，还有一些用于肽固相合成的缩合剂，它们在一些较困难的接肽缩合反应中均表现出较好的反应活性，有些在合成环肽时得到了较高的收率，有些在采用最小保护策略时得到了较高的收率。较常见其他类型缩合剂的名称及结构如图 2-19 所示。

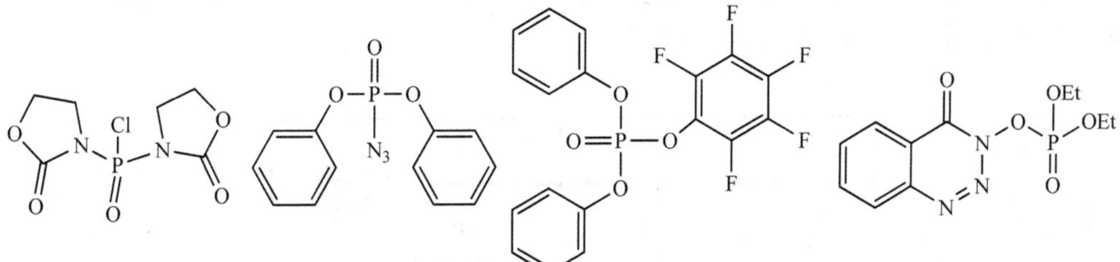

BOP-Cl   **DPPA**   **FDPP**   **DEPBT**

图 2-19 较常见其他类型缩合剂

（五）溶剂化和溶剂

多肽树脂的溶剂化是肽固相合成中一个非常重要但很容易被忽视的问题，在合成过程每一步中肽链都会受其影响。目标多肽产率低与肽链的低溶剂化作用及分子内肽链聚合有关。多数情况下，加入极性溶剂如 DMF、TEE 和 N-甲基吡咯烷酮（NMP）等，可以提高合成效率。这些溶剂也可以提高 Fmoc 氨基酸的溶解性。

肽固相合成中应用的溶剂会与树脂、偶联剂等接触，因此，为避免副反应和杂质的积聚，试剂的纯度必须达到要求，在使用之前应进行蒸馏。

1. Boc 保护策略 最常用的溶剂是二氯甲烷，可以先通过 P_2O_5 回流（30min），然后常压蒸馏进行纯化。TFA 是脱保护试剂，有两种纯度：试剂级和生化级，应保存于玻璃瓶中。其沸点为 71～73℃，简单蒸馏即可。

2. Fmoc 保护策略　最常用的溶剂是 DMF。其中若含有害的胺类物质，可能会使所需氨基酸 Fmoc 基团裂解，可通过在（水合）茚三酮上回流和减压蒸馏纯化 DMF。

NMP 有良好的溶剂化特性，并可通过减少多肽链的折叠及聚合增加偶联速度。它可与 DMF 联合使用，也可单独使用。

（六）脱保护

正常情况下，N 端保护基的脱保护作用，在 Boc 保护策略中可以通过 DCM/TFA 或 TFA 进行；而在 Fmoc 保护策略中可以在 DMF 溶剂中通过哌啶进行，其具体操作如下：用哌啶/DMF(2∶8)或哌啶/DBU/DMF（2∶2∶96）处理 Fmoc 保护的多肽树脂 3min；排干树脂后，重复处理 3～4 次，然后用 DMF 洗涤即可。对长链多肽而言，即使在高浓度哌啶存在时，也经常会出现不完全的脱 Fmoc 保护。在这种情况下，应当延长脱保护的时间或使用 1,8-二氮杂双环[5.4.0]十一碳-7-烯（DBU）。这种三级碱是哌啶很好的替代物，可加速脱保护，仅引起较少的 C 端树脂键合 Cys(Trt)发生对映异构化。分批合成中，在使用 DBU 时，可同时向脱保护混合物中加入 2%的哌啶以清除 Fmoc 脱除过程中产生的二苯基亚甲基环戊二烯，阻止树脂氨基基团的烷基化。向脱保护混合物中加入 HOBt 或二硝基苯酚可抑制天冬化合物的形成。

（七）肽树脂的裂解

1. Fmoc 保护策略肽树脂的裂解　作为经典的配合方式，以 α-N-Fmoc 氨基酸为构件的肽固相合成均用弱酸敏感型的 Linker 载体，如 Wang 树脂、HMPA 树脂、Rink 树脂等，它们均可被 TFA 裂解。不同的肽含有不同的残基及不同的侧链保护基，因此裂解试剂的配方也不同，并遵循一定的选择原则（图 2-20）。

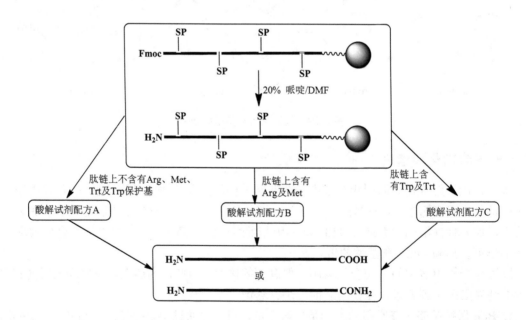

配方A（体积分数）	配方B（体积分数）	配方C（体积分数）
5% H$_2$O	8.4% PhOH-EDT（3∶1）	2.5% EDT
95% TFA	4.3% 硫茴香醚	2.5% H$_2$O
	4.3% H$_2$O	95.0% TFA
	83.0% TFA	

图 2-20　Fmoc 化学产物肽树脂的裂解配方

一般情况下，裂解反应的条件为 0.2%～1.5%肽树脂可加入 10ml 左右的酸解混合液，于 0～5℃温度下搅拌 1.5h。如果肽链中含有多于 4 个 Arg(Pmc)时，反应时间可适当延长，但不超过 3h。反应后，首先滤除树脂，将滤液直接放入 30 倍体积左右的无水乙醚中，放置 0.5h 后，采用下面 3 种方法之一收集产物肽。

（1）出现大量沉淀时，过滤收集沉淀，用无水乙醚充分淋洗滤饼。

（2）沉淀呈细胶冻状不易过滤时，用高速离心法收集沉淀，加无水乙醚使沉淀分散，再离心，重复 2 次。

（3）沉淀很少或无沉淀出现时，加入相当醚量 1/3～1/2 体积的含 HOAc 水液（HOAc 浓度在 5%～20%，视产物肽的亲水性而定。如果疏水性较强，不易溶于水，HOAc 浓度应高些），移入分液漏斗进行萃取操作，收集水层，进行冷冻干燥，得固体物。

无论哪种方法，收集到的固体粉末都是含有杂质的粗产物，应该进行重结晶（或重沉淀）、凝胶柱层析或反相高效液相色谱（RP-HPLC）分离。

2. Boc 保护策略肽树脂的裂解　与上面介绍的 Fmoc 保护策略相似，肽链上不同的侧链保护基需要不同的酸解方式，其原因不仅在于各侧链保护基对酸的稳定性不同，还在于有的肽序列在高酸（Hi）方式裂解中不发生任何副反应，有的序列因含敏感残基如 Tyr、Trp、Asp 等，在标准的 Hi 方式裂解中会伴随一些副反应。此外，即使同样是低酸（Lo）-高酸（Hi）联用方式，不同结构的肽也应该使用不同的清除剂，以避免个别副产物的生成。在强酸型裂解中选择 Lo、Lo-Hi 或 Hi 方式的原则如图 2-21 所示。

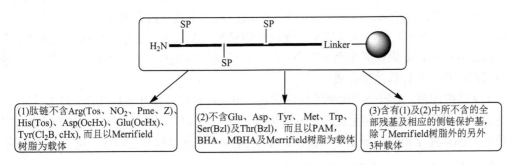

图 2-21　选择 Lo、Lo-Hi 或 Hi 方式的原则

（八）肽固相合成的常规操作流程

肽固相合成的常规操作流程，其过程如图 2-22 所示。

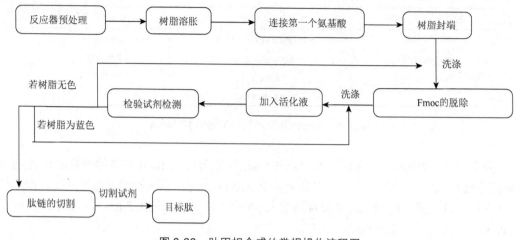

图 2-22　肽固相合成的常规操作流程图

（1）反应器预处理：在干净的固相反应器中加入 10% 的三甲基氯硅烷的甲苯溶液，浸泡 3～5h，用二氯甲烷、乙醇交替洗涤 3 次，置于烘箱中干燥一夜。

（2）树脂溶胀：定量称取树脂加入固相反应器中，向固相反应器中加入二氯甲烷使树脂溶胀 20min，用泵将溶剂排出。

（3）连接第一个氨基酸：精确称取第一个氨基酸置于烧杯中，在烧杯中加入二氯甲烷，用玻璃棒搅拌，使之溶解，向反应液中加入 DIEA 搅拌均匀。将配制好的反应液加入固相反应器，反应 20min，将反应液排出，用二氯甲烷洗涤 5 次（1min/次）。

（4）树脂封端：配制封端液，加入固相反应器中，与洗涤干净的树脂反应 15min，氮气吹拂。排出反应液，将树脂用 DCM 洗涤 5 次（1min/次），用 DMF 体系置换 DCM 体系 2 次，将 DMF 排出。

（5）Fmoc 的脱除：向反应器中加入 20% 的哌啶/DMF 的溶液，反应 30min，将反应液排出。用 DMF 洗涤 5 次（1min/次），用检验试剂检验，树脂颜色为蓝色。

（6）连接下一个氨基酸：精确称取下一个氨基酸置于烧杯中，加入 DMF 搅拌使其充分溶解，向反应液中加入 DIEA，搅拌均匀。将活化液加入上述装有树脂的固相反应管中，氮气吹拂，反应 1h 后，每 0.5h 取出少量树脂，使用检测试剂监测反应，如果树脂颜色为蓝色，则加入活化液继续反应，如果树脂颜色为无色，则该步骤的接肽完成。重复 Fmoc 的脱除、连接氨基酸的过程，直至目标肽接肽完成。

（7）肽链的切割：配制一定比例的切割试剂，加入连接有目标肽的树脂中，反应一定时间，将切割液排入梨形烧瓶中。利用旋转蒸发将溶剂蒸除，加入甲苯带出 TFA，向烧瓶中加入冷乙醚，静止待固体完全析出，吸出上层清液，下层固体吹干，得到白色固体，密封冷冻保存。

（九）肽固相合成反应实例

早在 1971 年，A. V. Schally 等采用固相方法合成了第一个 GnRH 类似物，由于此方法使多肽合成实现了自动化，只在最后一步进行分离纯化，省时省力，基于其优点固相肽合成也已经广泛应用于瑞林类寡肽药物的合成中。

1. Boc 固相合成法　Boc 固相合成法是指所有参与反应的氨基酸其 α-氨基均采用 Boc 进行保护，其羧基活化后（已报道的瑞林类寡肽的 Boc 固相合成法，羧基均采用 DCC 活化）与树脂末端裸露的氨基组分进行接肽反应。每一步接肽反应完成后，在中强酸作用下脱除 Boc 保护基，使α-氨基裸露出来以便进行下一步接肽反应。

为了确保反应的定向进行及减少副反应，活泼的侧链基团必须进行保护。侧链保护基的选择原则仍需符合正交保护策略，即其脱除条件必须远离脱除 Boc 的中强酸条件，以便在肽链形成的过程中保持侧链保护的完整性。文献报道的瑞林类寡肽药物 Boc 固相合成法合成中所用的树脂、脱 Boc 条件、侧链保护基及其脱除方法，以及寡肽从树脂上的切割方法等总结如表 2-12 所示。

表 2-12　Boc 固相合成法合成瑞林类寡肽药物条件

树脂	脱 Boc 条件	侧链保护及脱保护				肽从树脂上切割
		His	Ser	Tyr	Arg	
聚苯乙烯/二乙烯基苯交联树脂	50% TFA	—	Bzl[b]	Bzl[b]	NO$_2$[b]	氨气/甲醇
聚苯乙烯/二乙烯基苯交联树脂	1mol/L HCl	DNP（Tos）[a]	Bzl[b]	Bzl[b]	Tos[b]	乙胺
聚苯乙烯/二乙烯基苯交联树脂	25% TFA	DNP[a]	Bzl[b]	2-*Br*-Z[b]	Tos[b]	水合肼，胺
氯甲基树脂	1mol/L HCl	Tos[a] DNP[a]	Threonine[b]	Bzl[b]	Tos[b]	氨气/甲醇
二苯甲胺树脂	1mol/L HCl	DNP[c]	Bzl[a]	2-*Cl*-Z[a]	Tos[a]	HF/苯甲醚
二苯甲胺树脂	50% TFA	—	Bzl[a]	O-*Br*-Z[a]	Tos[a]	HF/苯甲醚
二苯甲胺树脂	33% TFA	Tos[a]	Bzl[a]	2-*Br*-Z[a]	Tos[a]	HF/苯甲醚

a. 和肽链从树脂上脱除时一起脱掉；b. 用 HF 在苯甲醚（20%）中脱去（0℃）；c. 氨解

从表 2-12 可以看出，固相合成瑞林类寡肽药物中，Boc 保护基的脱除均采用了 TFA/DCM 和 1mol/L HCl 的中强酸条件。肽链从二苯甲胺树脂上切割采用了 HF/苯甲醚体系的酸裂解法，从聚苯乙烯/二乙烯基苯交联树脂和氯甲基树脂上的切割则采用了氨解的方法。接肽反应完成后，所有的侧链保护基的脱除和肽链的切割同时进行或者在切割后一步脱除。

具体说明 Boc 固相合成法合成曲普瑞林的试验过程。将二苯甲胺树脂放在反应器中，依如下顺序洗涤：①二氯甲烷（DCM）；②33% TFA/DCM 洗 2 次；③DCM；④乙醇；⑤氯仿；⑥10% TFA/氯仿洗 2 次，每次 25min；⑦氯仿；⑧DCM。洗过的树脂和 Boc-Gly 在 DCC 作用下在 DCM 中室温反应 2h，而后用 DCM、乙醇和 DCM 分别洗树脂 3 次。再用 33%的 TFA/DCM 体系脱保护，而后重复上面③～⑧洗涤步骤。采用如上相同的方法依次连接下面的氨基酸：Boc-Pro；Boc-Arg(Tos)；Boc-Leu；Boc-*D*-Trp；Boc-Tyr(2-*Br*-Z)；Boc-Ser(Bzl)；Boc-Trp；Boc-His(Tos)和 pGlu。所得到的十肽-树脂用 DCM 和甲醇分别洗 3 次，减压干燥，而后在 20%的 HF/苯甲醚中 0℃反应 30min，肽链从树脂上脱落的同时侧链保护基全部脱除，分离纯化得曲普瑞林。

2. Fmoc 固相合成法　所有参与反应的氨基酸，其α-氨基均采用 Fmoc 进行保护，其羧基活化后与树脂末端裸露的氨基组分进行接肽反应。每一步接肽反应完成后，Fmoc 保护基均采用 20%的哌啶/DMF 进行脱除。为确保肽链形成过程中侧链保护的完整性，侧链保护基的脱除条件也必须远离脱除 Fmoc 的碱性条件。文献报道的瑞林类寡肽药物 Fmoc 固相合成法合成中所用的树脂、接肽方法、侧链保护基及脱保护方法，以及寡肽从树脂上的切割方法等总结如表 2-13 所示。

表 2-13　Fmoc 固相合成法合成瑞林类寡肽药物

树脂	接肽方法	侧链保护基及脱保护方法				寡肽从树脂上的切割方法
		His	**Ser**	**Tyr**	**Arg**	
Rink 树脂	HOBt/DIPC	Fmoc	—	—	HCl	TFA/DCM（2∶98 V/V）
2-Cl-Trt 树脂	HOBt/DIPCDI	Mmt[a]	Trt[a]	2Cl-Trt[a]	—	AcOH/TFE/DCM
2-Cl-Trt 树脂	TBTU/HOBt	Trt[b] —	But[b] —	But[b] Bzl[c]	Pbf[b] NO$_2$[c]	TFA/DCM（2∶98 V/V）
Rink 树脂和 2-Cl-Trt 树脂	DIC/HOBt	Fmoc Mmt[a]	Bzl[c]	Bzl[c]	NO$_2$[c]	TFA/DCM（2∶98 V/V）
Wang 树脂或 CTC 树脂	TBTU/HBTU/HOBt	Trt[b]	But[b]	But[b]	Pbf[b]	TFA/TIS/H$_2$O/EDT 溶液室温反应 2h

a. TFA/DCM（2∶98 V/V）；b. TFA/TIS/H$_2$O/EDT 溶液室温反应 2h；c. 5%Pd/C

　　从表 2-13 可以看出，Fmoc 固相合成法合成瑞林类药物，接肽反应采用了 RCOOBt 活化酯中间体，肽链从树脂上的切割均采用酸裂解方式。接肽反应完成后，所有的侧链保护基的脱除和肽链的切割同时进行或者在切割后一步脱除。

　　3. Boc 和 Fmoc 联用法　C. F. Hayward 采用了 Boc 和 Fmoc 联用法成功合成了戈舍瑞林 [pGlu-His-Trp-Ser-Tyr-D-Ser(But)-Leu-Arg-Pro-Azgly-NH$_2$]。首先将 Boc-Pro 连接到聚苯乙烯/二乙烯基苯交联树脂上，用 45%的 TFA/DCM 溶液脱 Boc 保护基，同时采用 HOBt 和 DIPC 在 DMF 中将 Boc-Arg(HCl)-OH 和 Boc-Leu-OH 的羧基活化为苯并三唑酯，然后依次和脱 Boc 保护基后的氨基进行接肽反应得到 Boc-Leu-Arg(HCl)-Pro 树脂。其余氨基酸的 α-氨基采用 Fmoc 保护，其羧基用 HOBt 活化，然后依照如下顺序 Fmoc-D-Ser(But)-OH、Fmoc-Tyr(BrZ)-OH、Fmoc-Ser-OH、Fmoc-Trp-OH、Fmoc-His(Fmoc)-OH、pGlu-OH 依次连接到肽-树脂上，其中 Fmoc 保护基的脱除采用 20%的哌啶/DMF 溶液。所得到的九肽-树脂和 20 倍过量的无水肼/DMF 室温反应 24h 可使肽从树脂脱落，并同时除去 Tyr 的侧链保护基 Br-Z，得九肽 pGlu-His-Trp-Ser-Tyr-D-Ser(But)-Leu-Arg-Pro-NHNH$_2$，再和氰酸钾在水/乙酸的混合溶剂中反应得到终产物戈舍瑞林。

　　E. Nicolás 等还采用类 Merrifield 树脂，从 C 端开始前 4 个氨基酸 Pro、Arg(Mtr)、Leu、D-Leu 采用 Boc 固相合成法，后 4 个氨基酸 Tyr(But)、Ser(But)、Trp、His(Trt)采用 Fmoc 固相合成法依次连接，最后和 pGlu 连接后使用乙胺液体从树脂上切割下来得亮丙瑞林。

　　通过以上的实例可以看出，肽固相合成的显著优点主要包括：简化并加速了多步骤的合成；反应在简单反应器皿中便可进行，可避免因手工操作和物料重复转移而产生的损失；固相载体共价相连的肽链处于适宜的物理状态，可通过快速的抽滤、洗涤完成中间的纯化，避免了肽液相合成中冗长的重结晶或柱分离步骤，可避免中间体分离纯化时的损失；使用过量反应物，促使个别反应完全，以便终产物产率提高；增加溶剂化，减少中间的产物聚集；固相载体上的肽链和轻度交联的聚合链紧密混合，彼此产生相互的溶剂效应，对多肽自聚集热力学不利而对反应适宜。

　　肽固相合成存在的主要问题是固相载体上中间体杂肽无法分离，造成终产物的纯度不如液相合成物，必须通过可靠的分离手段进行纯化。

肽固相合成已有 60 多年历史，然而直至现在，人们仍只能合成一些较短的肽链，更无法随心所欲地合成蛋白质；同时，合成中的试剂毒性高、费用昂贵及副产物等一直都是比较棘手的问题。而在生物体内，核糖体上合成肽链的速度和产率都是惊人的，能否从生物体合成蛋白质的原理上得到一些启发，将其应用于肽固相合成（树脂）中，这一令人感兴趣的问题，也许会成为今后多肽合成技术的发展方向。

三、液-固联用法

从宏观策略方面看，肽链的合成分为固相合成和液相合成两种方式。每种方式又可分为逐步缩合法及片段缩合法两个方法。这些方式方法各有所长。一般而言，寡肽合成多用传统液相合成及逐步缩合法；长链肽合成则往往以固相合成及片段缩合法为主。固相合成和液相合成的各自特点比较如表 2-14 所示。

表 2-14　传统液相合成及固相合成的比较

	液相合成	固相合成
每步反应后处理	萃取、重结晶、柱层析	过滤冲洗
转化率	可低可高	高
反应监测	容易	有限
反应条件	范围广	有限
制备量	较大	较小
产物纯度	高	较低
总收率	一般	较高

从表 2-14 的比较中可以看出，液相合成和固相合成两种方式各有所长，任何一种方式都不可以替代另一种方式。许多已有文献表明，各种方式往往是独自完成的全合成过程。应该指出的是，对一些长链肽而言采用液-固联用的配合策略往往是更为合理的方式。

形成肽键的反应在有机合成中是最常见的反应之一，因此其反应方法很多。比较有代表性的缩合反应方式及与肽固相、液相合成方式的匹配情况如图 2-23 所示。

从图 2-23 可以看出，多数合成方法可用在肽液相合成。相比之下，只有对称酸酐、DCC酯、卤代酚酯及 OBt 酯适合肽固相合成。而其中 OBt 酯是包括了许多种缩合剂参与的最重要的活性酯中间体。

目前，随着树脂种类的增多和合成技术的发展，固相合成的优势越来越明显，因此固相合成在肽合成中所占比重越来越大。但是固相合成也存在着缺点，如氨基酸的消耗大，溶剂使用量多，某些肽片段难以合成等缺点。而肽液相合成步骤烦琐冗长，耗时费力。鉴于肽固相合成与肽液相合成都存在着优点和不足，因此发展了肽液-固联用法。这种方法是一种充分发挥固相合成和液相合成优点的方法，是进行肽合成的有效方法，改变了某些难合成的多肽只能通过分离得到的情况，并取得了显著效果。此方法也已经成功应用于瑞林类寡肽药物的合成中。

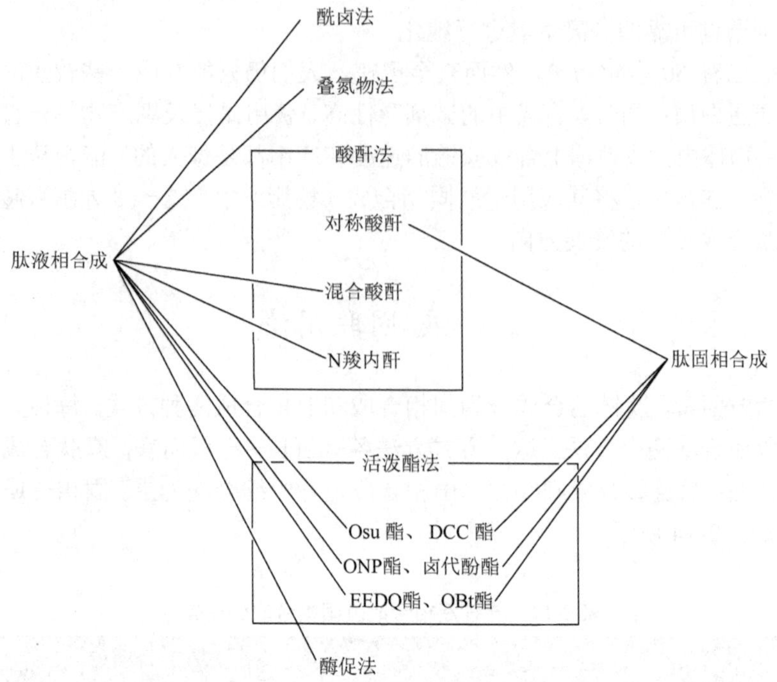

酰卤法

叠氮物法

酸酐法

对称酸酐

肽液相合成

混合酸酐

N羧内酐

肽固相合成

活泼酯法

Osu 酯、DCC 酯
ONP酯、卤代酚酯
EEDQ酯、OBt酯

酶促法

图 2-23　缩合反应方式及与肽固相、液相合成方式的匹配情况

　　肽液-固联用法的一个典型例子是内源性 GnRH 戈那瑞林的合成。先采用 Boc 固相合成法将 Boc-Gly、Boc-Pro、Boc-Arg(NO$_2$)和 Boc-Leu 在 2, 2′-联吡啶二硫化物和三苯基磷作用下依次连接到羟甲基树脂上，得四肽 Boc-Leu-Arg(NO$_2$)-Pro-Gly 树脂。同时采用传统的液相合成法合成短肽片段 Boc-Ser(Bzl)-Tyr(Bzl)-Gly-OH 和 Boc-His(Tos)-Trp-OH，再采用固相接肽法依次将这两个短肽片段连接到四肽-树脂上得侧链保护的九肽-树脂。用 Na/液氨除去所有的侧链保护基，再用 HF/苯甲醚将九肽从树脂上切割下来后，同羧基活化的 pGlu-OPcp 液相反应得戈那瑞林。另一种液-固联用法合成戈那瑞林是先将 Glu 连接到氯甲基甲酰化树脂上，同时采用液相合成法合成短肽片段 H-His-Trp-Ser(But)-Tyr-Gly-OBut 和 H-Leu-Arg(NO$_2$)-Pro-Gly-NH$_2$。树脂-Glu-OBut 和三倍量的短肽片段在 2, 2′-联吡啶二硫化物和三苯基磷作用下进行固相片段接肽合成十肽-树脂，用 HF/苯甲醚将肽从树脂上切割下来并脱除侧链保护基后，Glu 环化即得到戈那瑞林。

　　最近，吉尔生化（上海）有限公司的朱琦等以 Arg(Pbf)-Trt(2-Cl)-树脂为起始原料，在 DIC 和 HOBt 作用下在 DMF 溶液中将 Fmoc 保护氨基酸依次连接，得全保护八肽 pGlu-His(Trt)-Trp-Ser(tBu)-Tyr(tBu)-D-Leu-Leu-Arg(Pbf)-树脂，再用 1% 的 TFA/DCM 溶液将肽链切割下来。同时，Boc-Pro 在 THF 中和 NMM、氯甲酸乙酯及乙胺反应，经 2mol/L HCl/二氧六环脱 Boc 保护基得 H-Pro-NHEt·HCl，而后和全保护八肽在 DMF 中，在 HOBt 和 NMM 或 DIEA 及 DIC 或 BOP 作用下生成侧链保护的九肽，进一步脱除侧链保护基得到亮丙瑞林粗品。

第三节　生物化学合成

　　在肽化学合成中，α-氨基、羧基和各种侧链官能团在合成前的保护和合成后的脱保护是必不可少的，也是最基本的耗时操作。而且，许多反应发生在临近手性中心的官能团上，必须考虑一直存在的消旋问题。因此，这对肽的化学合成是一个巨大的挑战。

尽管有 150 多种化学合成方法可以形成肽键，但是理想的缩合方法应当是一个没有消旋和其他副反应的快速反应。而且，当氨基和羧基按化学计量投料时，它还应当是一个定量的缩合反应。因此，需要发展具有生化技术含量的前沿合成方法，用于蛋白质和多肽的合成。

一、重组 DNA 技术

生长抑素是第一个用重组 DNA 技术获得的多肽。根据在大肠埃希菌中经常使用的氨基酸三联密码子，化学合成了编码生长抑素氨基酸序列的 DNA，然后将序列插入表达质粒上。将较短的肽融合到蛋白质的 β 牛乳糖上，可以防止水解。因为生长抑素不含有甲硫氨酸，只有用溴化氰才能将十四肽从混合蛋白质上裂解下来。

应用重组 DNA 技术生产人生长激素是矮小症治疗的里程碑，因为在 1985 年以前，这一激素只能从死者的垂体中获得。从其他哺乳动物组织获得的类似物具有不同的氨基酸序列，而且会有病毒污染的危险。在分子生物学研究中，发现了人类生长激素的基因家族。该基因含有 4 个内含子，调控的 N 端前体序列由 26 个氨基酸组成，是典型的输出蛋白。这一序列在分泌过程中被信号肽酶裂解。最初，在大肠埃希菌上表达 cDNA 而产生的人生长激素为 2.4mg/L，蛋白质表达率很不理想。1985 年被批准用于治疗的 Protropin®，还含有一个序列非特异性的 N 端甲硫氨酸残基，含原序列的肽以商品名 Humatrop® 上市（Eli Lilly）。

Lilly 公司用两种方法生产人胰岛素。第一种方法，在大肠埃希菌中以融合蛋白的形式，分别过度表达了人胰岛素的 A 链和 B 链。纯化后，通过还原性硫解和空气氧化将 A 链和 B 链连接起来，产生具有活性的激素。第二种方法，在大肠埃希菌中以融合蛋白的形式合成胰岛素原，然后酶促转化为有活性的胰岛素。

现在，已用重组 DNA 技术合成了胰岛素类似物，以改善胰岛素的治疗作用。第一个用于临床的胰岛素类似物 Lispro 于 1996 年首先在美国上市。

应用大肠埃希菌的非病原性基因工程株获得甘精胰岛素（insulin glargine，HOE 901，Lantus），可以作为治疗 1 型和 2 型糖尿病的长效药物。典型的 DNA 技术生产车间如图 2-24 所示。

图 2-24 工业化的基因技术合成胰岛素的车间

二、肽键的酶促合成

所谓肽键的酶促合成，实际上是指利用蛋白酶的逆转反应或转肽反应来进行的肽键合成。它作为对多肽化学合成的一个辅助和补充，不仅已经成功地用于许多寡肽及像脑啡肽、增压素等生物活性肽的合成，还成功地用于某些蛋白质如胰岛素、胰蛋白酶抑制剂、牛胰核糖核酸酶 A 等的全合成和半合成。

胰蛋白酶、糜蛋白酶、胃蛋白酶、木瓜蛋白酶、枯草杆菌蛋白酶都是蛋白酶，它们能在专一的氨基酸位置上水解蛋白质，在体内消化蛋白质的过程中起着重要作用。这些蛋白酶水解蛋白质的过程实际上还包含着一系列的可逆过程，因此，在一定条件下，也可以通过蛋白酶的水解可逆反应来合成肽键（图 2-25）。

$$\text{X—氨基酸—Y} + \text{酶} \underset{}{\overset{ks}{\rightleftharpoons}} \text{X—氨基酸—Y·酶}$$

图 2-25　蛋白酶水解可逆过程

人们很早就发现了蛋白酶具有合成肽键的能力。1937 年，Bergmann 将 Z-Gly 和苯胺在 pH 4.6，40℃条件下通过木瓜蛋白酶反应，第一次得到了酶促合成的酰胺 Z-GlyNHC$_6$H$_5$，而后用糜蛋白酶催化 Bz-Tyr 同 Gly-NH$_2$ 反应合成了二肽 Bz-Tyr-Gly-NH$_2$（收率 30%）。

酶促合成的优点在于它具有很高的反应专一性，反应时只需要对反应物的少数基团加以保护甚至不保护。特别是对蛋白质的半合成来说，由于对从天然物经酶解或化学降解所得的肽段进行全保护的困难较多，因而利用酶促合成方法更能显示其优点。但酶促合成最大的缺点正是由于酶促合成具有很高的专一性，因而并不是任意的肽键都能合成，而且影响肽键合成产率的各种因素和条件又可能随着反应物的不同而改变，因此对于每一个合成反应，原则上都应探寻它的最适反应条件，这就增加了合成工作的麻烦。

第四节　组合化学与多肽合成

20 世纪 90 年代以来，尽管新药研究的投资不断增长，但是新药先导化合物出现速度却越来越慢，如何最大限度地筛选各种新化合物及其异构体，即"快速筛选"，从而首先找到具有药效作用的先导化合物，是当今化学界正在努力解决的重要课题之一。建立化合物库进行多模型筛选即组合化学的方法是国外各大医药公司普遍采用的方法。组合化学最早被称为同步多重合成-合成肽组合库，也称组合合成、组合库和自动合成法等。20 世纪 60 年代初建立的多肽固相合成法为组合化学方法的建立奠定了基础。80 年代中期建立的多中心合成法和茶叶袋法中首次引入了肽库的概念，以下着重介绍结合功能多肽的筛选中组合库的合成方法及目标产物的筛选等。

一、组合库的合成方法

组合化学研究的基本思想是合成分子多样性化学库，每一个化学库都具有分子的复杂性或称为可变性和多样性。组合库的合成方法与传统的合成方法存在显著差异，传统的合成方法，一次只合成一种产物；而组合库的合成方法，同时用 n 个单元与另一组 n' 个单元反应，得到所有组合的混合物，即 $n+n'$ 个构建单元，产生 $n \times n'$ 个化合物（图 2-26）。

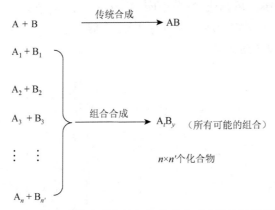

图 2-26　组合库的合成方法与传统的合成方法比较示意图

以肽类化合物为例，用 20 种天然氨基酸为构建单元，二肽便有 $400(20^2)$ 种组合，三肽有 $8000(20^3)$ 种组合。以此类推，到八肽将有 $25\,600\,000\,000(20^8)$ 种组合。常见的组合库构建方法有混合-均分法、迭代展开法、位置扫描法、光控定位合成法、茶叶袋法等，现在就多肽合成为例列举几种组合库的构建方法。

1. 混合-均分法　混合-均分法是建立最早，应用最广泛的组合化学方法。一株一肽合成法结合了混合-均分法和生物筛选技术特点，成为今天使用的基本方法之一。

该法利用树脂做载体，进行随机合成，可以同步合成上百万个多肽分子。首先将 19 种已保护的天然氨基酸（由于 Cys 易氧化成二硫键，故没用）分别连在树脂上，得到 19 种在树脂上的氨基酸，混合脱除保护，再分成 19 份，分别与 19 种保护氨基的天然氨基酸进行偶联反应，可得 19×19 种连在树脂上的二肽，如此再进行 3 次，可合成出 $19^5 = 2\,476\,009$ 种连在树脂上的侧链保护五肽，脱除侧链保护但不从树脂上切下，可得近 250 万个连在树脂上的不同肽段组成的肽库。此方法可保证同一树脂上的肽段序列是相同的，即保证了一个树脂上只有一种肽，即"一株一肽"（图 2-27）。

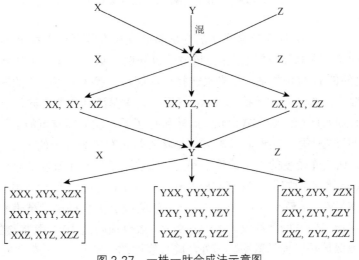

图 2-27　一株一肽合成法示意图

2. 迭代展开法 用迭代展开法处理含 2 个单元的 8 个三聚物时，先合成 2 个子库 A_1-X-X 和 A_2-X-X，选择 A_1 和 A_2 中哪一个性能更优。假设确定 A_1，再合成 2 个子库 A_1-B_1-X 和 A_1-B_2-X，检验性能后，假设确定 B_2，再合成 2 个子库 A_1-B_2-C_1 和 A_1-B_2-C_2。最后筛选得到最佳产物 A_1-B_2-C_1。因此，含 8 个三聚物的库，需进行 3×2 个展开步骤，对于含 20^4(160 000) 个四肽的库，需展开 4×20 个步骤（图 2-28）。

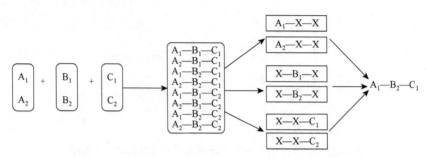

图 2-28 迭代展开法合成示意图

3. 位置扫描法 该法与迭代展开法相类似，不同的是，该法从合成一开始，即将库分成若干子库，如合成三元混合物，需要制备 6 个子库，使得每个构建单元占据 3 个位置中的 1 个，同时检验 6 个库中各成员的性能，以确定在每个位置中，哪一个单元活性最高（图 2-29）。

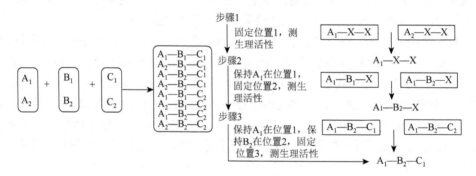

图 2-29 位置扫描法合成示意图

4. 光控定位合成法 光控定位合成法的提出是建立在多肽固相合成化学、光敏氨基酸 N 端保护基团和光印刷技术高度发展之上的。该方法以光敏性基团 3, 4-二甲氧基苄氧羰基硝基苯（Novc）作为氨基酸的 N 端保护基，用光来选择反应区域，载体为氨基化的硅片。负载于硅片上的保护氨基酸经光照脱去光敏保护基团 Novc 后，与氨基酸活化酯在硅片上面缩合。各合成肽的序列可根据合成时区域组合方式确认。此法包括了长短肽的所有可能的组合，是研究活性肽最小有效片段的有力手段。活性肽检测方法是将肽与带有荧光标记的抗体、酶、受体浸泡反应后用激光扫描，通过光密度的大小计算亲和力。该法不仅适合于寡肽的合成，同时也适合寡核苷的合成。Fodor 建立了强啡肽 B(YGGFLRRQFKVVT)C 端十元肽库，共合成 2^{10} = 1024 个肽段，证实 RQFKVVT 是最小有效结构。这一方法的建立大大提高了精确性和有效性，但每个循环的光照脱保护与偶联的效率仅为 85%～95%。故合成超过 10 个氨基酸的肽时意义不大，尚需寻找新的光敏保护基以提高效率。另外，硅片表面的—NH$_2$ 与 sp^3 杂化的 C 相连，长的碳链很有可能阻碍肽与受体或酶、抗体的结合，故而该方法的使用受到限制。

5. 茶叶袋法 茶叶袋法使用了微孔的聚乙烯或聚丙烯网袋作为载体，将氨基酸树脂置于其中浸入相应的溶剂中。脱保护、洗涤及缩合均在袋中完成，使操作更加简便（图 2-30）。此法可同时合成 100～150 个肽段，每个肽可达 30～50mg。值得一提的是该法由于设计上的独特性，各缩合步骤的反应条件（溶剂、活化氨基酸）、缩合方法等均可适时改变，因此很适合于方法学研究，而且实用。其中氨基酸保护采用了 Boc/Bzl 的策略，活化剂为 DIC。June 在使用此法时采用 Fmoc/But 策略，活化剂改为 TBTU，加快了反应速度。茶叶袋法也得到了广泛的应用，如用于抗原决定簇的分析、多肽激素的构效关系研究及蛋白质决定簇构象谱的研究和确认血小板整合素受体 gpⅡb/Ⅲa 拮抗剂的构效关系研究。

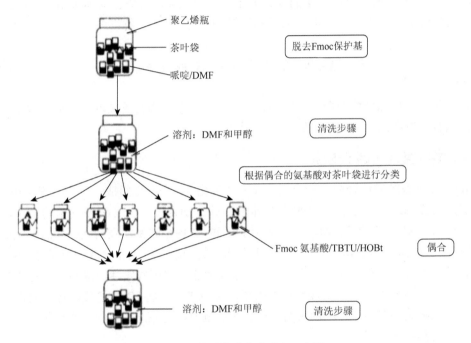

图 2-30　茶叶袋法合成肽库示意图

二、目标产品的筛选

组合化学被称为"多样性的科学"。如何鉴别具有大量混合化合物的组合库，并对库化合物进行分析和表征，一直是制约组合化学发展的重要因素，目前库的分析和表征方法以质谱法（MS）为主，包括电子喷雾离子 MS、电子喷雾离子 Fourier 变换 MS、基体辅助的激光解吸/电子飞行时间 MS 等技术的运用，可对固相表面进行非破坏性分析，得到详尽的库信息，以探测库的多样性和复杂性。与其他技术连用，如高效液相色谱(HPLC)/MS，键合相毛细管电泳/MS和 MS/MS 等方法，可对固相库和液相库的多个成分进行分析和表征。

大数目和微量制备测试样品是快速筛选技术的关键。以 Selectide 技术为例，固相筛选主要是依据分子水平的筛选模式，将所合成的固载化学库分子直接与活性蛋白反应，再用蛋白质染色或标记的方法将活性株挑选出来进行结构确认。例如，抗原-抗体反应，G 蛋白、MHC 类分子的筛选，凝血酶、因子 Xa 活性抑制研究，抗生素受体配基筛选和胰蛋白酶功能研究等，它的特点是快速，仅数小时即可筛选 $10^7 \sim 10^8$ 个树脂球（每一个树脂球上负载一个化合物，或负载多个化合物）。液相筛选是指将合成的分子从树脂载体上切入溶液中进行生物筛选，目前主要采用 Houguten 的逐位或二元定位方法和化学库编码方法进行。

也可利用自动连续柱色谱法对肽库进行筛选。将含固定化目标分子的"目标"柱与色谱反相柱相连，肽库中的化合物先入目标库，由于它们和目标分子的相对键合性不同，专一性键合的肽从反相柱流出后被鉴定和测序。此法使筛选速度大为加快。

生物活性筛选第一个方法是采用反应株-肽-抗体复合物被第二个带荧光抗体或酶标记，显微镜下对呈阳性的株与未被染色的非活性株进行分拣，再经埃德曼（Edman）降解法测定该株上肽的顺序；另一种方法是每步合成中，缩合一个氨基酸同时连接一个结构相关并且光照能释放、可用气相色谱（GC）分离鉴定的标记分子，反应完成后与染色受体作用，分离出染色的反应株，用光游离标记物，GC-电子轰击法可鉴定每个株上标记物组成。

三、组合化学在多肽合成中的应用

组合化学是一种综合性的跨多领域学科，它可以用于很多科研领域中以提高效率，下面仅就其在多肽合成方面的应用述以实例。

（一）茶叶袋法合成六肽库

Houghten 用茶叶袋法合成了一个六肽库，该库由 18 个分库组成，每个分库又由 18 组混合肽组成。这样每组的前 2 个氨基酸是确定的，即分别为 18 个 2-氨基酸中的一个，表示为 AC-O_1O_2XXXX-NH_2，每组共含有 20^4 个肽片，通过 ELISA 监测找到活性最高的一组肽片，即可建立 AC-O_1O_{123}XXX 肽库，找出活性高于平均值的一组，以确立第 3 个氨基酸 O_3，依次为下一轮合成与筛选的目标，如此进行 4、5 次迭代筛选，即可确定活性最高的肽片的氨基酸组成。此法配合电脑分拣可进一步提高操作效率，合成中还可将 D-氨基酸组合进肽链，以提供足够量供药理筛选的自由肽。应用表明，茶袋法对抗原决定簇分析、肽激素分子研究、蛋白质片段构想描述具有重要意义。

（二）巨噬细胞病毒免疫区域抗原决定簇的分析

Frank 将 HO—$CH_2CH_2C_6H_4$-O-$(CH_2)_2$-CO— 以 $0.3\mu mol/cm^2$ 的取代密度与纤维表面—OH 相连，多余—OH 用 Ac_2O—封闭。将第一个氨基酸先接到纸片上，然后用机械手吸管均匀吸取保护氨基酸活化酯于相隔 1cm 氨基点上进行缩合反应（共布 49 点），完成缩合后，再将纸浸泡于溶液中洗涤，乙酰化，脱保护，最后用乙醇洗涤，干燥纸片，如此循环直到接肽完成，去保护后直接进行 ELISA 活性分析，剪下具有活性的点，或采用柱法，将 100 个纸片紧排于玻璃柱内，每柱载不同的保护氨基，然后进行常规 Merrifield 操作，即得较大量的活性肽段，Frank 用此完成了巨噬细胞病毒（cytmegalovirus，hcnv）免疫区域抗原决定簇的分析。

（三）人血小板纤维蛋白原受体糖蛋白肽库的合成筛选

用除了 Cys 以外的 19 种天然氨基酸进行 5 次"分—混"或缩合反应，Lam 等建立了人血小板纤维蛋白原受体糖蛋白 gpⅡb/Ⅲa 肽库 B 细胞淋巴瘤特异肽库等。3 天内完成 247 万多个肽产物的制备，每粒树脂珠带有 50～200pmol 的一种肽，进行活性监测时先将受体与碱性磷酸酯或荧光试剂偶联，再以肽库培养。半天内就可以挑出着色的或显荧光（即有活性）的珠子进行氨基酸顺序分析，定出先导物的结构。结果发现 YGGFQ、YGGFA 及 YGGFT 3 种肽与抗内啡肽单抗有很强的亲和活性。

■（四）抑制 Aβ 纤维生成的抗蛋白酶的配体合成

Lars 从 D-氨基酸五肽库中筛选出可以抑制淀粉样肽（Aβ）纤维生成的抗蛋白酶的配体。在近年来研究颇多的阿尔茨海默病（Alzheimer's disease，又称老年痴呆病）中发现，Aβ 的大量纤维状聚合物在大脑薄壁组织和维管中的沉积是阿尔茨海默病发病原因中关键的一步。因此如何控制 Aβ 沉淀是研究的关键。Lars 等用纤维载体法合成了五肽库，用活化的 Fmocβ-丙氨酸 N, N'-二异丙基碳亚胺将纤维膜衍生化。将一种包括 β-丙氨基酸二肽的垫片偶联到衍生化的纤维膜上，然后用溶解在 N-甲基吡咯丙酮中的 Fmoc 保护和五氟苯基活化的氨基酸进行反应合成所需的肽（偶联效率用溴酸蓝检测）。一个五肽组合化学库理论上应包括所有的 2 476 099 种肽（不包括 Cys 的 19 种 D-氨基酸的组合），用碘标记法筛选出 130 321 种不同序列。这些氨基酸中有的有碱性侧链（h, k, r），有的有芳香侧链（f, y, w），有的有非极性侧链，带有酸性侧链的氨基酸不能提高结合力，这说明了电子相互作用（即与 LBMP1620 的 Lys 相互作用）对结合并不重要。最后发现 KLVFF 可与 Aβ 中的相同序列 Aβ 16-20 立体特异性结合，分子模型表明，两种结构相似的序列靠 Lys、Leu 和 Phe 的羧基相互作用形成非典型的反平行 β 片层结构。这些由 D-氨基酸组成的配体不仅能与 Aβ 结合，而且可以阻止淀粉样纤维生成。

多肽组合化学技术的应用首先需要有特别设计的合成策略，即采用怎样的方式方法组建肽库。在多肽药物开发中应用组合化学技术，药物化学家认为有两方面的前景，一是作为寻找肽药物先导化合物的工具；二是用于评价药物发现中设计的合理性。

多肽组合化学技术用于建立各类肽库分子库，从 20 世纪 80 年代中期的探索至 90 年代的才起步，近几年才有关于其定性的报道。它为快速大量合成生物活性肽类化合物提供了全新的思路，因此，很快成为多肽新药研究开发中的热点。

第五节　大规模肽合成

多肽的工业化生产工艺与众所周知的实验室规模合成方法存在着显著差异。"大规模"这个术语从主观上来说是相对的，其定义为从数千克到几吨。大规模生产过程中使用的化学方法与实验室规模没有显著差别，但是发展一套满足专业需求的经济、有效和安全的工艺，通常还包括大规模生产这一最终目标。

在大规模策略中，必须考虑技术、经济和安全性等方面；必须避免激烈的反应条件，如高压、苛刻的稳定、长时间反应、严格无水条件和非常特殊的设备，以及–20～100℃的反应温度。

大规模合成用反应器包括不锈钢反应器、加热和冷却系统，以及由过滤、减压浓缩和氢化单元组成的混合系统。合成过程中的中间体应为固体而非油状物形式。可以选择的方法有沉淀（尽可能结晶）或层析。环境和经济方面也决定了工艺中试剂和溶剂的选择。例如，由于易爆等高风险，必须避免以乙醚作为沉淀剂，同时用其他溶剂代替破坏臭氧的二氯甲烷。应尽量避免高危性的化合物，如腐蚀性裂解剂中 TFA 和氟化氢或叠氮化缩合过程中生成的有毒副产物叠氮酸等。缩合剂 BOP 也应替换，因为缩合过程中产生的副产物 HMPA 是一个众所周知的致癌物质。相反，由于商业和经济的原因，高效（但很昂贵）缩合添加剂 HOAt 通常用较便宜的 HOBt 代替。同样，由于经济原因，不能使用超过 2 当量的活化氨基酸，试剂和反应物的使用必须接近化学计算量。较昂贵的预活化氨基酸或非活化氨基酸的选用，取决于必要的工艺研究结果。有时，与用较昂贵的预活化起始物相比，原位活化可能耗时较长，同时伴随着较低的产率和较多的杂质。

　　虽然大多数保护氨基酸衍生物的化合物已经商品化，但是在大规模合成中，还是优先考虑最小保护方案。特别是 Arg，正如首次工业化液相合成 ACTH-(1~24)工艺所示（图 2-31），其侧链保护采用便宜的盐酸盐。

H-Ser-Tyr-Ser-Met-Glu-His-Phe-Arg-Trp-Gly-Lys-Pro-Val-Gly-Lys-Lys-Arg-Arg-Pro-Val-Lys-Val-Tyr-Pro-OH

A ACTH-(1~24)的氨基酸序列

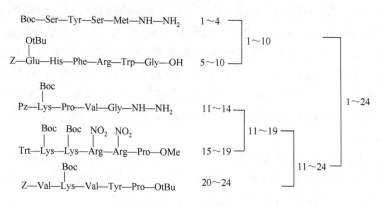

B 小规模合成路线

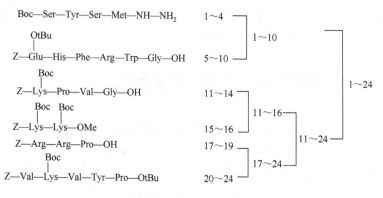

C 大规模合成（工业化合成）路线

图 2-31　ACTH-(1~24)的合成

　　1-去氨基-8-D-精氨酰-加压素（去氨加压素），Mpa-Tyr-Phe-Gln-Asn-Cys-Pro-D-Arg-Gly-NH$_2$（Mpa^1-Cys^6 形成二硫键），是一种抗利尿剂，用于治疗糖尿病伴发的多尿症、夜晚遗尿及大小便失禁。在其大规模液相合成工艺中，采用了[(3 + 4) + 2]片段缩合策略。令人感兴趣的是，N 端片段 Mpa(Acm)-Tyr-Phe-NH-NH$_2$ 是 Mpa(Acm)-Tyr-OEt 和 H-Phe-NH-NH$_2$ 在糜蛋白酶催化下偶联的，这说明酶促偶联在工业生产中也具有高效率。

固相合成法与传统液相合成法相比具有很多优势，如缩短了生产周期，且通常有较高收率。因此固相肽合成对有些肽，尤其是相转换合成中肽片段的大规模制备也颇具吸引力。为此，很多公司已建造了一些特殊设备，这与市场上可以买到的实验室规模合成仪有明显区别。

目前，一套大规模固相反应器（图 2-32）可进行千克级的批量生产。例如，从 2kg 树脂开始，得到约 9kg 肽树脂，相应的肽为 1～1.5kg。此设备达到了美国 FDA 联邦法规中 CGMP（*Current Good Manufacturing Practice*）的标准。

图 2-32　商品化的 60L 固相反应器（Labortech AG 公司）

阿托西班为促产素拮抗剂，临床用于产前分娩和镇痛。其大规模液相合成法装置年产量达 50～100kg。阿托西班[atosiban，Mpa-*D*-Tyr(Et)-Ile-Thr-Asn-Cys-Pro-Orn-Gly-NH$_2$(Mpa^1- Cys^6 二硫键)]的合成策略是基于液相合成和固相合成中的共同中间体。首先，在药物开发中，阿托西班的毒理学和早期临床研究所需量采用快速固相合成法。进入 II 期临床试验后，按规定进行的人体研究和安全性评价阶段所需的肽，其合成工艺引入了[(2 + 5) + 2]液相放大规模策略。因此，可望采用相同的侧链保护模式，从两种方法得到共同的中间体（图 2-33）。

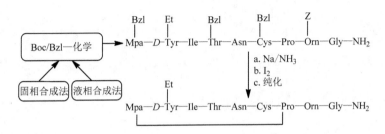

图 2-33　以阿托西班的合成图为例说明新药研发过程中固相合成法和液相合成法得到共同中间体

在此条件下，接下来的步骤，如脱保护、氧化、纯化和最终分离等处理相似，这种产生共同中间体的组合策略在多肽产品的工业化生产中具有普遍意义。

相变化合成法作为一种杂交法，已经在一些工艺中得到使用，T20（三十六肽，图 2-34）的合成就是其中一例。T20 作为治疗 HIV 药物在开发过程中，首次启用了基于 Fmoc 化学的固相合成制备工艺。然而，由于所需产品在数吨范围内，合成策略在早期工艺中改用了 3 个片段的相转换过程，3 个过程均在 2-氯三苯甲基树脂上进行合成。最初，Fmoc-T20(27～35)-OH 从树脂上切割后与 H-Phe-NH$_2$ 缩合，脱除 N 端 Fmoc 后，得到 T20(27～36)-NH$_2$，再与 Fmoc-T20(17～26)-OH 缩合，生成 Fmoc-T20(17～36)-NH$_2$。脱除 N 端保护基后，此片段与 Ac-T20(1～16)-OH 缩合，得到全保护的 Ac-T20(1～36)-NH$_2$。随后用 TFA/乙二硫醇/水脱保护得到较高纯度（HPLC，>70%）的三十六肽粗产品，进一步用制备型 RP-HPLC 纯化、冻干。此法无须规模放大优化，并且每批可合成 T20 达 10kg 以上。因此，每年生产数吨的年度计划是可行的。

$$AC—Tyr^1—Thr—Ser—Leu—Ile^5—His—Ser—Leu—Ile—Glu^{10}—Glu—Ser—Gln—$$
$$Asn—Gln^{15}—Gln—Glu—Lys—Asn—Glu^{20}—Gln—Glu—Leu—Leu—Glu^{25}—Leu—$$
$$Asp—Lys—Trp—Ala^{30}—Ser—Leu—Trp—Asn—Trp^{35}—Phe—NH_2$$

图 2-34　T20 的氨基酸序列

大多数化学合成的商用多肽少于 40 个氨基酸残基。经典的液相合成法是生产寡肽和中长肽的首选方法，其规模每年可达数百千克甚至数吨。但结合液相和固相技术优势的杂交法越来越重要。许多激素，特别是超过 40 个氨基酸残基的多肽药物，用重组技术不仅在细菌，也可以在酵母或培养的哺乳动物细胞中便宜得到。人胰岛素、人生长激素、ACTH、松弛肽、生长抑素、肾素、促肾上腺皮质激素释放激素、心钠素、β-内啡肽、肠促胰酶肽、绒毛膜促性腺素和卵泡刺激激素，这些具有调节功能的肽可通过基因工程合成。一些已批准的多肽药物及其生产方法如表 2-15 所示。

表 2-15　已批准的多肽药物及其生产方法选例

肽	氨基酸残基	液相合成	固相合成	重组合成	提取
促产素及类似物					
促产素	9	✓			
阿托西班	9	✓			
加压素类似物					
妥内芬	9	✓			
赖氨酸加压素	9	✓			
去氨加压素	9	✓	✓		
特利加压素	12	✓	✓		
ACTH	39				
ACTH-（1～24）	24	✓			
胰岛素	51	✓		✓	✓
胰高糖素	29		✓	✓	✓
肠泌素	27				✓
降钙素					
人降钙素	32	✓			

续表

肽	氨基酸残基	液相合成	固相合成	重组合成	提取
鲑鱼降钙素	32	✓	✓		
鳗鱼降钙素	32	✓	✓		
依降钙素	31	✓	✓		
促黄体素释放素					
GnRH	10	✓	✓		
亮丙瑞林	9	✓			
组氨瑞林	9		✓		
曲普瑞林	10		✓		
戈舍瑞林	10		✓		
布舍瑞林	9		✓		
甲状旁腺激素	84				
甲状旁腺激素-（1～34）	34		✓		
促肾上腺皮质素释放素					
人促肾上腺皮质素释放素	41		✓		
绵羊促肾上腺皮质素释放素	41		✓		
生长激素释放激素	44		✓		
GRH-（1～29）	29				
生长抑素及类似物					
生长抑素	14	✓	✓		
兰瑞肽	8		✓		
奥曲肽	8	✓			
促甲状腺素释放素（TRH）	3	✓			
胸腺素 $\alpha1$	28		✓		
胸腺五肽	5	✓			
环孢素	11				✓
依替巴肽	7	✓			

第六节 多肽的分离纯化

    化学合成的多肽产品是一个纯度不高的粗产品，其一是因为在合成肽过程中各种副反应、消旋化等造成的副反应肽；二是在脱保护过程中，由于保护基的残留、肽键的断裂、烷基化等造成的杂质。杂质的分子结构与合成肽相似，或许二者之间仅仅在某一个位置的氨基酸残基不同，或许二者之间的差异仅仅在某一氨基酸残基侧链上某一基团是否存在等。由于杂质与合成的肽在分子结构和化学性质上非常相似，给多肽的分离纯化带来了困难。因此，根据对目的肽的要求，需要选择适当的方法进行纯化。

    游离肽化合物具有高密度氢键缔合性及极性，很难用普通有机化合物纯化时常见的正相柱层析（如硅胶柱）及溶剂重结晶化获得纯品。因此透析纯化、凝胶过滤、简易固相萃取纯化、醇溶性脱盐、HPLC、超滤、高效毛细管电泳、毛细管电色谱等手段常见于肽的分离纯化。

一、透析纯化

当游离肽的分子质量大于 3000Da 时，可以选用滤限为分子质量～1500Da 的透析袋，因为滤限太接近产物分子量，有丢失产物的风险；而滤限比分子量小的太多又达不到纯化目的。外相溶液一般为水。分子质量小于 1500Da 或难溶于水的疏水肽不适合此法。此时可采用直接加水沉淀，随后用适当有机溶剂反复沉淀、研磨处理。

二、凝胶过滤

该法适用的产物肽与透析纯化法相似。最常用的柱载物是葡聚糖——Sephadex。它又分为多种型号，与待纯化产物肽的分子量有关（与透析法类似）。一般的匹配原则：分子质量<700Da 用 Sephadex G-10，分子质量为 700～1500Da 用 Sephadex G-15，分子质量为 1500～5000Da 用 Sephadex G-25。此外，另一种凝胶过滤的载体是羟丙醇化葡聚糖（LH-20），它的较大优点是适合水溶性差的疏水肽的分离，可用醇、乙酸乙酯等有机溶剂洗脱。值得指出的是，用片段缩合法合成的肽产物尤其适合透析纯化及凝胶过滤的纯化方式。因为这两种方式均为"分子筛滤"型纯化技术，它们的分辨率很低，往往很难把分子量接近的副产物（一般是残缺肽）与主产物分开。片段缩合法制备肽时，副产物比主产物缺失的不只是一个、两个或三个残基，而是至少缺失一个片段。在这种情况下，主、副产物的分子量差距很大，很容易用分子筛过滤方式干净地除去副产物。

三、简易固相萃取纯化

许多高质量的合成过程得到的肽产物基本不含有残缺肽之类的副产物。其中主要的杂质往往是最后一步的裂解试剂、清除助剂及中和产生的盐。除了采用成本高且费时的 RP-HPLC 外，采用简易的固相萃取即 C-18 滤层（图 2-35），可以方便地除去小分子脂溶性杂质及水溶性盐分。其基本原理与 C-18 HPLC 纯化相似。纯化的基本过程见图 2-36。

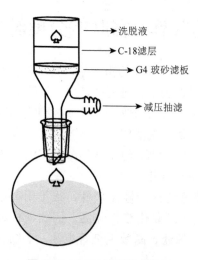

图 2-35　C-18 滤层纯化装置

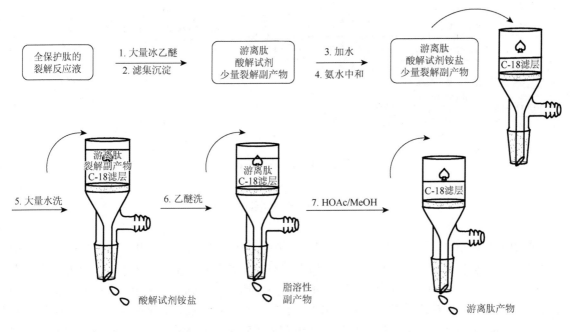

图 2-36　C-18 滤层纯化过程

　　与制备型 HPLC 纯化相比，此方法更快捷、经济；与透析纯化及凝胶过滤相比，C-18 滤层具有更多的优越性：①产物分子量适用范围更广，大约在 600Da 以上均可；②凝胶过滤法往往存在洗脱时组分交叉的不利因素，它使产物回收率受到影响；而 C-18 滤层纯化则属于"保险型"洗脱方式，如图 2-36 第 5 步水洗时，可以大量、充分地用水淋洗掉酸解试剂铵盐，游离肽会牢牢地缔合在 C-18 颗粒上。只要不用 HOAc/MeOH 洗脱，产物不会提前出来。因此这种固相萃取纯化后的产物回收率高；③纯化后产物纯度优于凝胶过滤法，因为脂溶性小分子杂质在凝胶过滤过程中很难除去。④C-18 滤层可以重复使用，因此成本比透析袋低得多。此种方法同样适合固相合成后以氨解方式得到的粗产物纯化。值得指出的是，当水溶性寡肽的分子质量在 600Da 以下时，很难在 C-18 滤层上富集，容易与盐分同时被水洗下来，达不到纯化的效果。

四、醇溶性脱盐

　　前几种方法对大分子量的游离肽纯化非常适宜，但无法用于 5 个残基以下且水溶性极好的寡肽纯化。实际上，这种产物的纯化主要是脱盐。由于作为杂质的无机盐与水溶性寡肽均溶于水，不溶于有机溶剂，因此在裂解反应时用强有机碱 Et_4NOH 代替 NaOH 进行皂化；酸解时用 HCOOH 代替 HCl，使后处理中和时只会生成醇溶性的有机盐 $Et_4N^+ \cdot HCOO^-$。借以与寡肽的水溶解性能相区别，便于用无水乙醇去除杂质（图 2-37）。

　　在上述纯化处理中，有时用无水乙醇研磨后滤集的沉淀仍然含有少量的盐成分。需要将沉淀再用乙醇研磨、收集沉淀。有时在乙醇滤渣中含有少量的游离肽，可能醇中含有水分。因此必要时用甲苯共浓缩，除净残留水分，再用乙醇研磨即可得到纯的肽产物。

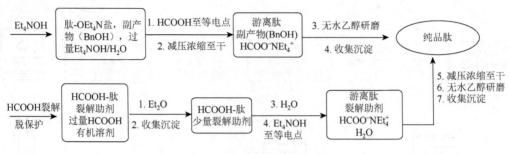

图 2-37 醇溶性脱盐纯化过程

五、高效液相色谱

高效液相色谱（HPLC）是生物技术中分离纯化的重要方法，在多肽、蛋白质的分离纯化工艺中显示出优异的性能。而且，它已走出实验室投入大规模的工业化生产中，成为生物技术范围内一个有力高效的分离工具。HPLC 是在经典色谱法的基础上，引用了 GC 的理论，流动相以高压输送，色谱柱是以特殊的方法用小粒径的填料填充而成，从而使柱效大大高于经典液相色谱，同时柱后连有高灵敏度的检测器，可对流出物进行连续检测。它以分离效果好、速度快、样品容量大、灵敏度高和回收率高的特点成为生物活性多肽的主要分离纯化方法。

目前用于分离纯化合成多肽的 HPLC 模式主要有三种：一是凝胶过滤色谱，按照肽分子的大小进行分离；二是离子交换色谱，按肽分子所具有的带电基团的性质和数目进行分离；三是 RP-HPLC，按照肽分子的疏水性强弱进行分离。

（一）凝胶过滤色谱

凝胶过滤色谱（gel filtration chromatography，GFC）是利用凝胶的网状结构，根据多肽分子的大小、形状差异进行分离的一种方法。例如，人重组生长激素（hGH）的分离，不同结构、构型的生长激素在凝胶过滤色谱柱上的分离行为完全不同，从而可分离不同构型或在氨基酸序列上有微小差异的变异体。凝胶像分子筛一样，将大小不同、形状各异的分子进行分离，因此凝胶过滤色谱又称分子筛层析或称尺寸排阻色谱。一些分子量较大的肽或蛋白质均可利用此法分离分析。

凝胶过滤色谱具有很多优点：介质为不带电荷的惰性物质，不与溶质分子作用，因此分离条件温和，产品收率高，生物活性好，工作范围广，分离分子量的覆盖面大，可分离几百至数万分子量的分子。Wang 等利用高效凝胶过滤色谱法测定了玉米蛋白酶解产物寡肽的分子量分布，设备简单，易于操作，周期短，每次分离之后不需再生可继续使用，有的可连续使用几百次甚至达千次。这些优点使凝胶过滤色谱成为一种通用的分离方法，在多肽合成制备技术中获得广泛应用，ACTH 的多肽片段就是应用 Sephadex G-50 分离制备的。凝胶过滤色谱在脱盐操作及逐步缩合和片段缩合反应的分离中尤其重要。Ljevakovic 等采用凝胶过滤色谱 Sephadex G-25 和 SP-Sephadex C-25 离子交换色谱，对合成的肽聚糖单体衍生物进行了分离纯化。Heller 等合成了具有生物学活性的鲑鱼降钙素类似物，为便于受体筛选研究，将多肽进行放射性标记，标记的多肽经过凝胶过滤色谱和 RP-HPLC 的纯化，用于研究降钙素多肽与受体的作用机制。

凝胶色谱的主要产品有 Sephadex 系、Sepharose 系、Bio-GelA 系、Bio-Gel P 系、Sephacryl 系、Superdex 系及 Bio-Beads S-X 系等。

（二）离子交换色谱

离子交换色谱（ion exchange chromatography，IEC）是通过带电的溶质分子与离子交换剂中可交换的离子进行交换，从而达到分离目的的方法。该法主要依赖电荷间的相互作用，利用带电分子中电荷的微小差异进行分离，且有较高的分离容量。几乎所有的生物大分子都是极性的，都可使其带电，所以离子交换法已广泛用于生物大分子的分离纯化。由于离子交换色谱分辨率高、工作容量大且易于操作，它已成为蛋白质、多肽、核酸及大部分发酵产物分离纯化的一种重要方法，在合成多肽分离中约有 75%的工艺采用离子交换色谱。α-黑素细胞增长激素和 ACTH 多肽的合成，就是应用羧甲基纤维素进行分离的。王贤纯等利用离子交换色谱比较研究了固相合成的多肽类神经毒素虎纹捕鸟蛛毒素-Ⅰ（HWTX-I）与其对应的天然产物的色谱行为差异及分离纯化方法，推测除了在合成 HWTX-Ⅰ复性过程中有少数分子发生二硫键错配外，还有部分分子在固相合成中发生了消旋作用，需要交替采取多种色谱法才能完全分离纯化复性后的合成多肽产物。

离子交换色谱可在中性条件下，利用多肽的带电性不同分离纯化化学合成的多肽。要获得优良的分离结果，必须选用适合的离子交换剂，如离子交换剂的种类、交换功能基的强弱。离子交换柱可分为阳离子柱与阴离子柱两大类，还有一些新型树脂，如大孔型树脂、均孔型树脂、离子交换纤维素、葡聚糖凝胶、琼脂糖凝胶树脂等。在多肽类物质的分离纯化中，还应进一步确定适用的 pH 和洗脱条件，尤其是洗脱剂的离子强度、盐浓度等对纯化影响较大。线性离子浓度梯度洗脱是最基本的洗脱方式，通常多肽的梯度洗脱采用在磷酸盐、Tris 或柠檬酸缓冲液的流动相中改变氯化钠或氯化钾的浓度以达到洗脱的目的。Huang 等报道，利用离子交换色谱法，探讨纯化合成胸腺素 α1 的条件，获得了有价值的数据供该物质的放大生产使用。在制备性的纯化中，使用大容量的制备型离子交换柱也十分方便，而且效率很高。

使用离子交换色谱对多肽分子进行分离纯化可采用两种方式，一种方式是将目的产物离子化，使其交换到介质上，杂质不被吸附，从柱流出，称为"正吸附"。此法优点是目的产物纯度高，且可达到浓缩目的，宜处理目的产物浓度低且工作液量大的溶液。另一种方式是将杂质离子化后被交换，而目的产物不被交换直接流出，这种方式称为"负吸附"。采用此法通常可除去 50%～70%的杂质，适用于目的产物浓度高的工作液。以上两种方式的选择要依据样品及具体要求而定。无论是正吸附还是负吸附，离子交换色谱均已成为多肽化学中一种重要的分离方法。

（三）RP-HPLC

如果用传统的硅胶（即正向）柱层分离，肽的高密度氢键缔合性就会使产物与固定相硅胶上的—OH 牢牢地缔合在一起，很难将产物洗脱下来。因此，采用以 C-4、C-8 及 C-18 为固定相的 RP-HPLC 分离显然是合理的选择。除了极少极难溶的大分子量疏水肽外，几乎分子量几百至上万的肽化合物均可用 RP-HPLC 方法得到纯化。此方法的优越之处是柱效和分辨率极高，相差一个残基结构的副产物也可以与主产物分开。因此得到的产物纯度高达 99.5%以上，一般符合原料药的标准。此种纯化方法唯一不足就是需要专门的制备型 HPLC 仪器，因此成本较高。

RP-HPLC 具有很高的分辨力，分离对象几乎覆盖了所有类型的化合物。由于可使用挥发性冲洗剂作为流动相，所以这种色谱不仅适用于分析型的实验，还适用于制备型的分离。RP-HPLC 利用非极性的反相介质为固定相，极性有机溶剂（如甲醇、乙腈等）或其水溶液作为流动相进行溶质的洗脱分离，是根据溶质极性（疏水性）的差别进行分离纯化的洗脱色谱法。

　　RP-HPLC 主要用于分子质量低于 5000Da，尤其是 1000Da 以下的非极性小分子多肽的分析和纯化，分离多采用降低流动相极性（水含量）的线性梯度洗脱法。李顺子等应用制备型 RP-HPLC，对 5 种合成的蜂毒肽类似物进行了分离制备。当用极性较强的洗脱液作流动相时，主峰的保留时间短，且主峰和前后的杂质峰不能很好地分开；随着洗脱液极性减弱至某一值时，主峰和杂质峰的保留时间均向后延长，且时间间隔加大，可以成功地对多肽样品进行分离制备。用多肽分子中各氨基酸保留常数加和值的方法可以预测不同多肽的保留时间，为选择分离纯化多肽所需的流动相提供了参考作用。经半制备分离纯化后的产物用分析型 RP-HPLC 测定达到了很高的纯度，氨基酸分析结果表明得到了所需的肽段，可用于下一步的研究工作。

　　目前 RP-HPLC 分离柱仍然是以硅胶基质的键合相填料为主体。键合 C-18（octadecyl silica，ODS）、C-8 烷基及苯基填料的出现，使该技术得到长足发展。这类填料的最大特点是颗粒刚性好，有利于传质，可以得到很高的柱效，并有良好的选择性。硅胶基质填料的 pH 适应性一般均限制在 2～8。目前较为广泛使用的高分子基质的 RP-HPLC 填料是微球形交联聚苯乙烯树脂。这类树脂的表面具有烷基键合相非极性的特征，因此无须化学改性即可直接用作 RP-HPLC 的填料，如 TSK gel Octadecyl-4PW 和 TSK gel Octadecyl-NPR。

六、超　　滤

　　超滤是一种加压膜分离技术，即在一定的压力下，小分子溶质和溶剂能穿过一定孔径特制的薄膜，大分子溶质滞留，从而使大分子物质得到部分的纯化。超滤自 20 世纪 20 年代问世后，已成为一种重要的分离试验技术，广泛用于含有小分子溶质的各种生物大分子的浓缩、分离和纯化。此技术的优点是操作简便，成本低廉，不需增加任何化学试剂。尤其是超滤技术的试验条件温和，不需加热，与蒸发和冷冻干燥相比没有相的变化，而且不易引起温度、pH 的变化，因而可以防止生物活性物质如酶的变性、失活和自溶等。

　　袁国栋等采用超滤技术从 ε-聚赖氨酸（ε-PL）粗品溶液中纯化 ε-PL，研究了超滤过程中的操作压力、操作温度、超滤液的体积和料液初始浓度等因素对膜通量和粗品溶液中蛋白质截留率及 ε-PL 透过率的影响，并确立了采用聚砜膜去除 ε-PL 粗品溶液中蛋白质工艺的最佳参数，在此条件下，蛋白质去除率达到 86.2%，ε-PL 透过率达到 86.7%。

　　刘成梅等采用超滤技术分离罗非鱼鱼皮蛋白酶解液，研究了超滤压力、时间和浓度对膜渗透通量、渗透增量和膜效能的影响。结果表明：在超滤处理的压力为 28psi（1psi=6.894 76×10³Pa）、时间为 40min、浓度为 5% 的操作条件下，膜渗透通量为 9.98LHM，渗透增量为 2.68g/10min，膜效能为 3.41g/(m²·min)，超滤处理达最佳效果。

　　近年来，超滤技术已经被应用于大豆多肽的分离纯化，大大提高了大豆多肽的品质。但是超滤膜在使用过程中的一个主要问题是，由于浓差极化、膜孔堵塞及凝胶层出现等因素的影响，导致膜通量随运行时间的延长而降低，因此正确掌握和执行操作参数对超滤系统的长期、安全、稳定运行及提高产物得率是极为重要的。目前超滤方法研究工作主要集中在膜材料选取方面。超滤法以其大量制备的优势已发展成为实验室和工业生产上分离分析及制备生物大分子的最有效和常用的方法。

七、高效毛细管电泳

高效毛细管电泳（HPCE）是 20 世纪 60 年代末由 Hjerten 在传统的电泳技术基础上发明的，它利用小的毛细管代替传统的大电泳槽，使电泳效率提高了几十倍。此技术在 20 世纪 80 年代得到迅猛发展，是生物化学分析工作者与生化学家分离、定性多肽与蛋白质类物质的有力工具。

程燕等以咔唑-9-乙基氯甲酸酯作为柱前衍生试剂，在胶束电动色谱模式下对 16 种二肽进行了分离，研究了用该试剂衍生的二肽物分离的几个关键的条件，在 14min 内实现了 16 种 CEOC 二肽衍生物的分离。

Eli Zazhou 等采用毛细管电泳技术对蛋白质水解物中的多肽进行分离纯化研究，在磷酸缓冲液中加入 SDS 以提高分离度，缩短分离时间。用该法进行的苯基硫代氮甲酰衍生物的检测在一定范围内有良好的线性关系，线性相关系数为 0.9938，迁移时间和峰面积的变化平均在 1.1%～2.7%。研究表明，对 10～600 个氨基酸残基的多肽，该方法的灵敏度比 HPLC 高 20 倍，而比传统的基于茚三酮的方法则高 1000 倍。

此外，Sigrid C 等用毛细管电泳对谷氨酰基三肽及它们的降解物和异构体进行了分离。Ye 等以强阳离子交换填料为固定相的离子交换毛细管电色谱（IEC-CEC）分离寡肽。Fu 等用亲水离子毛细管电色谱（CEC）分离了寡肽。

作为一种迅猛发展起来的新分离分析技术，高效毛细管电泳以其高效、快速和低实验消耗等优点，受到了广泛重视，在药物分析、食品安全监测和生命科学等领域发挥着越来越重要的作用。

八、毛细管电色谱

毛细管电色谱是近年来综合了现代最新分离技术 HPLC 和毛细管电泳（CE）的优势而发展起来的一种高效、快速的新型微柱分离方法。它有机地结合了 HPLC 的多选择性和毛细管电泳的高效性，已越来越多地用于手性物质的研究。毛细管电色谱是在毛细管中填充或在毛细管壁涂布、键合色谱固定相，用电渗流或电渗流结合压力流来推动流动相的一种液相色谱法，它克服了毛细管电泳对电中性物质难分离的缺点，并且结合了液相色谱固定相和流动相选择性多的优点，是 HPLC 和高效毛细管电泳的有机结合。

Walhagen 等早期用 Hypersil C-8、C-18 混合模式及 Spherisorb C-18/SC 柱（0.100mm×250mm），以乙腈-三乙胺-磷酸（pH 3）为流动相，研究了毛细管电色谱分离碱性、中性和酸性多肽的选择性及保留行为，其结果与毛细管区带电泳和 RP-HPLC 的结果完全不同。后来，Walhagen 等又以各种不同的 N-烷基硅胶反相吸附剂作为固定相，以及混合模式固定相（同时将强阳离子交换基团和 N-烷基键合到硅胶表面），以不同 pH 的流动相，考察了激素类的线型或环状的活性肽如脑啡肽（enkephalin）、血管紧张素（angiotensin）、去氨加压素（desmopressin）、卡贝缩宫素（carbetocin）和催产素（xytocin）的保留行为。

Mingliang Ye 等应用以强阳离子交换填充物作固定相的离子交换毛细管电色谱对肽的分离进行了研究。实验中的理论板数达到 240 000～460 000 板/米，且连续 10 次测定，迁移时间的相对标准差小于 0.27%，应用离子交换毛细管电色谱可以在 3.5min 内对 10 种肽进行快速分离。

Kai Zhang 等采用加压毛细管电色谱对多肽进行分离。进行连续梯度洗脱，流动相受压力和电渗的共同驱使，在分离复杂样品时比等度压力毛细管电色谱具有更好的效果。

毛细管电色谱作为一种新型的分离分析方法，兼有高效、多选择性、用量少、峰容量大、比 HPLC 更易与 MS 联用等优点。近年来对毛细管电色谱分离的研究迅速增多，但国内学者对毛细管电色谱法分离纯化多肽的研究不是很多且技术不够成熟，有待于科研工作者今后不懈的努力。

九、合成多肽分离纯化的设计与应用策略

以上提到的分离多肽的技术在实际应用过程中多相互结合，根据合成多肽性质的不同，采用不同的分离纯化手段。正确的实验设计是选用最少的分离步骤达到最佳的分离效果。因为每一步的分离过程中总有部分样品不可避免地损失掉，尤其是肽的浓度非常低时，应尽量避免分离步骤过多。周贺钺等应用固相合成法合成了人甲状旁腺素，合成的多肽用 TFA 处理，从 Wang 树脂上切除。所得粗肽用 SP-Sepharose-FF 色谱柱和半制备型 HPLC 进行二步分离纯化。分离结果经鉴定纯度在 92%以上，通过电喷雾质谱法测定其分子质量与计算值相符，为 4116Da，总收率为 8%。另外，HPLC 如果与其他分离纯化多肽的方法如电泳联合使用，将得到更好的分离效果。Sanz-Nebot 等采用反相色谱-质谱（LC-MS）联用的方法与毛细管电泳联合，对合成的 GnRH 类似物 leuprolide 的粗品进行分离和分析。混合物先采用 LC-MS 进行分析和部分收集，收集的组分随后用毛细管电泳进一步分离纯化，两种正交方法的联用突出了各自的选择性，产品纯度高。

杨超等使用 RP-HPLC 对重组酵母发酵液中一种牛肉风味肽进行了分离纯化和稳定性研究。该研究分别运用 D301 离子交换层析和 Sephadex G-25 凝胶过滤层析对其进行了分离纯化，利用 RP-HPLC 对目标肽进行分析检测。分离纯化结果显示，Sephadex G-25 凝胶过滤层析的分离纯化效果优于 D301 离子交换层析，更适合于分离复杂体系发酵液中的风味肽。

刘璇等利用 Sephadex G-75 凝胶过滤层析和 SP-650 M 强阳离子交换色谱相结合，从苦瓜籽中分离纯化出一种活性多肽。该多肽在 Tricine-SDS-PAGE 上显示为单一的谱带，分子质量约为 6.8kDa，在经还原剂二硫苏糖醇（DTT）处理后的电泳结果表明，该多肽不含有分子间的二硫键。此多肽是一种胰蛋白酶抑制剂，同时具有抗植物致病菌活性，是一种具有双功能作用的多肽。

目前，多种类型分离纯化技术在生化产品应用中协同发展，技术联用，取长补短，实行多级分离是生物活性多肽分离纯化的发展趋势。可以预见，在不久的将来，会建立一套完整的多肽类物质的分离和提纯技术，并且这一技术会向快速、灵敏及高自动化方向发展，以满足科研及生产的需要。

选择什么方式进行粗产物的纯化，不能只看各种纯化手段处理后的效果（即纯产物的百分含量）。因为任何制备工艺均与操作的简繁及成本高低密切相关，所以应根据游离肽粗产物的状况（含量、分子量及水溶性等情况）及最终的用途，采用最简便、最经济的纯化方式（图 2-38）。例如，许多情况下可以避免使用费用较高的 HPLC 制备柱的纯化方式；或者采用简易方式（如

C-18 滤层、凝胶柱）初步处理后再一次性通过 HPLC 制备柱，均可达到降低成本、提高产率的目的。

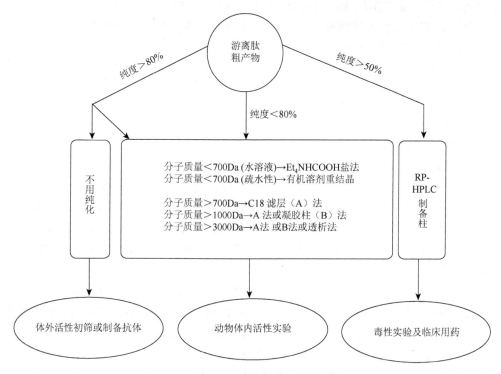

图 2-38　游离肽粗产物纯化方式的选择

十、醋酸戈舍瑞林的分离纯化工艺实例

醋酸戈舍瑞林原料药为人工合成的十肽化合物，由英国阿斯利康公司采用液相全合成方法合成。其纯化分两步进行精制，整个过程监测中使用的水应符合药典对纯水的要求。

第一步：阴离子交换色谱法

通过阴离子交换色谱去除酸性副产物和杂质（如 *L*-Glp-*L*-His-*L*-Trp-*L*-Ser-OH）。用甲醇/DMF 水溶液溶解戈舍瑞林粗品，加氨水将溶液 pH 调至 8.9～10。

柱：圆柱状玻璃柱，含有阴离子交换树脂（大多为 Amberlite AG1X2）。

流动相：甲醇/水（大多体积比为 10∶90）。

温度：室温。

流速：0.1～2cm/min。

每次运行的载量：20～40g/kg 树脂。

用 HPLC 监测洗脱液。酸性杂质仍然存在于柱中。将含有戈舍瑞林的组分结合在一起，调 pH 至 5～6，于 50℃以下减压蒸干。

第二步：制备型 RP-HPLC

将上述经第一步纯化所得残渣溶于水，用体系 2 将其置入制备型 RP-HPLC 中。偶然情况下，如果输入的六肽浓度高于正常的杂质含量，此时，需要使用体系 1 来对制备型 RP-HPLC 进行预纯化处理。

仪器：制备型液相色谱仪，如 Waters250Kiloprep。

柱：填充了反相无水硅酸的柱。

流动相：需要一定范围的洗脱液组分以能够补偿色谱条件的细微变化。

体系 1：典型的洗脱液组分　　　　体系 2：典型的洗脱液组分

甲醇：40%～60%（V/V）　　　　乙腈：22%～27%（V/V）

水：40%～60%（V/V）　　　　　水：73%～78%（V/V）

嘧啶：0.5%～2.0%（V/V）　　　嘧啶：0.5%～2.0%（V/V）

乙酸：0.5%～2.0%（V/V）　　　乙酸：0.5%～2.0%（V/V）

温度：室温。

流速：2.0～6.0ml/(cm^2·min)。

每次运行载量：1.0～5.1mg/cm^3 无水硅酸。

正常的精制策略（只用体系 2）包括首先收集构成主峰的 3 种主要组分：含有精制戈舍瑞林的中间 A 组分及收集 A 组分前后的 B 组分和 C 组分（图 2-39～图 2-42），废弃和丢掉其他组分。浓缩 A 组分，对其重新色谱分离以进一步形成 A、B 和 C 组分；保留此 A 组分，将 B 和 C 组分与第一步色谱中产生的组分相结合。B 和 C 组分中富含戈舍瑞林，但同时也可能含有很多的有关物质。

因此，为从这些组分中再得到精制的戈舍瑞林，可进行进一步的色谱层析以生成 A 组分、后续次级的 B 和 C 组分。保留 A 组分，可对次级的 B 和 C 组分进行进一步色谱分析以提供另外的精制戈舍瑞林。于 50℃以下，通过减压蒸发先降低组分的体积后，再进行后续的色谱分析。

将所有的 A 组分进行混合，并保留至最终分离步骤。

在需要使用体系 1 和体系 2 来影响精制过程时，均应用了相似的策略，从体系 1 中混合 A 组分，在使用体系 2 进行色谱分析前蒸发减少其体积。

第三步：分离精制的醋酸戈舍瑞林

于 50℃以下，减压蒸干体系 2 中结合的 A 组分。此残渣与水共沸以去除嘧啶，将最终残渣溶于水，用 5μm 过滤器过滤，低压冻干此溶液以产出精制的醋酸戈舍瑞林（产率为 50%～75%，约 0.63g/mol；以六肽计），并采用相关杂质法得到最终精制的醋酸戈舍瑞林的典型色谱图（图 2-43）。

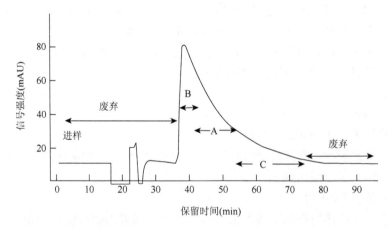

图 2-39　醋酸戈舍瑞林精制工艺，体系 2 中得到的组分层析图

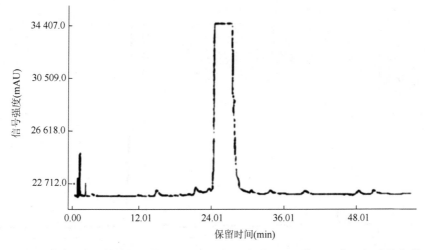

图 2-40　醋酸戈舍瑞林精制工艺，使用有关杂质法Ⅲ得到的体系 2 中 A 组分的色谱图

有关杂质法Ⅲ属商业机密，无法详细展开

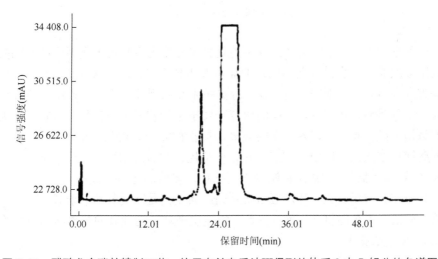

图 2-41　醋酸戈舍瑞林精制工艺，使用有关杂质法Ⅲ得到的体系 2 中 B 组分的色谱图

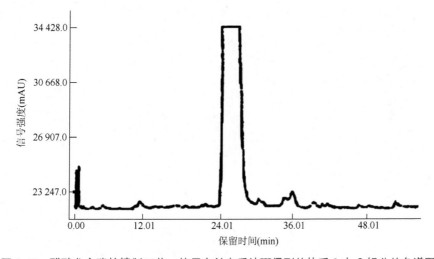

图 2-42　醋酸戈舍瑞林精制工艺，使用有关杂质法Ⅲ得到的体系 2 中 C 组分的色谱图

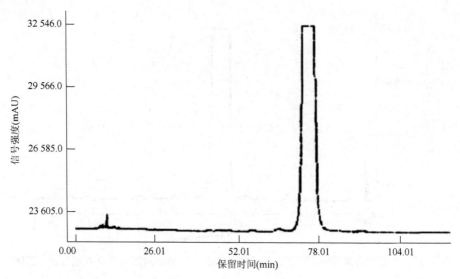

图 2-43　醋酸戈舍瑞林精制工艺，使用有关杂质方法Ⅴ得到的最终产物色谱图

有关杂质法Ⅴ属商业机密，无法详细展开

随着生命科学的发展，生物制品的分离纯化技术已成为生物技术实现产业化的关键，尤其是对推动我国多肽类保健食品和药品的产业化具有重要意义。目前这方面的研究十分活跃，且不断向纵深方向发展。各种新的分析方法、分离技术及联用技术将大大推动其研究进展，攻破了许多悬而未决的难题。在我国，多肽的研究开发虽起步较晚，基础和应用研究都很薄弱，但近几年研究逐渐活跃，取得了许多可喜的成果。未来生物活性多肽的研究主要集中于以下几个方面：①分离纯化方法的深度研究和工业化推广应用；②多肽结构的化学修饰，如多肽铁、锌化合物的制备等；③活性多肽作用机制的微观分析，多肽的化学合成等。

我国人口众多，市场巨大，开发蛋白质系列产品尤其是肽类制品的前景将十分广阔，效益将十分可观。相信在不久的将来，我国在具有特定生理功能活性肽的分离纯化及结构鉴定方面将会做出更卓越的贡献。

（宋　芸）

第三章 合成多肽的结构确证及质量研究

肽分子质量在 800Da 或 1000Da 以上时，很难有明确的熔点；同样，除了含 4~5 个以下残基的寡肽外，绝大多数肽的结构中含有大量化学环境很相似的—NH_2、—CONH—及饱和碳、氢原子，因此元素分析的数据没有实际意义；同样，红外光谱及磁共振（nuclear magnetic resonance，NMR）谱中的 ^{1}H-NMR 及 ^{13}C-NMR 的数据也很难逐一归属。因此，多肽化合物作为药物时一般不以上述分析数据为纯度及结构确证的依据。

多肽分子的立体化学分析方面，越来越多地采用旋光色散（ORD）、圆二色谱及二维 NMR 进行分析，它们可以深入地阐明肽键的二级及三级结构。这些研究对分析肽的立体化学尤其是整体构象与生物活性之间的关系很有意义，但在药品质量评审上尚不被列入标准。下面仅就适合于肽化合物质量控制的几种必需的分析形式予以介绍。

第一节 多肽化合物的结构确证

由氨基酸组成的多肽数目惊人，情况十分复杂，由 100 个氨基酸聚合成线性分子，可能形成 20 100 种多肽，仅由 Gly、Val、Leu 三种氨基酸就可组成 6 种三肽。因此，多肽结构的确定，尤其长链多肽结构的确定是一个相当重要也相当复杂的工作，纯的、单一的多肽，是保证肽结构确证的前提条件。

一、多肽的结构分析方法

（一）MS

MS 用于多肽序列测定时，灵敏度及准确性随分子量增大而明显降低。近年来，电喷雾电离质谱（electrospray ionisation，ESI）及基质辅助激光解析质谱（matrix assisted laser desorption/ionization，MALDI）等质谱软电离技术的发展与完善，使极性大分子多肽的分析成为可能，检测限可达 fmol 级，可测定的分子质量范围则高达 100kDa。目前 MALDI 已成为测定生物大分子，尤其是蛋白质、多肽分子量和一级结构的有效工具。

（二）NMR

由于信号的纯数字化、重叠范围过宽（由于分子量太大）和信号弱等，NMR 在多肽的分析中应用较少。随着二维、三维及四维 NMR 的应用，分子生物学、计算机处理技术的发展，NMR 才逐渐成为多肽分析的主要方法之一。NMR 可用于确定氨基酸序列和定量混合物中的各组分含量等，但应用于多肽分析中仍有许多问题需要解决。例如，如何使分子量大的多肽有特定的形状而便于定量与定性分析，如何缩短数据处理的时间等。这些问题均有不少学者在进行研究，NMR 用于含少于 30 个氨基酸的多肽分析时比较有效。

最近的超高场超导磁铁的建造已将 NMR 研究的分子质量范围扩展到 100kDa 以上，如此大的蛋白质分子，其 NMR 谱常遇到谱带增宽的问题，Wuthrich 等研究的横向弛豫优化光谱法（TRDSY）为此提供了解决方法。

（三）红外光谱

用红外光谱法研究多肽等的结构、构象，能反映与正常生理条件（水溶液、温度、酸碱性等）相似的情况下的生物大分子的结构变化信息，这是用其他方法难以做到的。

用傅里叶变换红外光谱方法研究蛋白质和多肽二级结构，主要是对红外光谱中的酰胺 I 谱带（氘带后，称酰胺 I′谱带）进行分析。酰胺 I 谱带为 α 螺旋、β 折叠、无规则卷曲和转角等不同结构振动峰的加和带，彼此重叠，在 $1620 \sim 1700 cm^{-1}$ 内通常为一个不易分辨的宽谱带。目前常应用去卷积、微分等数学方法，对加和带中处于不同波数的各个吸收峰进行分辨，最后经谱带拟合获得各个吸收峰的定量信息。

红外光谱可用于监测酰胺质子的交换速率。暴露于表面的质子比处于中心的质子 H/D 交换要快得多；内部伸缩区或参与二级结构形成的酰胺质子交换速率为中等。红外光谱可以提供多肽或蛋白质的所有氨基酸残基的信息。

（四）紫外光谱

在研究生物大分子的溶液构象时，紫外光谱是十分重要的方法。它对测定样品没有特殊要求，只需样品处于溶液状态即可，因此紫外光谱在探索生物大分子结构与功能的关系方面可获得有意义的信息。蛋白质在紫外光范围内（$250 \sim 300nm$）的光吸收主要是由于芳香族氨基酸 Trp 及 Tyr，其次是 Phe 和 His 的电子激发引起的。

（五）圆二色谱

多肽多为手性分子，实验室主要采用圆二色谱（circular dichroism spectrum，CD）研究分子的立体结构、反应动力学及在溶液中的构象变化等。CD 具有紫外光谱分析相同的精密度，但比紫外光谱的灵敏度高，而且在紫外光谱中重叠的峰，在 CD 谱中有可能分开。

CD 的测定通常是分子椭圆度[θ]的测定，它表示该物质由于分子的光学不对称性而对左、右圆偏振光有不同程度的吸收。根据 Cotton 效应，[θ]只在吸收峰有较大的值，并且与吸收峰波长位置相对应，而多肽的紫外吸收光谱主要有 2 个吸收峰，在 280nm 处的吸收峰由芳香族侧链引起（主要是 Tyr、Trp、Phe）。但在波长约低于 230nm 时，不但有其他氨基酸侧链的电子跃迁，还有肽链骨架本身电子位移的跃迁所引起的吸收，因而通过对这一区域的 CD 研究可以分析多肽主链的构象。

（六）X 射线晶体学

X 射线晶体学方法是迄今为止研究蛋白质结构最有效的方法，所能达到的精度是任何其他方法所不能比拟的。其缺点是蛋白质/多肽的晶体难以培养，晶体结构测定的周期较长。生物大分子单晶体的中子衍射技术用于测定生物大分子中氢原子的位置；纤维状生物大分子的 X

射线衍射技术用于测定这类大分子的一些周期性结构，如螺旋结构等；电子显微镜技术能够测定生物大分子的大小、形状及亚基排列的二维图像；它与光学衍射和滤波技术结合而成的三维重构技术能够直接显示生物大分子低分辨率的三维结构。

除上述方法之外，场解析质谱、生物鉴定法、放射性同位素标记法及免疫学方法等都已应用于多肽类物质的结构鉴定、分析检测之中。

二、多肽的一级结构确证

多肽的一级结构是指肽链中氨基酸的种类、数量及序列。一级结构的测定主要是了解组成多肽的氨基酸种类、各种氨基酸的相对比例并确定氨基酸的排列顺序。

（一）氨基酸定性及定量分析

已经纯化的多肽的氨基酸组成可以进行定量测定。首先通过酸水解破坏多肽的肽键，典型的酸水解条件是真空条件，110℃下用 6mol/L HCl 水解 16～72h，然后将水解的混合物（水解液）进行柱层析，通过柱层析可以将水解液中的每一个氨基酸分离出来并进行定量，这一过程称为氨基酸分析（图 3-1）。

$$多肽 \xrightarrow[H_2O]{HCl} 氨基酸 \xrightarrow{层析法分离} 各种氨基酸 \longrightarrow 各种氨基酸含量$$

图 3-1　氨基酸定量分析流程图

肽酶混合物也可用于完全水解肽。在酸性水解条件下，多肽溶于 6mol/L HCl 并密封在真空管中以最大限度地减少特殊氨基酸的水解。Trp、Cys 和胱氨酸对氧尤为敏感，为完全游离脂肪氨基酸，有时需要长达 100h 的水解时间。但在如此强烈的水解条件下，含羟基的氨基酸（Ser、Thr 和 Tyr）会部分降解，大部分 Trp 被降解，而且 Gln 和 Asn 会转化为 Glu 和 Asp 的铵盐，因此只能确定各混合氨基酸的含量，如 Asx（＝Asn＋Asp）、Glx（＝Glu＋Gln）和 NH_4^+（Asn＋Gln）。Trp 在碱性水解时大部分不会被破坏，但会引起 Ser 和 Trp 的部分分解，Arg 和 Cys 也可能被破坏。从灰色链霉菌得到的相对非专一性的肽酶混合物链霉蛋白酶常用于酶解。但肽酶的用量不应超过被水解多肽质量的 1%，否则，酶自身降解的副产物可能污染终产物。

（二）端基分析

1. N 端氨基酸分析

（1）埃德曼（Edman）降解法——异硫氰酸苯酯（PTH）法：在测定 N 端氨基酸的方法中，埃德曼降解法是最通用的途径。本方法的特点：除多肽 N 端的氨基酸外，其余氨基酸会保留下来，可连续不断地测定其 N 端氨基酸。

多肽与 PTH 反应时，N 端氨基对试剂进行亲核性进攻，生成多肽的苯基氨酰衍生物。该试剂用酸处理时，分子内键断裂，生成 N 端氨基酸的衍生物，多肽的其余部分完整保留。利用色谱分析即可确定 N 端残基。依此循环，可不断地确定新的 N 端氨基酸，直至所有的氨基酸被测定。蛋白质测序仪即是基于这种原理设计的，流程如图 3-2 所示。

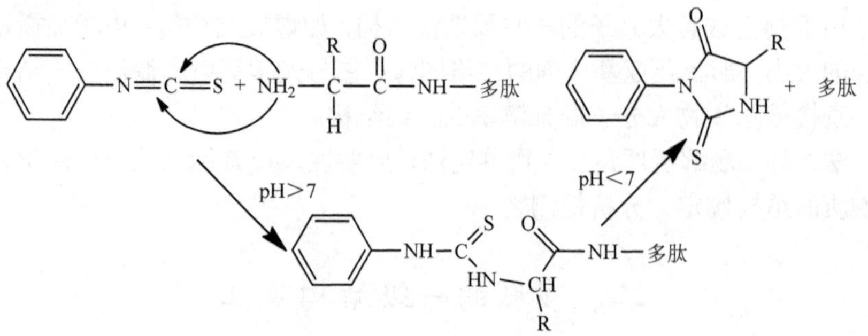

图 3-2   埃德曼降解法流程图

（2）桑格尔（Sanger）法——2, 4-二硝基氟苯法：除埃德曼降解法以外，最常用的是桑格尔法。桑格尔于 1945 年发明了此试剂，并用来测定蛋白质的结构，1955 年报道了其在胰岛素结构测定中的应用，由于这一贡献他荣获了 1958 年的诺贝尔化学奖。在桑格尔法中，2, 4-二硝基氟苯与 N 端氨基酸的氨基反应后，分离出 *N*-二硝基苯基氨基酸，用色谱法分析，即可确定 N 端氨基酸（图 3-3）。但用该方法测定时所有的肽键都会被水解，无法按顺序依次测定。

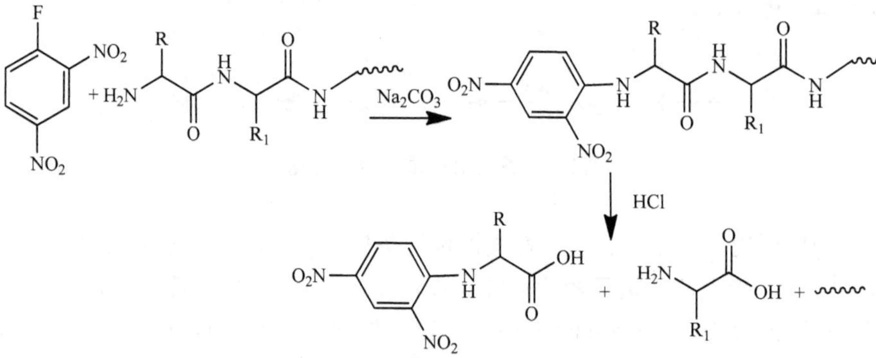

图 3-3   桑格尔法流程图

（3）丹磺酰氯（1-三甲氨基萘-5-磺酰氯）法：该方法采用丹磺酰氯酰化多肽的 N 端氨基酸，水解多肽衍生物中的酰胺键，可以不破坏 N 端氨基与试剂生成的键；用色谱分析即可确定 N 端氨基酸。该方法同桑格尔法一样，为了测定一个端基，必须破坏所有肽键。

2. C 端氨基酸分析

（1）多肽与肼反应：所有的肽键（酰胺）都与肼反应而断裂成酰肼，只有 C 端的氨基酸有游离的羧基，不会与肼反应生成酰肼。换言之，与肼反应后仍具有游离羧基的氨基酸就是多肽的 C 端氨基酸，因此可用于 C 端氨基酸测定。

（2）羧肽酶水解法：在羧肽酶催化下，多肽链中只有 C 端的氨基酸能逐个断裂下来，然后可以进行氨基酸测定。该方法的不利之处在于，酶会不停地催化水解，直到肽键完全水解为组分氨基酸。与埃德曼降解法不同，虽然该法可以完成寡肽的分析，但是每步不易控制。

（三）肽链的选择性断裂及鉴定

上述测定多肽结构顺序的方法，不适用于分子量大的多肽，大分子多肽的序列测定，需将多肽用不同的蛋白酶进行部分水解，使之生成二肽、三肽等碎片，再用端基分析法分析各碎片的结构，最后比较各碎片的排列顺序进行合并，推断出多肽的氨基酸序列。

胰蛋白酶在 Lys 和 Arg 肽键的 C 端裂解，因此获得 C 端为 Lys 或 Arg 的片段。原则上，可以用任何酰化试剂封闭 Lys 的 ε-氨基，将裂解限制在 Arg 肽键。当用柠康酐和三氟乙酸乙酯作为保护基时，经吗啡啉或非常温和的酸处理即可使 Lys 侧链游离出来，用于第二次胰蛋白酶酶解。另外，Cys 可被 β-卤代胺（如 2-溴乙胺）烷基化，得到带正电荷的残基可用于胰蛋白酶裂解。

与胰蛋白酶不同，凝血酶更具专一性，只能裂解有限的 Arg 肽键。但有时水解很慢而导致底物不完全降解。从厌氧菌溶组织梭状芽孢杆菌中提取的梭菌蛋白酶能选择性水解 Arg 肽键，而水解 Lys 肽键的速度很慢。从金黄色葡萄球菌中提取的 V8 蛋白酶可高度专一性水解 Glu 肽键，因此被广泛应用于序列分析。专一性较低的糜蛋白酶降解可得到另一些 C 端含芳香性或脂溶性氨基酸的碎片。

对于选择性化学裂解，BrCN 和 N-溴代丁二酰亚胺是通用的优选试剂，BrCN 在酸性条件下（0.1mol/L HCl 或 70%甲酸）能使蛋白质变性，并促使 Met 形成一个肽基高丝氨酸内酯，释放氨酰基肽。

Trp 是另一个在多肽中较少见的氨基酸，因此，Trp 肽键的断裂也可形成较大的多肽片段。N-溴代丁二酰亚胺不仅裂解 Trp 肽键，也裂解 Tyr 肽键。2-（2-硝基苯基-亚磺酰基）-3-甲基吲哚和 N-溴代丁二酰亚胺原位生成的 2-（2-硝基苯基-亚磺酰基）-3-甲基-3-溴甲吲哚或 2-亚碘酰基苯甲酸，对 Trp 肽键断裂更具选择性。

以下为肽链的选择性断裂及鉴定的实例。

例：某八肽的氨基酸序列测定。

完全水解后，经分析氨基酸的组成为 Ala、Leu、Lys、Phe、Pro、Ser、Tyr 和 Val。

端基分析：N 端为 Ala，C 端为 Leu。

糜蛋白酶催化水解：分离得到 Tyr，一种三肽和一种四肽。

用埃德曼降解法分别测定三肽、四肽的顺序，结果为 Ala-Pro-Phe 和 Lys-Ser-Val-Leu。

由上述信息可知，该八肽的氨基酸序列为 Ala-Pro-Phe-Tyr-Lys-Ser-Val-Leu。

（四）二硫键的裂解

二硫键的定位通常在氨基酸序列分析的最后一步进行。分离二硫键连接的肽链，需要对二硫键进行裂解，但会破坏二硫键所稳定的多肽的构象，多肽的水解应在二硫键交换最少的条件下进行，还原或氧化可裂解分子间或分子内二硫键。

用过甲酸氧化能将所有 Cys 残基氧化为磺基丙氨酸。因为磺基丙氨酸在酸碱条件下都稳定，因此可用来定量 Cys 残基的数量。但 Met 残基氧化为甲硫氨酸亚砜和砜，以及 Trp 侧链的部分降解是这一方法的最大弱点。使二硫键还原断裂常用过量的硫醇，如 2-巯基乙醇，1,4-二硫苏糖醇（克莱兰试剂）/1,4-二硫赤藓糖醇，产生的游离硫醇基通过碘乙酸的烷基化作用封闭，以阻止其在空气中再次氧化。

第二节 多肽原料药的质量研究

合成多肽作为一类具有生物活性的药物，越来越多地用于治疗、预防和诊断疾病。其结构远比小分子化学药物复杂：具有与小分子多肽类似的肽链长度；存在二硫键连接、环化作用和分支作用所产生的二级结构；存在包括糖基化、酰化和烷化等形式的修饰作用。

为保证多肽的质量，必须对多肽药物生产工艺的全过程进行优化确认，其中包括建立稳定的生产工艺，可靠的制备和纯化程序，以及最终合成多肽的理化性质的确定和肽图分析等。

一、合成多肽的纯度检查

多肽纯度检查通常采用 RP-HPLC，后来毛细管电泳也逐渐成为多肽药物分析的通用工具。由于分离机制不同，毛细管区带电泳（CZE）被认为是 RP-HPLC 的良好补充。毛细管区带电泳根据多肽片段的质荷比对其进行分离，而 RP-HPLC 根据多肽的疏水性差异进行分离。疏水性差异小不能用 RP-HPLC 分离的多肽，可以根据质荷比的不同用毛细管区带电泳分离。因此在 RP-HPLC 中显示比较纯的多肽峰，在毛细管区带电泳中往往会出现多重峰，而且，毛细管区带电泳仅需要极少量样品即可进行检测。因此，几乎所有的样品都可以用于后续的序列分析。

二、合成多肽理化性质均一性的确定

目前，在对多肽药物理化性质均一性的分析方法中，序列分析（N/C 端）、肽图（尤其是大于 20 个氨基酸残基的肽类）、MS 分析及氨基酸组成分析是使用最普遍的技术。

阐明多肽的结构、功能及对多肽进行深入研究都离不开对其一级结构、修饰位点等的了解。在蛋白酶（如胰蛋白酶）或化学试剂（如 BrCN）作用下，多肽可被部分裂解，对多肽片段混合物进行有效分离获得的 RP-HPLC 图即称为该肽的肽图。肽图法已成为 RP-HPLC 在多肽分析中最重要、最广泛的应用，已用于多肽药物的质量控制、疾病诊断等诸多领域。

RP-HPLC 中常采用 C-18 柱，由于酶消化产物含有大量疏水性不同的多肽片段，因此多采用较窄的梯度并延长梯度时间。由于蛋白质酶解产物中多肽片段分子量通常较小，借助 RP-HPLC 进行多肽分析可得到重复性好、分辨率高的结果。已有多种多肽或蛋白质用 RP-HPLC 进行了肽图分析（表 3-1）。肽图分析有利于确定产物的一级结构，并有可能确定修饰位点。

表 3-1　利用肽图分析的多肽或蛋白质

多肽或蛋白质	反相柱	洗脱液 A	洗脱液 B	梯度
人生长激素	Vydac C-18	0.5% TFA/H_2O	ACN	5%～55%B，0～50min
人粒细胞集落刺激因子	Vydac C-4	0.1% TFA/H_2O	0.1% TFA/ACN	0%～60%B，0～120min
聚乙二醇-人生长激素	Nucleosil C-18	0.5% TFA/H_2O	ACN	12%～30%B，0～70min 30%～100%B，70～80min 100%B，80～90min
放射性碘标记鲑鱼降血钙素	PhenomenexW-po-rex5 C-18	0.1%TFA/H_2O	0.1% TFA/ACN	0%B，0～8min 0%～55%B，8～50min

注：TFA. 三氟乙酸；ACN. 乙腈

三、合成多肽的有关物质检查

合成多肽的有关物质主要为合成过程带入的工艺杂质和由于多肽不稳定而产生的降解产物及聚合物等。

尽管目前合成多肽纯化工艺已经有了很大进步，但工艺杂质仍是合成多肽中有关物质的重要来源。多肽合成过程中的一些工艺杂质（如缺失肽、断裂肽、氧化肽、二硫键交换产物）与药物本身的性质可能非常近似，给纯化造成了一定困难。而且，多肽合成方法在很大程度上决定了终产品中杂质的性质，液相合成与固相合成所引入的工艺杂质不同，固相 Boc 保护策略与 Fmoc 保护策略所产生的杂质也有差异，甚至不同的保护/脱保护策略也会产生不同的工艺杂质。因此，在进行合成多肽的相关物质的研究时，必须结合自身的工艺特点，对可能引入的杂质进行检测，建立有针对性的有关物质研究方法。同时，这也意味着仿制多肽药物不能盲目照搬国家标准或已上市产品的有关物质检查方法，必须充分考虑到产品自身的工艺特点。

多肽降解产物、聚合物等是合成多肽有关物质研究的主要对象之一。影响合成多肽稳定性的因素包括脱酰胺、氧化、水解、二硫键错配、消旋、β-消除及聚集等，在各种氨基酸中，Asp 和 Glu 易于发生脱酰胺反应（尤其是在 pH 升高和高温条件下）；Met、Cys、His、Ser 及 Tyr 易于氧化，对光照也较为敏感；Asp 参与形成的肽链则易断裂，尤其是 Asp-Pro 和 Asp-Gly 肽键。由于一个多肽中通常会含有多种不稳定性的氨基酸残基或肽键，因此合成多肽降解机制和降解产物较为复杂。

对合成多肽药物，尤其是全新的合成多肽的有关物质，通常需结合不同的方法进行有关物质研究。一般认为，对多肽药物杂质认知的程度与研究中使用的独立技术的数量成正比。常见的合成多肽的有关物质研究方法包括基于各种不同原理的 HPLC（如 RP-HPLC、离子交换HPLC、分子排阻 HPLC）、毛细管电泳、聚丙烯酰胺凝胶电泳及激光散射等。激光散射是目前测定多肽中聚合物的有效方法。

RP-HPLC 是最常用的合成多肽有关物质研究方法。但采用简单的等度洗脱的方法，往往很难充分检出产品中存在的各种有机杂质。以生长抑素为例，采用梯度洗脱方法，无论是检出的杂质个数还是检出杂质的含量，均明显高于等度洗脱方法。国外上市的合成多肽药物（醋酸丙氨瑞林、醋酸奥曲肽、特利加压素、鲑降钙素及生长抑素等）的有关物质检查方法多采用梯度洗脱方法。

四、合成多肽的二硫键分析

二硫键的巯基与多肽的生物活性密切相关。尽管目前可以用 X 射线晶体法及 NMR 技术测定小分子多肽的二硫键配对方式，但较复杂的多肽，二硫键的定位仍是采用生化、MS 及测序等联合方法来进行。

（一）部分还原测序法

先将多肽与还原剂三（2-羧乙基）膦（TCEP）快速反应，使其部分二硫键打开，然后用HPLC 快速分离，并迅速用烷基化试剂碘代乙酰胺对各组分进行烷基化，被烷基化的组分，再用 4-乙烯吡啶还原和烷基化，最后用埃德曼降解法测定其序列，从而测出不同烷基化的 Cys 的位置。一般需测出 2 个衍生物才能确定二硫键的配对方式。该方法的关键是控制好第一步烷基化条件，TCEP 可在酸性条件下还原，有效减少二硫键的交换。

（二）酶解-MS 法

该方法是用专一性酶将多肽在特定位置切断，然后用 HPLC 纯化各裂解片段，以 MS 测定，根据分子离子峰值推测可能的片段，然后将各片段组合分析，推断结构。该方法有时只能判断一种可能的连接方式，还需半还原标记测序或半还原后进行 MS 测定，才能分析出全面的二硫键连接方式。使用的酶一般为胰凝乳蛋白酶、胰蛋白酶和嗜热芽孢杆菌蛋白酶。

（三）酶解-测序法

该方法基本流程同酶解-MS 法，所用的酶较多，测序量较大。

以上三种方法，部分还原测序法较为简便。实践中，酶解、测序和 MS 需综合运用，方可更好地检测二硫键的配对方式。

五、合成多肽非对映异构体杂质的检查

氨基酸多为手性分子，在多肽合成的过程中不可避免地存在消旋化的可能。由于多肽药物的生物活性与其立体构型密切相关，因此有必要对多肽合成中的氨基酸消旋化及非对映异构体杂质进行研究和控制，而非对映异构体杂质的色谱行为多与主成分非常接近，常规的有关物质检查方法通常很难达到检测要求。非对应异构体杂质研究及控制主要包括以下内容。

（一）加强起始物料的质控

合成多肽的各手性中心直接来源于合成起始的各种保护氨基酸，因此应注意对合成起始原料光学纯度的质量控制。目前国内起始原料的内控标准中，通常仅对比旋度进行控制。由于比旋度检查方法在专属性、灵敏度方面的限制，往往不能有效地控制氨基酸的光学纯度，对比旋度数值较小的保护氨基酸更是如此。采用专属性强的手性 HPLC 对起始原料的光学纯度进行控制相对较好。

（二）注意工艺过程的控制

多肽合成中肽键的形成与消旋是相互竞争的，因此应结合消旋机制，注意氨基酸侧链保护基及缩合剂的选择，对投料比及反应条件进行考察，尽量降低消旋程度。肽链中含有易消旋的氨基酸时，更应注意对合成工艺的研究，可考虑在易消旋氨基酸的缩合步骤，采用 *D*-氨基酸制备差向异构体对照品，通过合适的色谱条件检测所选工艺条件下氨基酸的消旋程度，对氨基酸缩合工艺优化改进。据报道，在对四肽片段（NH$_2$-His-Gly-Glu-Gly-COOH）固相合成 His 缩合步骤的消旋情况的研究中，研究者通过采用高效的缩合试剂、增加 Fmoc-His（Trt）-OH 的投料量的方式，可加快肽键缩合速度，降低 His 消旋风险，His 的消旋程度可降低 50%左右。

（三）选择合适的检测方法

与其他合成药物的有关物质研究相同，合成多肽中非对映异构体杂质也可采用 HPLC 检查，最常用的是 RP-HPLC，采用 C-18、C-8 或 C-4 柱等。但随着肽链的增长，少数氨基酸消旋产生的非对应异构体杂质采用 RP-HPLC 常常无法有效检出，可根据产品的性质尝试考察其他不同原理的色谱系统，如离子交换色谱、毛细管电泳等。某多肽创新药物（30 肽以上）在研发的早期，采用 RP-HPLC 测定样品纯度为 97.8%，而采用强阳离子交换色谱法测定纯度仅 88.0%，其中 His 差向异构体杂质高达 9.8%，经制备工艺的改进优化，His 差向异构体杂质得到了良好的控制。

六、合成多肽人为修饰的检测

一般认为，即使是从非常均一的同种多肽开始，人为修饰也能导致均一或非均一的最终产品，这与修饰位点的数目有关。确定同质性或异质性的出发点可能采用不同的色谱方法，并根据所需测定的修饰方法进行调整。重要的是能维持和证明批与批之间的一致性。

七、合成多肽生物学效价的测定

一般的合成短肽结构简单，没有空间构象的影响，可以不设活性效价检测项目。也有一些合成多肽具有可测定的生物学或免疫学特性。在某些情况下，效价测定可能是稳定性评价的一个较好的指标，也可采用与稳定性相关性更好的新分析方法。

第三节　多肽药物药典标准实例

一、曲普瑞林的《中华人民共和国药典》标准

醋酸曲普瑞林

Cusuan Qupuruilin

Triptorelin Acetate

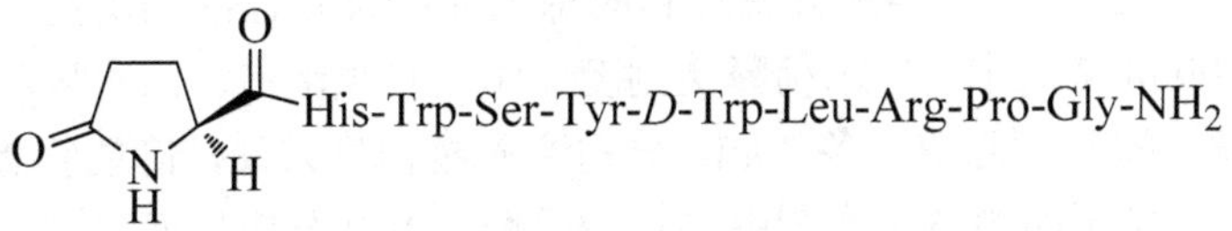

His-Trp-Ser-Tyr-*D*-Trp-Leu-Arg-Pro-Gly-NH₂

$C_{64}H_{82}N_{18}O_{13} \cdot x\,C_2H_4O_2$ (x =1.5～2.5)　　1311.46 · x60.02

本品系化学合成的十肽，为 5-氧代脯氨酰-*L*-组氨酰-*L*-色氨酰-*L*-丝氨酰-*L*-酪氨酰-*D*-色氨酰-*L*-亮氨酰-*L*-精氨酰-*L*-脯氨酰-甘氨酰胺醋酸盐。按无水、无醋酸物计算，含 $C_{64}H_{82}N_{18}O_{13}$ 应为 97.0%～103.0%。

【性状】本品为白色粉末或疏松块状物。本品在水中易溶，在甲醇、乙醇中微溶，在乙醚中几乎不溶。

比旋度　取本品适量，精密称定，加 1%醋酸溶液溶解并定量稀释制成每 1ml 中约含 10mg 的溶液，依法测定（通则 0621），按无水、无醋酸物计算，比旋度为–72.0°～–66.0°。

【鉴别】

（1）取本品约 1mg，加水 1ml 使溶解，加双缩脲试液（取硫酸铜 0.15g，加酒石酸钾钠 0.6g，加水 50ml，搅拌下加入 10%氢氧化钠溶液 30ml，加水至 100ml）1ml，即显蓝紫色。

（2）在含量测定项下记录的色谱图中，供试品溶液主峰的保留时间应与对照品溶液主峰的保留时间一致。

（3）本品的红外光吸收图谱应与对照品的图谱一致（通则 0402）。

【检查】酸度　取本品 10mg 加水 10ml 使溶解，依法测定（通则 0631），pH 应为 5.0～6.0。

溶液的澄清度与颜色　取本品 10mg，加水 10ml 使溶解，依法检查（通则 0901 第一法和通则 0902 第一法），溶液应澄清无色。

氨基酸组成　取本品 5mg，置硬质安瓿瓶中，加 6mol/L HCl 溶液 5ml，充氮后封口，于 110℃下反应 24h，冷却，启封，水浴蒸发至近干，加水溶解至适当浓度，作为供试品溶液；另取甘氨酸、组氨酸、精氨酸、酪氨酸、亮氨酸、脯氨酸、谷氨酸及丝氨酸各对照品，制成与供试品中各氨基酸浓度相当的溶液，作为对照品溶液。照适宜的氨基酸分析方法测定。以各氨基酸总摩尔数的 1/8 作为 1，计算各氨基酸的相对比值，甘氨酸、组氨酸、精氨酸、酪氨酸、亮氨酸、脯氨酸、谷氨酸均应为 0.9～1.1，丝氨酸应为 0.85～1.1。

醋酸　取本品适量，精密称定，加水溶解并稀释制成每 1ml 含 1mg 的溶液，作为供试品溶液。另取醋酸钠适量，精密称定，加水溶解并稀释制成每 1ml 中含醋酸 80μg 的溶液，作为对照品溶液。照合成多肽中的醋酸测定法（通则 0872）测定试验，用合适的阴离子交换柱，以含 1mmol/L 碳酸氢钠和 3.2mmol/L 碳酸钠的混合液为淋洗液，流速为 1ml/min，以电导检测器并行测定。精密量取上述两种溶液各 20μl，分别注入液相色谱仪，记录色谱图，按外标法以峰面积计算，含醋酸不得超过 8.0%。

残留溶剂　取本品适量，精密称定，加水溶解并稀释制成每 1ml 中含曲普瑞林 100mg 的溶液，精密量取 1ml，置顶空瓶中，密封，作为供试品溶液；另取乙腈适量，精密称定，用水定量稀释制成每 1ml 中含 41μg 的溶液，精密量取 1ml，置顶空瓶中，密封，作为对照品溶液。照残留溶剂测定法（通则 0861 第一法）试验。以聚乙二醇 20M（或极性相近）为固定液；柱温为 60℃；进样口温度为 200℃；检测温度为 250℃；顶空瓶平衡温度为 85℃，平衡时间 40min。取供试品溶液与对照品溶液分别顶空进样，记录色谱图。按外标法以峰面积计算，乙腈的残留量应符合规定。

有关物质　取本品适量，加水溶解并稀释制成每 1ml 中含 0.1mg 的溶液，作为供试品溶液；精密量取 1ml，置 100ml 量瓶中，用水稀释至刻度，作为对照溶液。照含量测定项下的色谱条件，精密量取供试品溶液与对照溶液各 20μl，分别注入液相色谱仪，记录色谱图至主成分色谱峰保留时间的 2.5 倍。供试品溶液色谱图中如有杂质峰，单个杂质峰面积不得大于对照溶液主峰面积的 0.5 倍（0.5%），各杂质峰面积的和不得大于对照溶液主峰面积的 2 倍（2.0%）。

水分　取本品适量，照水分测定法（通则 0832 第一法 2）测定，含水分不得超过 7.0%。

【含量测定】照 HPLC 法（通则 0512）测定。

色谱条件与系统适用性试验　以十八烷基硅烷键合硅胶为填充剂，以 0.05mol/L 磷酸溶液（用三乙胺调节 pH 至 3.0）-乙腈（73：27）为流动相，流速为 1.0ml/min，检测波长为 210nm。取杂质 I 对照品与醋酸曲普瑞林对照品适量，加水溶解并稀释制成每 1ml 中分别含 0.1mg 的混合溶液，取 20μl 注入液相色谱仪，记录色谱图，理论板数按曲普瑞林峰计算不低于 3000。杂质 I 峰与醋酸曲普瑞林峰的分离度应符合要求。

测定法　取本品适量，精密称定，加水溶解并定量稀释制成每 1ml 中含 0.1mg 的溶液，精密量取 20μl 注入液相色谱仪，记录色谱图。另取醋酸曲普瑞林对照品适量，同法测定。按外标法以峰面积计算，即得。

【类别】GnRH 类药。

【贮藏】遮光，2～8℃保存。

【制剂】醋酸曲普瑞林注射液。

附：杂质 I（曲普瑞林游离酸）

Pyr-His-Trp-Ser-Tyr-*D*-Trp-Leu-Arg-Pro-Gly-OH $C_{64}H_{81}N_{17}O_{14}$ 1312.5

二、醋酸戈舍瑞林的《美国药典》标准（译）

醋酸戈舍瑞林

Goserelin Acetate

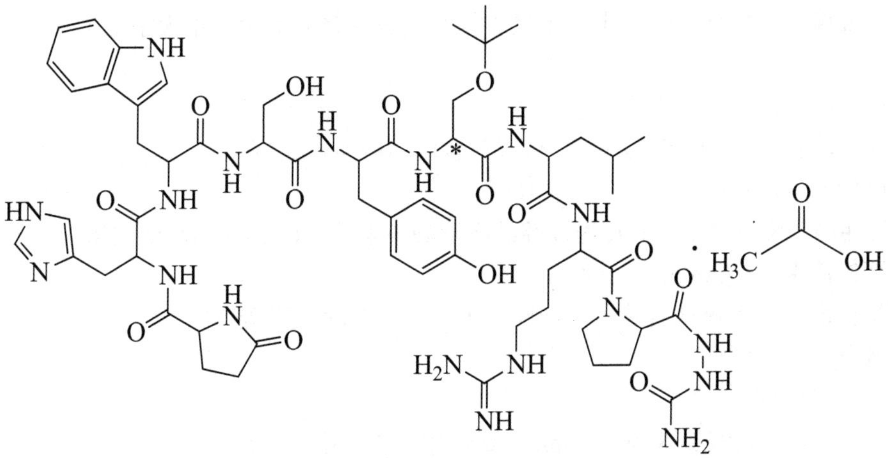

$C_{59}H_{84}N_{18}O_{14} \cdot xC_2H_2O_2$，1269.41[65807-02-5]

pGlu-His-Trp-Ser-Tyr-*D*-Ser(But)-Leu-Arg-AzaGly

本品为化学合成的九肽，并以醋酸盐的形式存在，为天然 GnRH 戈那瑞林的结构类似物。按无水、无醋酸物计算，含 $C_{59}H_{84}N_{18}O_{14}$ 应为 94.5%～103.0%。

【鉴别】在 HPLC 中，戈舍瑞林供试品溶液主峰的保留时间应与对照品溶液主峰的保留时间一致。

含量测定

流动相：经过滤和脱气的水、乙腈和 TFA（1600∶400∶1）。

对照品溶液：配制 1mg/ml 醋酸戈舍瑞林标准品水溶液。

稀释对照品溶液：量取 1ml 上述对照品溶液至 10ml 容量瓶中，加水稀释至刻度。

戈舍瑞林相关物质溶液：溶解戈舍瑞林相关物质 A 于水中，制备成浓度 0.1mg/ml 水溶液，然后和等体积的对照品溶液混合。

系统适应性溶液：用 1ml 水溶解一瓶戈舍瑞林系统适应性混合物。

样品溶液：制备 1mg/ml 醋酸戈舍瑞林水溶液。

色谱系统：（见色谱法<621>，系统适用性）。

系统模式：液相色谱。

检测波长：紫外线波长 220nm。

色谱柱：4.6mm×15cm；填料粒径 3.5μm。

柱温：50～55℃。

流速：1ml/min。

进样量：10μl。

系统适用性

样品：标准品溶液、样品溶液和系统适用性溶液。

系统适用性要求

[注：系统适用性溶液的主峰前面可出现两个小峰]

样品溶液：在戈舍瑞林峰和戈舍瑞林相关物质 A（4-D-丝氨酸-戈舍瑞林）峰之间不低于 7.0。

保留时间：样品溶液中，戈舍瑞林的出峰时间为 40～50min。

相对标准偏差：标准品溶液中，重复进样，戈舍瑞林峰的偏差不大于 2.0%。

分析

样品：标准溶液和样品溶液。

计算戈舍瑞林（$C_{59}H_{84}N_{18}O_{14}$）在醋酸戈舍瑞林中所占比例。

所占比例 =（r_u/r_s）×（C_s/C_u）×100

式中，r_u 为样品溶液峰值响应；r_s 为标准品溶液峰值响应；C_s 为标准品溶液浓度（mg/ml）；C_u 为样品溶液的浓度（mg/ml）。

可接受标准：戈舍瑞林含量为 94.5%～103%（无水和无乙酸）。

其他成分

乙酸的含量限度

流动相：49.04g 硫酸加入到 1000ml 容量瓶中，加水稀释至刻度，充分混合。精确量取 20ml 此溶液至 2000ml 容量瓶中，再加水稀释至刻度，混合、过滤和脱气。

标准原液：量取 2.0ml 冰醋酸至 500ml 容量瓶中，用流动相稀释至刻度，混合。

标准溶液：量取 5.0ml 标准原液至 100ml 容量瓶中，用流动相稀释至刻度，混合。

样品溶液：稀释约 20mg 醋酸戈舍瑞林，精密称重，溶解在 2～3ml 流动相中。将装有填料 L144 的 1ml 药筒连接到装有填料 L2 的 1ml 药筒，然后再将其连接到适当的真空设备上。启动真空，用 2ml 甲醇和 15ml 流动相清洗药筒组合，丢弃清洗液。定量地将含有样品的溶液应用于药筒组合，并用少量体积的流动相清洗药筒系统。收集溶液和清洗液至 10ml 容量瓶中，并用流动相稀释至刻度。

色谱系统

（见色谱法<621>，系统适用性）[注：处理柱子 24h 直至得到稳定的基线]

模式：液相色谱。

检测波长：紫外线波长 206nm。

柱子：7.8mm×30cm；填料 L17。

柱温：65℃。

流速：0.8ml/min。

进样量：100μl。

系统适用性

样品：标准溶液。

[注：乙酸峰的保留时间约 11min]

系统适用性要求

拖尾因子：≤2.0。

相对标准偏差：≤3.1%。

分析

样品：标准溶液和样品溶液。

计算醋酸戈舍瑞林中乙酸含量的公式：

乙酸含量 =（r_u/r_s）×（$1/W$）×（1.049/5）

注：r_u 为样品溶液的峰值响应；r_s 为标准溶液的峰值响应；W 为样品溶液中所含醋酸戈舍瑞林的量（不含水）。

可接受标准：4.5%～15.0%。

杂质

有机杂质：相关物质。

流动相，标准溶液，稀标准溶液，戈舍瑞林相关物质溶液，系统适用性溶液，样品溶液和色谱系统：与含量测定项下相同。

稀释样品溶液：量取 1ml 样品溶液至 100ml 容量瓶中，用水稀释至刻度。

系统适用性

样品：戈舍瑞林相关物质溶液和系统适用性溶液中，戈舍瑞林峰的保留时间在 40～50min，各相关物质溶液的相对保留时间如表 3-2 所示。可以看出在系统适用性溶液中，戈舍瑞林对应的主峰前面有四个峰，分别对应于 4-D-丝氨酸-戈舍瑞林、脱氨甲酰基戈舍瑞林、5-D-酪氨酸戈舍瑞林和 2-D-组氨酸戈舍瑞林。

表 3-2　戈舍瑞林相关物质溶液的相对保留时间

相关物质名称	相对保留时间
4-D-丝氨酸戈舍瑞林	0.67
脱氨甲酰基戈舍瑞林	0.89
5-D-酪氨酸戈舍瑞林	0.92
2-D-组氨酸戈舍瑞林	0.94
戈舍瑞林	1.0

分辨率：相关物质溶液分辨率≥7.0。

柱效率：系统适用性溶液，其理论塔板数≥2000。

拖尾因子：系统适用性溶液，其拖尾因子≤2.0。

相对标准偏差：系统适用性溶液，其相对标准偏差≤2.0%。

分析实验

样品：样品溶液和稀释的样品溶液。

计算戈舍瑞林相关物质在醋酸戈舍瑞林中所占的比例采用如下公式：

$$结果 = r_l/r_u$$

式中，r_i 为样品溶液中每个杂质对应的峰；r_u 为稀样品溶液中戈舍瑞林对应的主峰。

可接受标准：脱氨甲酰基戈舍瑞林的量不超过 1.0%，其他杂质的量不超过 0.5%，总杂质不超过 2.5%。

特殊实验

氨基酸含量分析：NMR<761>[注：标准溶液和样品溶液中戈舍瑞林的浓度要相等（小于 5%误差），可根据 ^{13}C-NMR 光谱进行调整。标准溶液和样品溶液的光谱数据也要在相同的实验条件下获得。所获得的光谱需具有足够的质量，以便能够获得所规定的共振积分的量化。标准溶液和样品溶液的光谱数据和积分要可重复且均一]。

标准溶液：用氘代水溶解醋酸戈舍瑞林标准品，制备成浓度为 10%(w/V)溶液，用氘代乙酸调整 pH 4.0。

样品溶液：制备 10%(w/V)醋酸戈舍瑞林氘代水溶液，用氘代乙酸调节 pH 4.0。

分析实验：得到标准溶液和样品溶液的 ^{13}C 质子-去偶合 NMR 光谱，两种溶液的光谱结果相同，所有共振峰和化学位移值一致（戈舍瑞林为±0.1ppm，乙酸为±0.5ppm）。将每个氨基酸对应的近似化学位移值的共振值（ppm）进行积分（表 3-3）。

表 3-3　戈舍瑞林各氨基酸的近似共振值

氨基酸	共振值（ppm）
偶氮甘氨酸	162.2
组氨酸	118.4
酪氨酸	116.7
叔丁基丝氨酸	62.5
丝氨酸	62.2
色氨酸	55.7
精氨酸	41.8
焦谷氨酸	26.3
脯氨酸	26.0
亮氨酸	23.5

采用如下公式，根据积分计算标准溶液和样品溶液中各氨基酸的比例。

$$结果 = r_u/r_s$$

式中，r_u 为样品溶液中指定氨基酸的共振积分；r_s 为标准溶液中指定氨基酸的共振积分。

可接受标准：所得比率在以下范围内：组氨酸，酪氨酸，叔丁基丝氨酸，丝氨酸，色氨酸，精氨酸，焦谷氨酸，脯氨酸和亮氨酸为 0.9～1.1；偶氮甘氨酸为 0.8～1.2。

旋光：比旋度<781S>。

样品溶液：浓度 2mg/ml 的水溶液，无水和无乙酸。

比旋度可接受标准：–56°～–52°。

细菌内毒素实验<85>：≤16IU/mg，如果作为肠外制剂来使用，生产过程中不需要进一步除内毒素的操作过程。

含水量测定：方法Ⅰ<921>：≤10.0%。

其他要求

包装和储存：密封、避光、冷冻保存。

三、醋酸戈舍瑞林《欧洲药典》标准（译）

戈舍瑞林

Goserelin

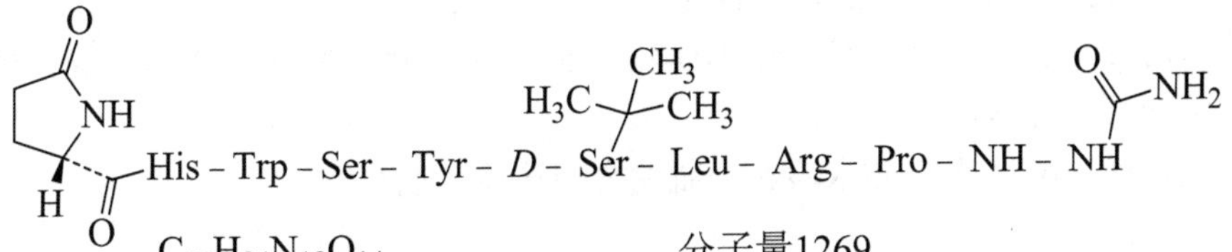

His – Trp – Ser – Tyr – D – Ser – Leu – Arg – Pro – NH – NH

$C_{59}H_{84}N_{18}O_{14}$　　　　　分子量1269

[65807-02-5]

定义：pGlu-His-Trp-Ser-Tyr-D-Ser（But）-Leu-Arg-Pro-AzaGly，为下丘脑分泌的九肽戈那瑞林人工合成类似物。通过化学合成方法得到，并以乙酸盐的形式存在。

含量：肽（$C_{59}H_{84}N_{18}O_{14}$，不含水和乙酸）含量94.5%～103.0%。

性质：①外观：白色或类白色粉末。②溶解性：溶于水，极易溶于冰醋酸，溶于稀酸和稀碱溶液中。

鉴别：进行试验 A 和 B 或试验 B 和 C。

A. NMR 光谱（2.2.64）

样品准备：制备 13mg/ml 的戈舍瑞林样品溶液，溶解在 0.2mol/L 氘代磷酸钠缓冲溶液（pH 5.0，含 20μg/ml 氘代三甲基丙酸钠）中。

参比溶液：制备 13mg/ml 的戈舍瑞林对照品溶液，溶解在 0.2mol/L 氘代磷酸钠缓冲溶液（pH 5.0，含 20μg/ml 氘代三甲基丙酸钠）中，用于 NMR 鉴定（溶解一瓶戈舍瑞林标准品于上述溶剂中，制备成指定浓度）。

试验条件

场强度：最小 300MHz。

温度：25℃。

结果：^{1}H-NMR 试验中，从 0～9ppm 进行扫描，样品溶液和对照品溶液的 ^{1}H-NMR 光谱结果一致。

B. HPLC

检查分析获得的 HPLC 图。

结果：试验溶液色谱图中的主峰，其保留时间和大小与对照品溶液色谱图中的主峰一致。

C. 氨基酸分析（2.2.56）：对戈舍瑞林进行水解，而后进行氨基酸分析。

给出表示每种氨基酸的摩尔含量。计算氨基酸的相对比例，取谷氨酸、组氨酸、酪氨酸、亮氨酸、精氨酸、脯氨酸摩尔数之和的 1/6 等于 1。其值在以下范围内：谷氨酸、组氨酸、酪氨酸、亮氨酸、精氨酸和脯氨酸 0.9~1.1；丝氨酸 1.6~2.2。除色氨酸外，不存在超过微量的其他氨基酸。

测试

比旋光（2.2.7）：−56°~−52°（无水和无乙酸）。

戈舍瑞林样品溶解在水中制备成浓度为 2mg/ml 的溶液。

相关物质：HPLC 法（2.2.29）。

样品溶液：溶解戈舍瑞林样品于水中，制备成浓度为 1.0mg/ml 的水溶液。

对照品溶液（a）：用水溶解一瓶戈舍瑞林对照品得到浓度为 1.0mg/ml 的水溶液。

对照品溶液（b）：稀释 1.0ml 测试溶液至 100ml 水中。

对照品溶液（c）：稀释 1.0ml 测试溶液至 10.0ml 水中。

相关物质溶液（a）：用水溶解一瓶 4-D-丝氨酸-戈舍瑞林，浓度为 0.1mg/ml，然后和等体积的对照品溶液（c）混合。

相关物质溶液（b）：用 1ml 水溶解一瓶戈舍瑞林验证混合物。

色谱柱

尺寸：$l = 0.15$m，$\varnothing = 4.6$mm。

填料固定相：十八烷基硅基无定形聚合物（3.5μm），孔径 12.5nm。

柱温：50~55℃。

流动相：三氟乙酸，乙腈和水（0.5∶20∶80$V/V/V$）。

流速：0.7~1.2ml/min。

检测波长：220nm。

进样量：戈舍瑞林样品溶液，对照品溶液（b），相关物质溶液（a）和（b）为 10μl。

运行时间：90min。

以戈舍瑞林为参比，各相关物质的相对保留时间：

杂质 A = 0.67；杂质 C = 0.68；杂质 B = 0.79；杂质 D = 0.85；杂质 E = 0.89；

杂质 F = 0.92；杂质 G = 0.94；杂质 H = 0.98；杂质 I = 1.43；杂质 J = 1.53；

杂质 K = 1.67；杂质 L = 1.77

系统适用性

保留时间：在相关物质溶液（b）的色谱图中，戈舍瑞林的保留时间在 40~50min；如有必要，调整流动相的流速；如果调整流速，戈舍瑞林的保留时间仍不在要求的范围内，则调整流动相中乙腈的比例。

分辨率：相关物质溶液（a）的色谱图中，杂质 A 和戈舍瑞林之间要有至少 7 个色谱峰。

对称因子：相关物质溶液（a）的色谱图中，各杂质峰和戈舍瑞林峰的对称因子为 0.8~2.5。

相关物质溶液（b）的色谱图与戈舍瑞林验证混合物色谱图一致。在主峰的前面有两个清晰可见的色谱峰，对应于杂质 E 和杂质 G；主峰后面有 3 个可见的色谱峰。

限度

杂质 E：在对照品溶液（b）中，杂质 E 的峰面积不超过主峰峰面积的 1%。

其他杂质：在对照品溶液（b）中，任何一个其他杂质的峰面积不超过主峰峰面积的 0.5%。

总杂质：在对照品溶液（b）中，所有杂质的峰面积总和不超过主峰峰面积的 2.5%。

可忽略杂质限度：峰面积低于主峰峰面积 0.05% 的杂质可忽略不计。

乙酸含量（2.5.34）：4.5%~15.0%。

样品溶液：将 10.0mg 醋酸戈舍瑞林待测物溶于 5 体积流动相 B 和 95 体积流动相 A 的混合液中，并用相同的流动相混合液稀释至 10.0ml。

水含量（2.5.32）：≤10.0%。

细菌内毒素（2.6.14）：≤16IU/mg，若为肠道用药，生产过程中无须进一步除去细菌内毒素的步骤。

含量测定：液相色谱法（2.2.29），除如下修改外，其余条件同相关物质测定实验。

样品：样品溶液和对照品溶液（a）。

运行时间：60min。

计算戈舍瑞林样品（$C_{59}H_{84}N_{18}O_{14}$）在戈舍瑞林对照品（$C_{59}H_{84}N_{18}O_{14}$）中所占比例。

保存：密封、避光，2～8℃ 保存。

标签：①肽的重量；②在适当的情况下，该物质适合用于制造肠外制剂。

杂质：确定的杂质 A、杂质 B、杂质 C、杂质 D、杂质 E、杂质 F、杂质 G、杂质 H、杂质 I、杂质 J、杂质 K、杂质 L，化学结构式如下。

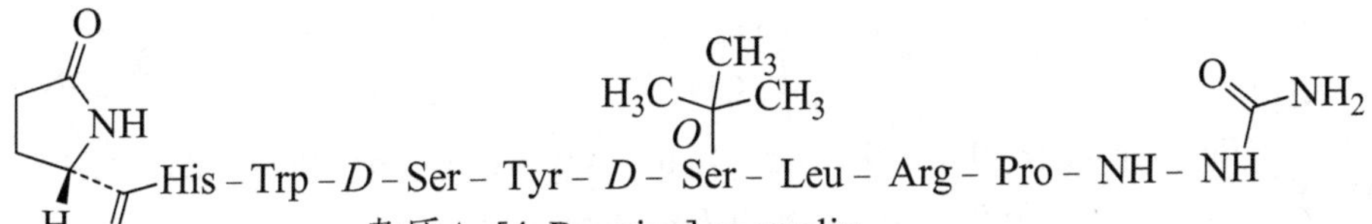

杂质A. [4-D-serine] goserelin

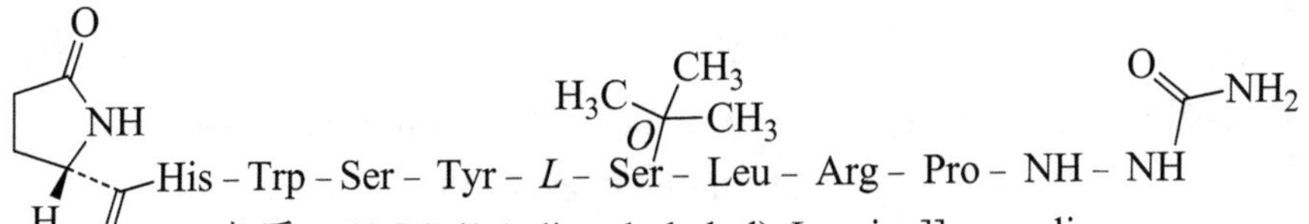

杂质B. [6-[O-(1,1-dimethylethyl)-L-serine]]goserelin

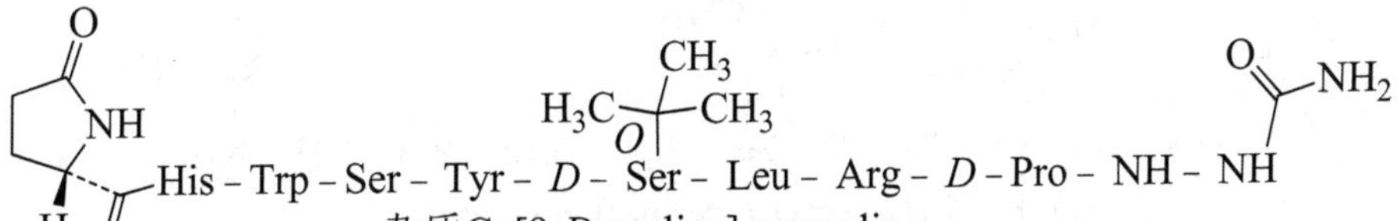

杂质C. [9-D-proline] goserelin

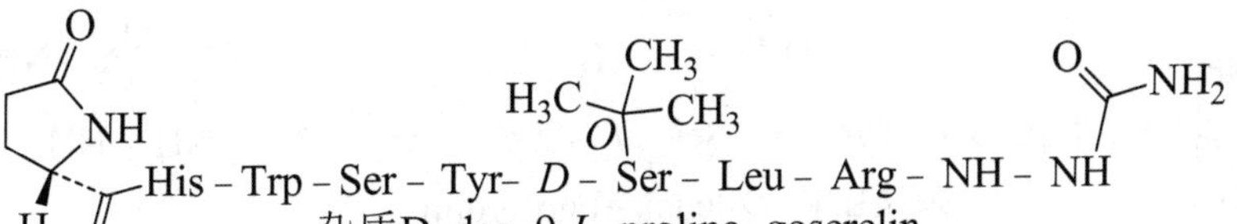

杂质D. des-9-L-proline- goserelin

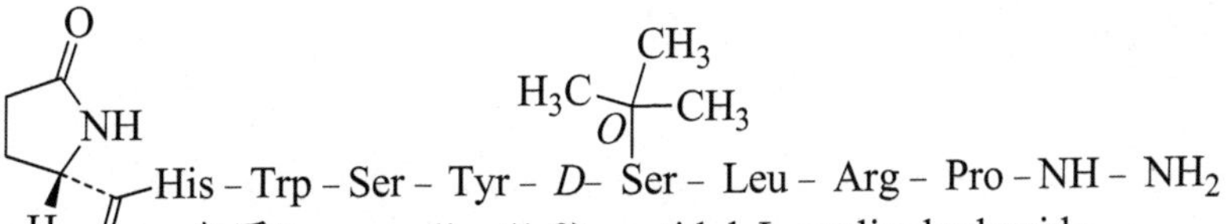

杂质E. goserelin- (1-8)-peptidyl-L-prolinohydrazide

杂质F. [5-*D*-tyrosine] goserelin

His – Trp – Ser – *D* – Tyr– *D* – Ser – Leu – Arg – Pro – NH – NH

杂质G. [2-*D*-histidine] goserelin

D – His – Trp – Ser – Tyr– *D* – Ser – Leu – Arg – Pro – NH – NH

杂质H. [1-(5-oxo-*D*-proline)] goserelin

His – Trp – Ser – Tyr– *D* – Ser – Leu – Arg – Pro – NH – NH

杂质I. endo-8a,8b-di-*L*-proline- goserelin

His – Trp – Ser – Tyr– *D* – Ser – Leu – Arg – Pro – Pro – Pro – NH – NH

杂质J. endo-8a-*L*-proline- goserelin

His – Trp – Ser – Tyr– *D* – Ser – Leu – Arg – Pro – Pro – NH – NH

杂质K. [4-(*O*-acetyl-*L*-serine)] goserelin

His – Trp – Ser – Tyr– *D* – Ser – Leu – Arg – Pro – NH – NH

杂质L. [7-*D*-leucine] goserelin

His – Trp – Ser – Tyr– *D* – Ser – *D* – Leu – Arg – Pro – NH – NH

（宋　芸）

第四章　多肽药物发现及结构优化策略

多肽是由各种氨基酸分子之间脱水形成肽键相连的有机物，其分子质量在 1~10kDa，介于小分子和生物大分子之间。存在于体内的诸多信号分子都属于肽或蛋白质，疾病的发生发展离不开这些肽或蛋白质。就目前已知的活性肽而言，大部分都是由机体分泌或代谢转化而来。因此，按照活性肽的来源可以将肽分为两类：第一类是来源于生物体本身的蛋白质及活性肽，称为内源性活性肽。内源性活性肽在体内含量少、分布广、效应极强。第二类是来源于动植物的活性多肽及抗生素等，称为外源性活性肽。外源性活性肽作用强、分布广泛。内源性活性肽和外源性活性肽构成的多肽库为药物研发提供了新颖的结构骨架，许多上市药物都源自多肽化合物的发现。

但是经典的多肽结构对体内蛋白酶的稳定性较差，进入体内很快会被降解；此外，大多生物活性肽生物利用度比较差，无法口服，需要通过改变剂型研发适合的给药途径。基于以上这些因素，需要对活性肽进行结构修饰与化学改造。活性肽改造的目的多种多样，主要包括提高活性肽与受体的亲和力及选择性；增强多肽分子的药物代谢稳定性，降低活性肽在体内的降解或者减少活性肽在体内的消除；提高活性肽的透膜能力；改善疏水肽的水溶性等。本文针对不同改造目的总结归纳了肽类分子结构修饰改造策略，根据是否对肽链骨架进行修饰，将这些修饰策略分为两类：一类是针对肽链骨架的改造，包括非天然氨基酸修饰、伪肽化策略、逆肽策略、环化策略、末端结构修饰等；另一类是在肽链骨架不变的基础上，引入其他基团进行结构优化和性能改造，包括高级脂肪酸修饰、聚乙二醇修饰、蛋白质融合策略、胆固醇修饰等。通过综合运用这些先导化合物结构修饰策略，能够显著提高多肽类化合物的成药性，为开发多肽类创新药物提供理论指导和实践经验。

第一节　提高肽类分子活性

药物的化学结构与药理活性之间的关系一直都是药物化学领域的重要研究内容。活性是化合物开发成药物的前提，多肽也是如此。部分天然肽类分子或人工合成的肽生物活性差，需要通过化学修饰提高肽类分子与受体的亲和力，改善肽的活性。

一、肽链骨架改造

对肽链骨架进行修饰和改造以提高肽类分子活性的主要方法包括末端结构修饰、拼接策略、环化策略、非天然氨基酸修饰、伪肽策略等。

（一）末端结构修饰

N 端裸露和 C 端裸露的多肽容易受到肽链外切酶的识别，从而被切割降解失去活性。而将

N 端和 C 端进行结构修饰，一方面可以提高肽类分子的代谢稳定性；另一方面可以保持其至提高肽类分子的活性。Stoermer 等报道了三肽（KKR 序列）醛类化合物可作为西尼罗病毒（West Nile virus，WNV）蛋白酶抑制剂；尹正课题组报道了三肽（KRR 序列）醛类化合物作为登革病毒（dengue virus，DENV）蛋白酶抑制剂，并且相较于其他四肽醛类化合物活性显著提高。基于此类研究报道，Andreas 等认为不同 N 端结构修饰的三肽醛类化合物对活性有不同影响，因此他们对 N 端 Cap 区进行考察，得到不同酰基化修饰的三肽醛类化合物，并且发现不同酰基化修饰对化合物的抗病毒活性有较大影响（表 4-1），可以看出 N 端苯乙酰基修饰的三肽醛 **2** 对登革病毒和西尼罗病毒都有较好的抑制活性，而 N 端 4-苯基苯乙酰基修饰的三肽醛 **11** 相比于 **2** 对西尼罗病毒的抑制活性提高近 7 倍。这一点表明 N 端的结构修饰对肽类化合物的活性有一定影响，可以作为肽类化合物改造的一种策略。

表 4-1　*N*-酰基修饰对抗病毒活性的影响

化合物	修饰肽	IC$_{50}$(μmol/L)	
		登革病毒	西罗尼病毒
1	benzoyl-n-K-R-R-H	9.5±0.21	2.6±0.02
2	phenylacetyl-K-R-R-H	6.7±1.1	0.39±0.21
3	phenylacetyl-K-K-R-H	167±47	0.70±0.04
4	4-aminobenzoyl-K-R-R-H	201±33	22.4±4.6
5	4-aminobenzoyl-K-K-R-H	>300	33.5±0.62
6	acetyl-K-R-R-H	58±7.2	2.4±0.02
7	acetyl-K-K-R-H	115±23	0.97±0.64
8	propionyl-K-R-R-H	218±18	8.5±0.40
9	propionyl-K-K-R-H	>300	0.85±0.11
10	4-phenylphenylacetyl-K-R-R-H	23.4±1.4	0.99±0.04
11	4-phenylphenylacetyl-K-K-R-H	12.2±0.38	0.056±0.004
12	4-aminophenylacetyl-K-R-R-H	11.2±0.28	1.9±0.03

注：IC$_{50}$. 半抑制浓度

与 N 端结构修饰相对应，C 端结构修饰在肽类分子的修饰改造中也具有广泛应用。EV71 3C 蛋白酶是一种半胱氨酸蛋白酶，尹正等发现了对 EV71 3C 蛋白酶具有较好抑制活性的肽醛分子 **13**（EC$_{50}$[①] = 0.11μmol/L），考虑到醛基的稳定性较差，成药性质不佳，他们在进一步的结构修饰中，针对醛基进行结构优化，得到羟基氰类化合物 **14**，该化合物对 EV71 的活性为 0.056μmol/L。通过分子对接，分析化合物 **14** 与 EV71 3C 蛋白的相互作用，分子对接结果表明（图 4-1），相比于醛基，羟基氰结构中的氰基与 146 位谷氨酰胺和 24 位谷氨酸通过水分子形成氢键，稳定了化合物与 EV71 3C 蛋白酶的结合，因而活性得以提高。

① EC$_{50}$ 为半数效应浓度

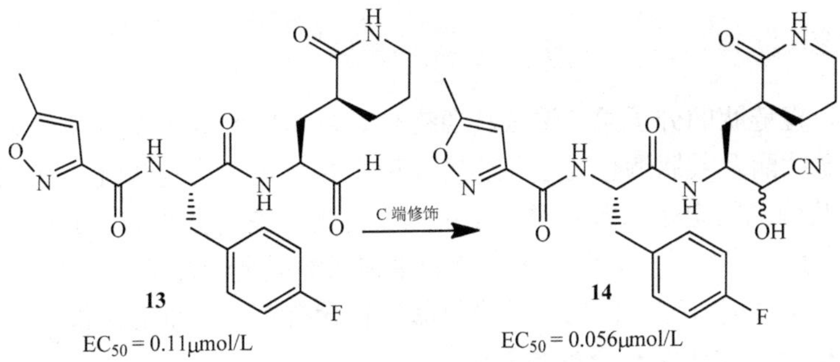

图 4-1 C 端结构修饰提高对 EV71 3C 蛋白酶抑制活性

（二）拼接策略

在肽类化合物的改造中，往往需要对不同位点同时进行优化和改造，拼接策略是一个高效的结构优化方法。首先，分别对 N 端和 C 端结构修饰改造得到活性较优的化合物，然后将优势片段进行拼接，即可快速获得活性更高的化合物。拟肽化合物 **15** 是一个登革病毒蛋白酶抑制剂，其抑制活性 IC_{50} 为 13.3μmol/L。在对该化合物改造的过程中，研究人员就采用了分别优化 N 端和 C 端的研究策略。在 N 端结构改造中，研究人员发现肽类分子 **16**，即 N 端 Cap 结构修饰的化合物，活性提升，其 IC_{50} 达到 2.5μmol/L。在 C 端侧链改造过程中研究人员也发现将正丁基侧链替换为苯基得到化合物 **17**，同样可以提高化合物对登革病毒的抑制活性，活性提升近 4 倍。考虑到这两个修饰策略都可以提高化合物的活性，研究人员将两个优势片段组合拼接，得到化合物 **18**，其对登革病毒的抑制活性为 0.6μmol/L，活性提高了近 20 倍（图 4-2）。

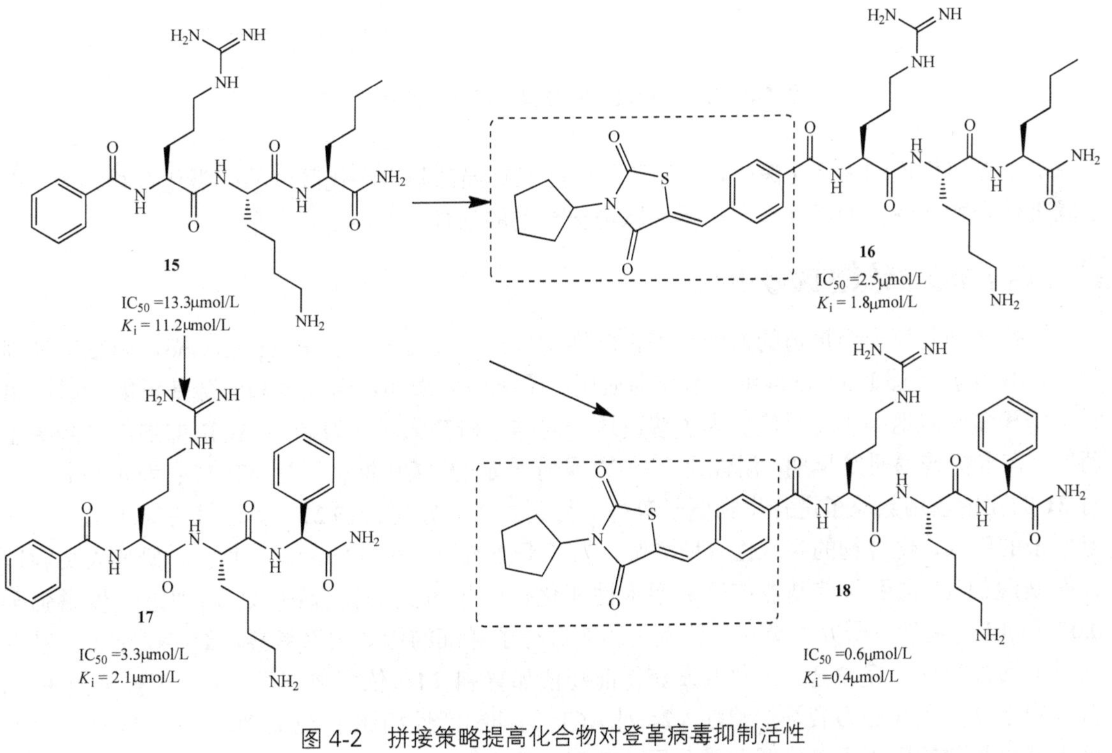

图 4-2 拼接策略提高化合物对登革病毒抑制活性

（三）环化策略

许多情况下，直链肽的分子柔性造成构象变化，使其与受体结合的强度及选择性下降。此外，生物体内的氨肽酶及羧肽酶也易于从直链肽两个端基逐步切割肽链，使之降解。因此肽链的环化改造，使其构象限定是改善肽类分子生物稳定性、提高生物活性的重要结构改造策略。研究表明，从直链肽改为环肽后，许多化合物的生物活性提高十几倍至几万倍。许多具有抗菌、抗病毒、抗肿瘤、免疫调节等活性的天然产物肽往往含有不同类型的主链环化结构。因此，环化策略是多肽结构修饰改造的一个重要策略。

线性八肽化合物 **19** 对登革病毒 NS2B-NS3 蛋白酶有较弱的结合活性（化合物对酶的亲和力 K_i = 42μmol/L）。Xu 等推测线性肽结合活性较差的原因可能是线性肽占用的空间较大，无法与蛋白酶有效地结合；而用环肽则可以改变线性肽所占用的空间，可以提高化合物对 NS2B-NS3 蛋白酶的结合活性。他们设计合成了系列环肽结构，并且对这类环肽的结合活性进行测试。发现环肽 **20** 的构象使得其可以较好地与登革病毒 NS2B-NS3 蛋白酶结合，相较于线性肽活性提高近 20 倍，K_i 值达到 2.2μmol/L（图 4-3）。

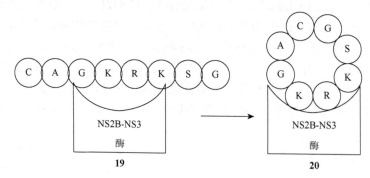

图 4-3　提高 NS2B-NS3 蛋白酶活性的环化策略

除了首尾相连的大环化策略，局部环化往往能够局部限定环化区域的肽类化合物构象，稳定肽类化合物与受体的相互作用，提高肽类化合物的活性。

（四）非天然氨基酸修饰

卡托普利是第一个报道的血管紧张素转换酶（angiotensin converting enzyme，ACE）抑制剂，1981 年被美国 FDA 批准用于治疗高血压。临床研究表明，卡托普利的巯基可能会引起患者皮疹和食欲减退等不良反应。为了解决这一问题，研究人员研发新型 ACE 抑制剂作为降压药物。在卡托普利研发早期，活性化合物 **21** 具有一定的 ACE 抑制活性，其 IC_{50} 为 4.9μmol/L。对 **21** 的亚甲基用氮原子进行生物电子等排，得到二肽先导化合物 **22**，其活性提高 1 倍。由于氮原子的引入，化合物的亲水性有所增强；为了平衡氮原子引起的亲水性增强，研究人员尝试在氨基酸的 α 位引入烷基侧链平衡亲水性变化，结果得到的化合物 **23** 活性进一步增强至 0.09μmol/L。随后，研究人员对 α 位烷基侧链进行了详细的构效关系考察，最终确定苯乙基取代时，活性最优，将羧基乙酯化开发获得前药依那普利 **24**，依那普利于 1985 年被美国 FDA 批准用于高血压和心力衰竭的治疗。**24** 对 ACE 的抑制活性相比于 **23** 活性提高了 74 倍，表明非天然氨基酸的引入可以增强肽类分子的药理活性（图 4-4）。

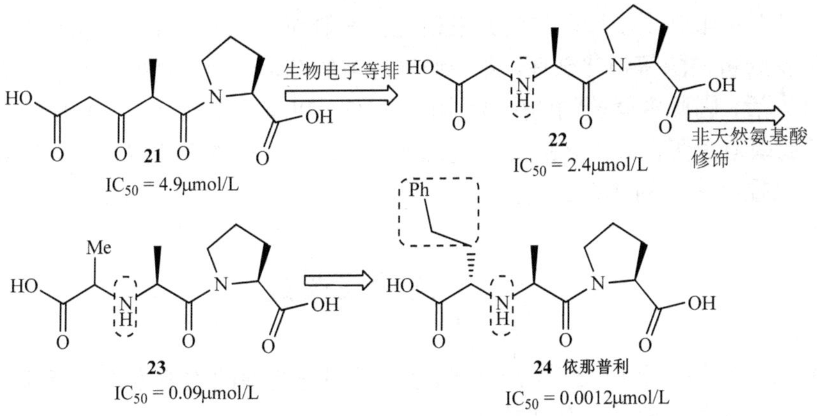

图 4-4　引入非天然氨基酸提高 ACE 抑制活性

（五）伪肽策略

伪肽则是通过模拟多肽水解的过渡态，利用生物电子等排原理对易水解的酰胺键进行替换，使多肽免于蛋白酶的水解切割从而保留甚至提高肽类化合物的药理活性。

Szelke 等通过在肾素底物 **25** 的 Leu-Val 片段中采用羟基亚甲基替换酰胺键，得到伪肽抑制剂 **26**，对 HIV-1 蛋白酶抑制活性显著提高（图 4-5），其 IC_{50} 值为 $0.0007\mu mol/L$。

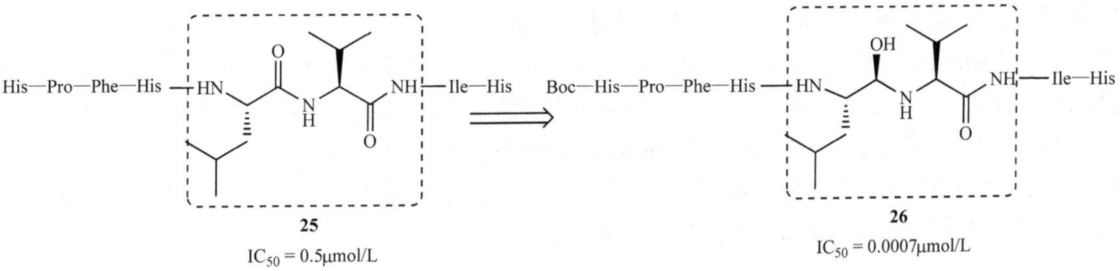

图 4-5　提高抗 HIV-1 蛋白酶活性的伪肽策略

二、外接基团修饰

外接基团修饰以提高肽类分子活性的主要方法是胆固醇修饰。胆固醇的引入常常可以在提高其在体内半衰期（$t_{1/2}$）的同时增强多肽的药理活性。Wang 等用细胞-细胞融合实验评价多肽分子的抗病毒活性，发现多肽 m4HR 具有一定抗 HIV-1 活性（$IC_{50} = 36\ 910nmol/L$）。当在 m4HR C 端外接胆固醇分子时，其抗病毒活性提高 645 倍（$IC_{50} = 57.2nmol/L$）。进一步在 N 端修饰，得到的肽类化合物对 HIV-1 的抑制活性进一步提升。其中活性最好的是多肽分子，其 IC_{50} 达到 8.3nmol/L，证明了胆固醇修饰在多肽药物活性优化的重要应用。

第二节　增强多肽分子的药物代谢稳定性

多肽的基本组成单元是氨基酸，其本质与蛋白质相同，因而多肽分子是许多蛋白酶水解的底物，这一特点严重限制了多肽药物的开发研究。一般而言，大部分多肽药物无法口服，否则会被胃蛋白酶及胰蛋白酶等消化破坏；即使通过注射给药，多肽药物也有可能在血液及组织中被蛋白酶降解失活，因此多肽药物的生物利用度很低，以至于多肽分子在临床治疗中受到很大限制。为了减弱或避免蛋白酶对多肽分子的降解，必须利用化学方法或其他方法对多肽分子进行修饰改造，以提高多肽的代谢稳定性。

一、肽链骨架改造

对肽链骨架进行修饰和改造以增强多肽分子代谢稳定性的主要方法包括非天然氨基酸修饰、伪肽化策略、逆肽策略、环化策略等。

（一）非天然氨基酸修饰

天然活性肽的组成常常是天然氨基酸。天然活性肽容易受到体内蛋白酶降解，从而降低其在体内的半衰期，导致天然活性肽在体内发挥药效时间缩短，不利于成药。β-氨基酸作为非天然氨基酸，在体内不易被蛋白酶识别水解，在活性肽的结构改造与修饰中发挥重要作用。

肽类小分子 **27** 是一个被广泛研究的金属蛋白酶 EP24.15（endopeptidase）抑制剂。EP24.15 与下丘脑对垂体功能的调节及血压调节有重要关联，文献报道 EP24.15 还可能与 A_β 蛋白的聚集和阿尔茨海默病相关，因此 EP24.15 是精神系统疾病的研究热点。虽然肽类小分子 **27** 对 EP24.15 的抑制活性很强（$IC_{50} = 0.06\mu mol/L$），但它容易受到与 EP24.15 相关的蛋白酶——中性内肽酶 EP24.11 水解。因此，研究人员的主要研发目标是提高 **27** 对中性内肽酶 EP24.11 的稳定性。他们尝试将 **27** 中的 Ala、Tyr 和 C 端分别用 β-Ala、β-Phe 和 β-氨基丙酸替换，得到 β 肽 **28**，其对 EP24.15 的抑制活性虽然有所下降（$IC_{50} = 2.8\mu mol/L$），但对中性内肽酶 EP24.11 的稳定性显著提高（图 4-6），几乎不受其降解影响。

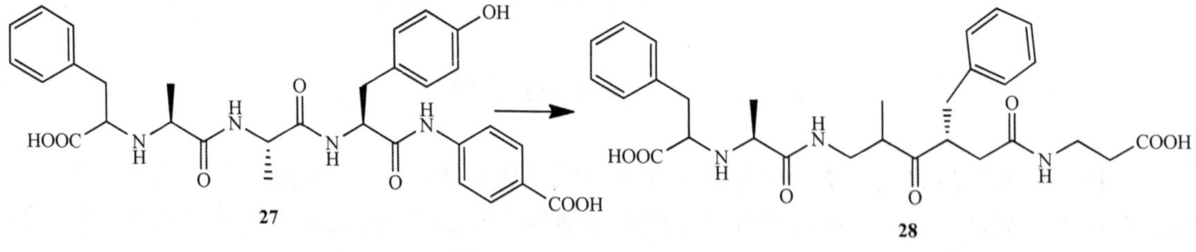

图 4-6 以 β-氨基酸修饰 27 生成对 EP24.11 完全稳定的抑制剂

研究人员用图 4-7 的示意图解释引入 β-氨基酸可以提高肽类分子对中性内肽酶的稳定性。对于天然 α-多肽，在特异性的蛋白酶切割位点，水分子首先与酰胺键形成氢键作用，从而有利于水分子对酰胺键的进攻最后完成酰胺键的切割；对 β-多肽而言，由于增加了一个亚甲基，多肽整体的构象发生变化，原本蛋白酶切割中心的水分子无法与酰胺键形成氢键，不利于蛋白酶对酰胺键的切割，因而 β-多肽比 α-多肽具有更强的抗水解能力。

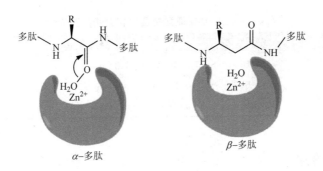

图 4-7　β-多肽不被肽酶裂解的原理图

　　内吗啡肽的代谢稳定性较差，半衰期仅为 16.9min。兰州大学王锐团队发现含有非天然氨基酸的内吗啡肽类似物具有较强的代谢稳定性（图 4-8），而且可以在一定程度上进一步提高内吗啡肽对 μ 受体的活性。他们首先将 C 端 Phe 替换为非天然氨基酸，得到化合物 30，其对 μ 受体的激动活性为 0.0334nmol/L，相比于内吗啡肽 29 提高了 430 倍；该化合物在脑膜匀浆中的半衰期延长至 85.9min，与内吗啡肽相比提高了近 4 倍；随后，他们在此工作的基础上进一步把 Tyr 和 Pro 片段用非天然氨基酸替换，得到化合物 31，其对 μ 受体的活性进一步提高，达到 0.042pmol/L。而且化合物 31 在脑膜匀浆中的半衰期超过 600min，解决了内源性吗啡肽半衰期短的问题。因此，非天然氨基酸的引入对改善肽类化合物的代谢稳定性具有重要意义。

29
$EC_{50} = 14.40$nmol/L
$t_{1/2} = 16.9$min

30
$EC_{50} = 0.0334$nmol/L
$t_{1/2} = 85.9$min

31
$EC_{50} = 0.042$pmol/L
$t_{1/2} > 600$min

图 4-8　引入非天然氨基酸提高内吗啡肽及其类似物的稳定性

　　天然多肽大多由 L-氨基酸组成，容易受到各种蛋白酶的降解而失去活性。蛋白酶的水解反应一般都是立体专一的，引入 D-氨基酸使多肽的构型发生变化，进而使得修饰的多肽不易被蛋白酶水解，因此 D-氨基酸修饰的多肽可以提高对蛋白酶的降解作用。
　　GnRH 是由下丘脑分泌的具有调节生殖功能的十肽，该激素与垂体前叶的促黄体素释放素受体（gonadotropin-releasing hormone receptor，GnRHR）结合，可以调控黄体激素的合成和分泌。GnRH 及类似物目前在临床上用于治疗激素依赖性肿瘤，如前列腺癌和乳腺癌等。然而天然的 GnRH 第 5、6 位及第 6、7 位氨基酸残基间肽键稳定性较差，在体内极易受到肽链内切酶的作用而裂解，在体内的半衰期仅有 2～4min。为了提高 GnRH 在体内的稳定性，研究人员尝试在 6 位引入不同种类的 D-氨基酸，得到上市药物如那法瑞林 32 和曲普瑞林 33，半衰期相较于 GnRH 均有不同程度的提高，其半衰期分别为 3h 和 >4h（表 4-2）。

表 4-2　引入 *D*-氨基酸提高肽化合物的稳定性

化合物	氨基酸序列	$t_{1/2}$
GnRH	pGlu-His-Trp-Ser-Tyr-Gly-Leu-Arg-Pro-Gly-NH$_2$	2～4 min
那法瑞林 **32**	pGlu-His-Trp-Ser-Tyr-*D*-Nal-Leu-Arg-Pro-Gly-NH$_2$	3 h
曲普瑞林 **33**	pGlu-His-Trp-Ser-Tyr-*D*-Trp-Leu-Arg-Pro-Gly-NH$_2$	>4h

（二）伪肽化策略

　　肽键在体内容易被蛋白酶识别降解，这是肽类分子稳定性差的原因之一。伪肽则是利用生物电子等排原理将肽键中的一种或两种以上的原子用其他原子替代。由于伪肽从本质上改变了酰胺键的化学结构，与蛋白质或多肽同源结构不同，因此可以避免体内蛋白酶的识别和水解，从而提高肽类分子的稳定性及活性。

　　化合物 **34** 在人血浆中的半衰期只有 113min，较差的代谢稳定性限制了该类化合物的进一步开发。为了改善化合物的血浆稳定性，Bach 等对该类化合物进行伪肽化结构修饰，将酰胺键的氧原子用硫原子进行替换，得到不易被蛋白酶识别并水解的硫杂酰胺键。比较含硫杂酰胺键的伪肽 **35**、**36** 和含有酰胺键的化合物 **34**，可以发现含硫杂酰胺键的化合物虽然活性有所下降，但血浆稳定性显著提高（图 4-9），尤其是化合物 **35**，在活性基本不变（K_i = 10.8μmol/L）的同时血浆半衰期提高了 50 倍左右。研究结果表明，硫杂酰胺键的伪肽化修饰是提高肽类化合物血浆稳定性的有效策略。

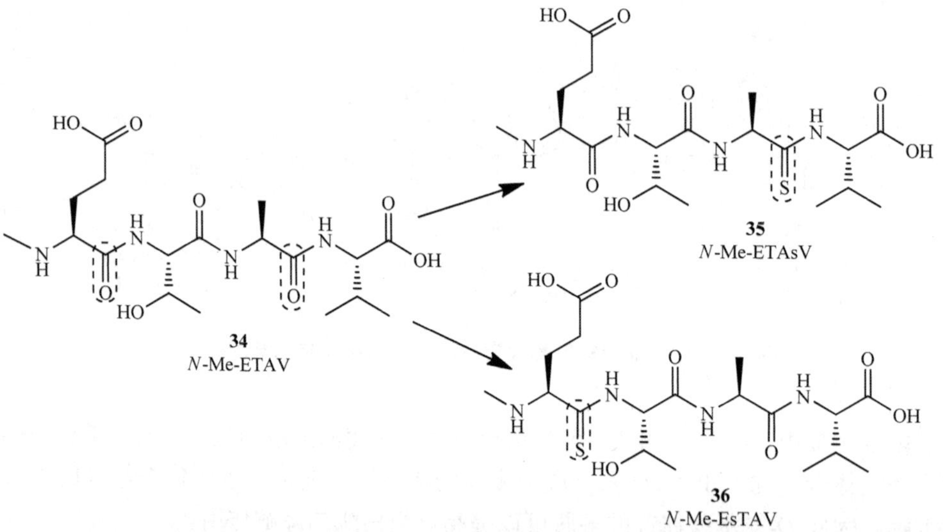

多肽	K_i(μmol/L)	$t_{1/2}$(min)
34	9.65±0.50	113±9
35	10.8±0.36	>5500
36	32±2.8	>5500

图 4-9　提高肽稳定性的硫酰胺伪肽策略

（三）逆肽策略

蛋白质、激素、活性肽及天然产物多肽是各种蛋白酶降解的底物，因此存在易受蛋白酶降解及半衰期较短的特点。除了之前介绍的策略可以有效耐受蛋白酶的水解，肽键方向的改变同样可以改变蛋白酶对底物的识别作用，从而达到抗降解的作用。这类改变肽键方向的多肽结构修饰策略称为逆肽化修饰，相关的肽称为逆肽或逆反肽。

对 **37**（H_2N-RGKLVFFGR-NH_2）进行逆肽修饰，得到逆肽 **38**（Ac-RgFFVLKgR-NH_2），理论上逆肽可以保持与 **37** 相似的三维结构从而使活性得到保持。Taylor 等用蛋白质降解实验评价 **37** 和 **38** 的代谢稳定性，即将肽与人血浆或脑提取物共孵育 24h，通过 HPLC 测定溶液中原型肽含量。可以发现无论血浆还是脑提取物中，逆肽 **38** 的含量均远远高于 **37**，而且 **38** 的含量接近 100%，表明逆肽可以在一定程度上提高化合物的代谢稳定性（图 4-10）。

图 4-10　血浆和脑提取物中逆肽的含量

（四）环化策略

研究人员发现化合物 **39** 具有一定的抗菌活性，其对大肠埃希菌肽去甲酰基酶抑制活性 K_i 值为 92nmol/L。但 **39** 在大鼠血浆中容易受到类胰蛋白酶的降解作用而失活，**39** 在大鼠血浆中孵育 5h 约 25% 被降解。为了提高血浆稳定性，研究人员将 P1′ 与 P3′ 进行环化，设计合成环肽类似物 **40**（图 4-11）。研究结果表明，相比于 **39**，环肽类似物 **40** 的抗菌活性有所提高，K_i 值为 74nmol/L，而且血浆稳定性大幅提高，将 **40** 与大鼠血浆孵育 5h 基本不被降解。

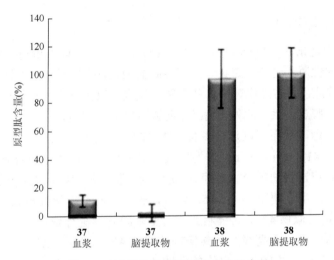

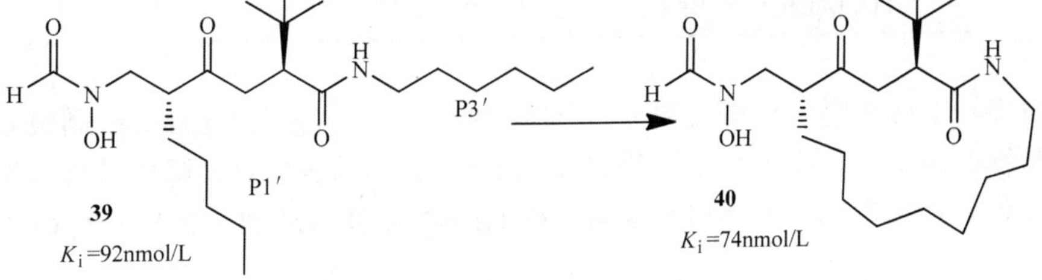

图 4-11　提高多肽稳定性的环化策略

α螺旋是大部分多肽分子都具有的二级结构特征，然而人工合成的多肽分子在水溶液中并不能保持稳定的 α螺旋结构，因此科研人员开发了一种以 C—C 键或其他连接链为支撑的骨架稳定多肽 α螺旋结构，由这类方法得到的多肽称为订书肽（stapling peptide），该方法本质上也属于环化修饰策略的一种。线性多肽柔性大，在舒展的构象下，容易暴露出更多酶解位点，增加了多肽被水解的概率，从而导致多肽稳定性降低。形成订书肽可以约束线性多肽的构象，减少多肽被降解的概率。

二、外接基团修饰

外接基团修饰以增强多肽分子代谢稳定性的主要方法包括高级脂肪酸修饰、蛋白质融合策略、聚乙二醇修饰等。

（一）高级脂肪酸修饰

高级脂肪酸修饰是指在多肽药物的特定位点通过化学方法以共价键的形式引入高级脂肪酸以改善多肽药物的性质，延长半衰期，提高多肽的稳定性。同时，高级脂肪酸与细胞膜表面的磷脂结构类似，因此，脂肪酸修饰的多肽药物往往也可以提高多肽药物的脂溶性，改善药物在肠道内的吸收及黏膜透过性。此外，高级脂肪酸可以与血清白蛋白结合，结合后的复合体因分子过大而不容易转运，从而可以延长多肽在体内的循环时间。

水蛭肽比伐卢定 **41**（bivalirudin）作为抗凝剂用于经皮冠状动脉腔内成形术治疗中出现的不稳定型心绞痛和经皮冠状动脉介入治疗。但是作为多肽药物，**41** 在体内的暴露量较低（$AUC_{0\sim t}$[①]$= 23.7 min \cdot nmol/L$），半衰期短（$t_{1/2} = 15.1 min$），药物代谢动力学性质较差。针对这一缺点，研究人员对比伐卢定类似物 **42** 用高级脂肪酸对氨基酸侧链进行修饰得 **43**。对比肽 **42** 和 **43**，其药理活性基本保持不变，而高级脂肪酸修饰的多肽 **43** 暴露量（$AUC_{0\sim t} = 1371.7 min \cdot nmol/L$）和半衰期（$t_{1/2} = 212.2 min$）相较于未修饰的多肽 **42**（$AUC_{0\sim t} = 25.7 min \cdot nmol/L$，$t_{1/2} = 13.5 min$）明显改善（表 4-3），暴露量和半衰期分别提高了约 52 倍和 14 倍。

表 4-3　引入脂肪酸改善比伐卢定类似物的药动学性质

多肽	序列	K_i（nmol/L）		参数	
		鼠	人	$AUC_{0\sim t}$（min·nmol/L）	$t_{1/2}$(min)
41	D-FPRP-GGGG-QGDFEEIPEEYL	20.50±0.62	11.77±0.09	23.7±0.09	15.1±1.3
42	D-FPRP-GGGG-QGDFEPIPED AYDE	13.40±0.46	5.80±0.55	25.7±2.6	13.5±2.6
43	D-FPRP-GK（stearic acid） GG-QGDFEPIPEDAYDE	15.24±0.18	11.75±0.46	1371.7±207.8	212.2±58

上市的降糖多肽药物利拉鲁肽和索马鲁肽也都引入了高级脂肪酸修饰，高级脂肪酸的引入增加了药物的疏水性，掩盖二肽基肽酶 4（DPP-4）的结合位点，降低肾排泄率，提高半衰期。利拉鲁肽是由诺和诺德公司研发的长效 GLP-1 受体激动剂，其与天然 GLP-1 有 97%

①AUC 为曲线下面积

的氨基酸序列相似性，仅在 34 位将 Lys 替换为 Arg，同时在 26 位 Lys 侧链引入由 Glu 作为连接链的 16 碳棕榈酸侧链。皮下注射利拉鲁肽后，其可在注射部位形成稳定的七聚体，在皮下组织缓慢吸收。同时，长链脂肪酸的引入还使利拉鲁肽与血清白蛋白形成可逆复合物，极大地延长了利拉鲁肽在体内的吸收时间，提高了多肽药物的体内半衰期。天然的 GLP-1 半衰期极短，只有 2min 左右；而棕榈酸修饰的利拉鲁肽半衰期延长至 13h，提高了 389 倍（图 4-12）。索马鲁肽则是 GLP-1（7-37）的第 8 位 Ala 用氨基异丁酸替换，34 位的 Lys 用 Arg 替换，同时在 26 位 Lys 侧链由 Glu 作为 linker 引入硬脂酸，疏水性也更强，同时经过短链的聚乙二醇修饰，其半衰期可延长至 7 天。

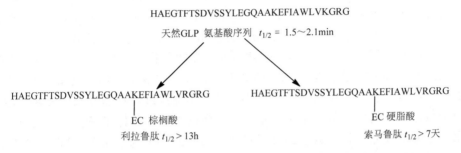

图 4-12　引入脂肪酸提高 GLP-1 类似物的半衰期

恩夫韦肽（enfuvirtide）是 FDA 批准的第一个临床使用的 HIV-1 融合抑制剂。然而恩夫韦肽作为一个多肽药物，其在人体内的半衰期只有 3.5～4.4h，需要每天注射两次，患者的依从性较差。针对恩夫韦肽半衰期较短的缺点，研究人员将其多肽序列 13 位的 Lys 侧链中引入了 3-马来酰亚胺-丙酸（MPA）修饰（图 4-13）得艾博卫泰 **44**，MPA 可与血清白蛋白中的巯基形成不可逆的共价结合，而且结合速率快，大大提高了多肽在人体内的半衰期，一周给药一次即可。艾博卫泰 **44** 已于 2018 年获得国家药品监督管理局批准上市，用于与其他抗逆转录病毒药物联合使用，治疗 HIV-1 感染。

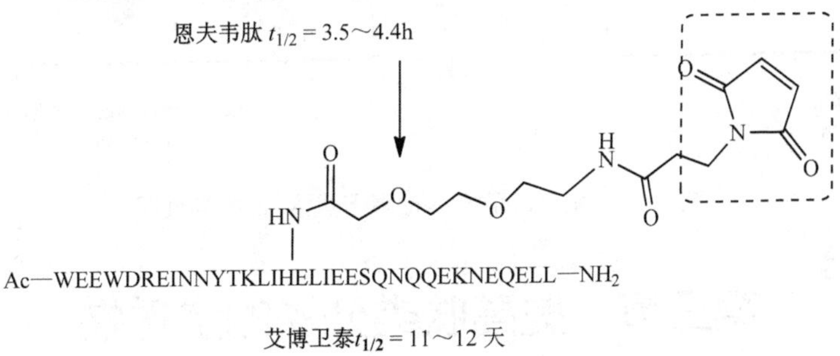

YTSLIHSLIEESQNQQEKNEQELLELDKWASLWNWF

恩夫韦肽 $t_{1/2}$ = 3.5～4.4h

Ac—WEEWDREINNYTKLIHELIEESQNQQEKNEQELL—NH₂

艾博卫泰 $t_{1/2}$ = 11～12 天

图 4-13　引入 MPA 提高抗 HIV-1 药物半衰期

（二）蛋白质融合策略

蛋白质融合策略是指利用基因工程技术，将蛋白质或多肽分子与免疫球蛋白 Fc 片段或血清白蛋白 HSA 融合而产生新型分子的修饰策略。融合 Fc 或 HSA 片段之后的多肽分子，分子尺寸显著增大，降低了肾对多肽药物的清除率，从而延长多肽药物的半衰期。礼来公司开发的降糖药物度拉糖肽（dulaglutide）就是将 GLP-1 与 IgG4（Fc）融合而成的长效降糖药物，其生物半衰期大于 90h，并且疗效不弱于利拉鲁肽。葛兰素史克公司研发的长效降糖药物阿必鲁肽（albiglutide）是第一个被 FDA 批准上市的 HSA 蛋白融合药物，阿必鲁肽的半衰期长达 6～10 天。蛋白质融合策略是多肽药物长效化的有效手段。

（三）聚乙二醇修饰

聚乙二醇在体内具有可降解、低毒性、无抗原性等特点，是一种常见的肽类分子修饰方法。聚乙二醇修饰可以改善肽类分子的稳定性、减少蛋白酶的降解、不易被肾小球滤过，从而提高多肽药物的稳定性，延长药物的半衰期。目前已有诸多聚乙二醇修饰的多肽药物上市，其中聚乙二醇修饰的干扰素 α 是这一结构修饰策略的成功案例。干扰素 α 可以有效地抑制或清除乙型肝炎或丙型肝炎病毒，但干扰素 α 作为多肽药物具有自身不可克服的缺点，其半衰期短，仅为 4h，需要每天注射一次。研究人员将聚乙二醇引入到干扰素 α 中（图 4-14），而修饰后的干扰素 α 整体分子尺寸变大，不易被肾小球滤过，从而延长半衰期，达到 40h。另外，由于聚乙二醇的引入掩盖了干扰素 α 与受体的结合，降低了干扰素 α 的抗病毒活性，因而对聚乙二醇的尺寸进行考察，最终确定聚乙二醇的大小为 12kDa 可以在延长半衰期的同时最大限度保留了干扰素 α 的抗病毒活性。因此，采用聚乙二醇修饰策略要注意平衡半衰期和活性的关系。

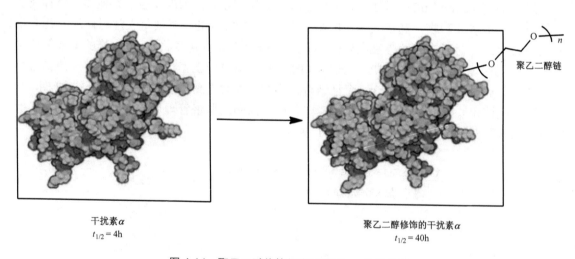

图 4-14　聚乙二醇修饰提高干扰素 α 的半衰期

第三节　提高肽类分子的渗透性

除了少数疏水肽，大部分多肽都具有极性侧链；同时，多肽分子中的肽键可以与水分子形成氢键，因此，大部分多肽都具有很好的水溶性。多肽药物必须透过细胞膜才能吸收入血，发挥药理学活性，因此，必须要对多肽进行结构修饰与改造，提高肽类分子的渗透性，以利于多肽分子进入细胞，发挥活性。提高肽类分子渗透性的方法包括引入卤素原子、去除极性侧链、手性策略、N-烷基化、高级脂肪酸修饰和其他方法等。

一、引入卤素原子

在肽类分子的修饰改造中，卤素的引入可以提高肽类分子的脂溶性。神经多肽内吗啡肽具有很强的镇痛活性，然而内吗啡肽 **29** 作为一种肽类分子，很难通过血脑屏障进入大脑发挥药效。通常药物分子进入血脑屏障需要一定的亲脂性，兰州大学王锐等采用了引入卤素原子的策略，将 2 位 Pro 变换为 *D*-Ala，4 位 Phe 上引入卤素以提高整体肽分子的脂溶性，通过该策略可以明显提高内吗啡肽类似物的渗透性，可以通过血脑屏障。内吗啡肽 **29** 的脂水分配系数（*D*）仅有 12.5，而引入卤原子，内吗啡肽类似物的 *D* 上升至 120，提升了近 9 倍（图 4-15）。通过动物实验，脑实质中检测到了肽 **45**，进一步验证了通过引入卤素原子可以使肽类分子通过血脑屏障。

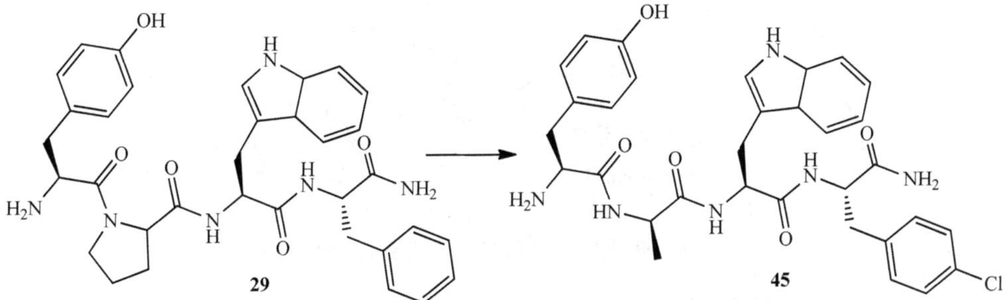

图 4-15　引入卤素提高内吗啡肽的渗透性

二、去除极性侧链

肽类分子中常含有极性的羧基片段，这些富含 Glu 和 Asn 的肽细胞渗透性比较差，针对这类肽分子的改造一般采用去除极性侧链的策略。一方面，去除极性侧链可以缩小肽分子的尺寸，使其更具有类似有机小分子的性质；另一方面，可以改善肽类分子的细胞渗透性，有利于其进入细胞发挥药效。比较典型的案例就是抗丙型肝炎病毒（HCV）药物特拉匹韦的研发（图 4-16）。Vertex 公司早期发现了底物十肽 **46** 的活性为 0.89μmol/L，然而该化合物的分子量大，需要首先对分子大小进行优化。研究人员考察了去除不同氨基酸片段对化合物抗病毒活性的影响，结果表明去除 P4′氨基酸片段对活性影响较大，而去除 P2′和 P3′氨基酸片段对酶的亲和力几乎无影响。去除 P5 和 P6 两个含有酸性侧链的氨基酸片段，活性明显降低。另外，去除 P3 和 P4 两个疏水性氨基酸片段也会导致活性的下降。同时考虑到对丝氨酸蛋白酶的结合能力，研究人员在 C 端引入亲电性的醛基作为弹头。经过一系列结构改进和优化，最终确定化合物 **47**，其对丙型肝炎病毒 NS3/4A 蛋白酶的抑制活性为 44nmol/L，是一个活性很高的丝氨酸蛋白酶抑制剂，被命名为特拉匹韦。特拉匹韦于 2011 年被 FDA 批准上市，用于治疗丙型肝炎病毒感染。

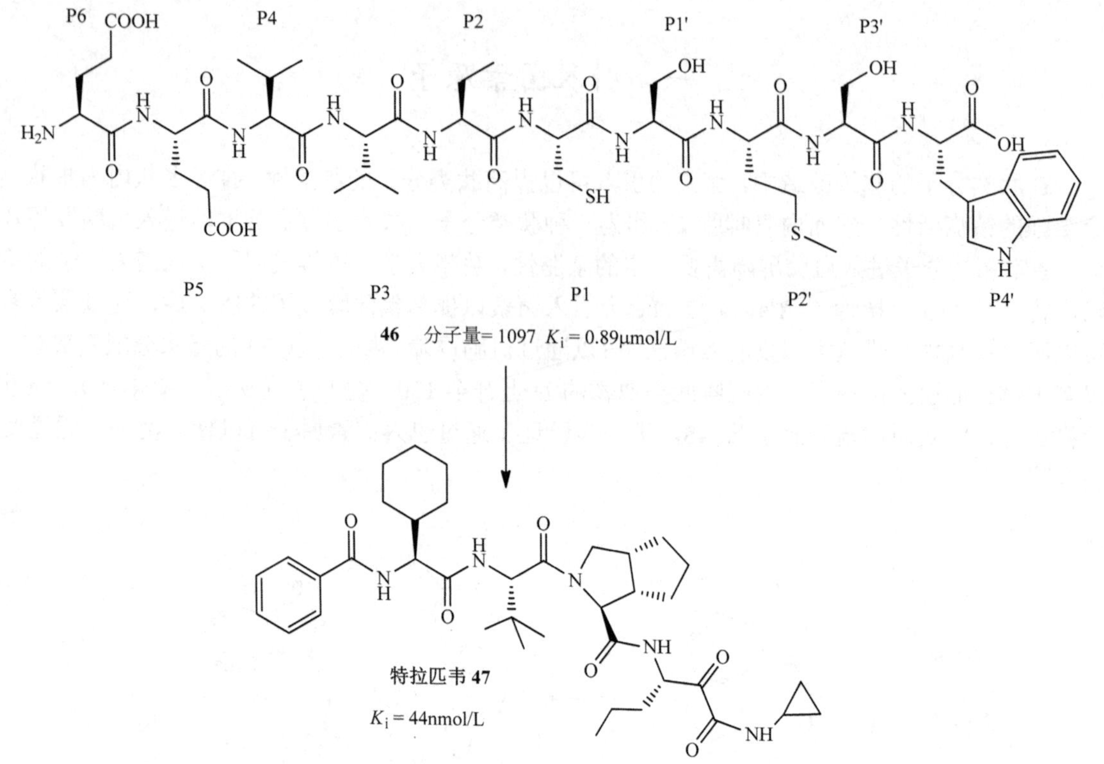
P6
P5
P4
P3
P2
P1
P1'
P2'
P3'
P4'
46 分子量= 1097 K_i = 0.89μmol/L
特拉匹韦 47
K_i = 44nmol/L

图 4-16 抗丙型肝炎药物特拉匹韦的优化过程

三、手 性 策 略

环肽类化合物的二级结构与其理化性质和药理学性质密切相关。北京大学深圳研究院李子刚等提出了一种假设——在约束肽的连接链上引入一个手性中心以改变肽类分子的理化性质和二级结构，从而影响肽类分子的透膜性。为验证这一策略的合理性，他们设计合成了两条 FITC 标记的含有手性中心的环肽化合物 **48** 和 **49**。由于手性中心的存在，环肽 **48** 和 **49** 存在一对非对映异构体，分离出这些异构体 **48a/b** 和 **49a/b** 并且将之与 HEK293T 细胞于 37°C 共孵育 2h，用荧光共聚焦显微镜成像（图 4-17）。研究结果表明，其中一种构型的异构体 **48b** 和 **49b** 可以穿入 HEK293T 细胞，而另一构型的异构体 **48a** 和 **49a** 无法穿入细胞。说明手性中心的引入可以使肽的螺旋结构发生变化，从而影响肽类分子的透膜性。

四、*N*-烷基化

N-烷基化的酰胺键往往可以改变肽类分子内或分子间的氢键相互作用，从而影响肽类分子的空间结构进而改变其物理化学性质。柔性肽类分子中的分子内氢键是被动扩散中的决定性因素。通过对特定的酰胺键进行烷基化，可以使肽类分子以最优势的构象穿过细胞膜。Hoffman 等对 Ala 环六肽进行 *N*-甲基化修饰以考察 *N*-甲基化对 Ala 环六肽透膜性的影响。实验结果表明，在 1，5 位、1，6 位或 1，2，4，5 位酰胺氮原子进行甲基化修饰可以明显提高肽类分子对 Caco-2 细胞的渗透性，其渗透性与对照睾酮（细胞透膜性标志物）相当。分析 1，6 位 *N*-甲基化修饰的环六肽的空间构象发现，2 位酰胺氢与 5 位酰胺羰基可以

形成分子内氢键，而 3 位 4 位氨基酸所形成的 β 转角也形成了分子内氢键，整个分子以疏水的构象存在（图 4-18），因而细胞渗透性提高。

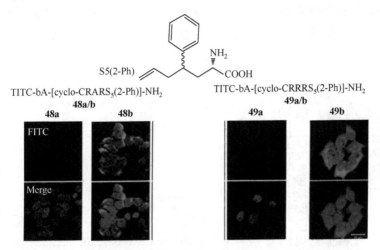

图 4-17　在约束肽的连接链中引入手性中心改变肽的通透性

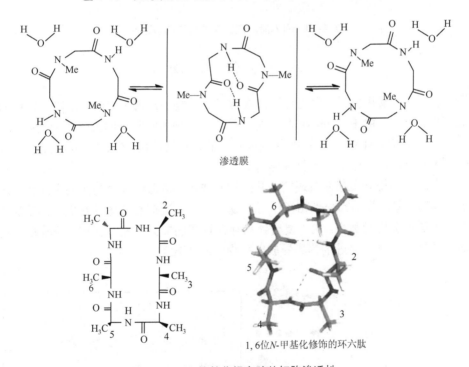

渗透膜

1, 6 位 *N*-甲基化修饰的环六肽

图 4-18　*N*-烷基化提高肽的细胞渗透性

五、高级脂肪酸修饰

提高肽类分子透膜性的常用策略是对多肽进行高级脂肪酸修饰。脂肪酸包括不饱和脂肪酸和饱和脂肪酸，目前有一些饱和脂肪酸修饰的多肽药物已经上市用于疾病的治疗，或者处于临床研究阶段。脂肪酸是构成磷脂双分子层及人体脂肪的重要成分，因此对多肽进行脂肪酸修饰可以提高多肽与细胞膜表面的亲和能力，从而提高肽类分子的透膜性，促进上皮细胞对肽类分

子的吸收。Hashizume 等对胰岛素分子的侧链进行棕榈酸修饰,棕榈酸酰化胰岛素的亲脂性提高。研究人员用同位素标记胰岛素,并通过测定给药后 6h 内血浆中的放射性推断胰岛素在血浆中的含量。结果表明,双棕榈酰胰岛素的含量最高时是天然胰岛素的 6 倍,单棕榈酰胰岛素的含量是天然胰岛素的 3 倍(图 4-19)。这也说明高级脂肪酸修饰可以提高肽类分子的透膜性。

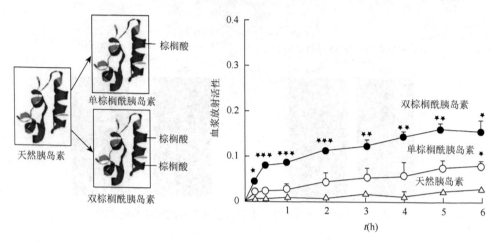

图 4-19 引入脂肪酸提高胰岛素的渗透性

六、其 他 方 法

除了化学方法,某些制剂手段也可以影响肽类化合物的渗透和吸收。*N*-[8-(2-羟苯基)氨基]辛酸钠(SNAC)是由 Emisphere 开发的一种基于各种促吸收剂的大分子递送技术。SNAC 能够递送 0.5～150kDa 的大分子,且不会影响大分子的高级结构,不影响药物释放。同时 SNAC 还具有很高的安全性,不影响胃肠黏膜结构。

吸收促进剂与药物分子存在较弱的非共价相互作用,可形成暂时稳定的中间体。促进剂一般是疏水性物质,通过与药物分子相互作用形成的药物促进剂复合体具有更强的亲脂性,从而促进药物分子透过上皮细胞膜。由于复合体只存在较弱的非共价相互作用,随着复合物透过细胞进入血液循环,药物与促进剂解离释放出药物(图 4-20)。

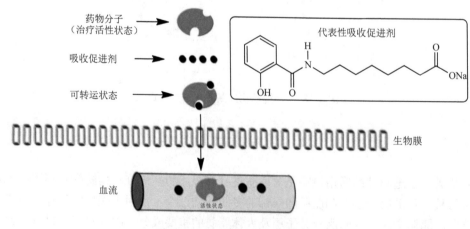

图 4-20 吸收促进剂的作用机制

2017 年，诺和诺德便宣布 FDA 批准了索马鲁肽用于改善 2 型糖尿病患者的血糖控制。虽然索马鲁肽是长效的 GLP-1 激动剂，但糖尿病患者仍需每周注射一次。为了提高患者的依从性，诺和诺德很早就开始了口服索马鲁肽的研究。研究人员将索马鲁肽与吸收促进剂 SNAC 制成口服配方。SNAC 与索马鲁肽结合使得其在胃部吸收，而且溶解的 SNAC 在胃部形成局部相对较高的 pH 环境，既可以增加索马鲁肽的溶解度，又可以减小索马鲁肽在该环境下受胃肽酶的影响，促进了索马鲁肽的吸收。口服索马鲁肽在胃部可以充分吸收并快速释放。2019 年 9 月 20 日，口服索马鲁肽被 FDA 批准用于结合饮食和运动以改善 2 型糖尿病患者的血糖控制（图 4-21）。

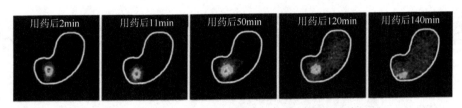

| 用药后2min | 用药后11min | 用药后50min | 用药后120min | 用药后140min |

图 4-21　口服索马鲁肽的吸收与释放

第四节　增强肽类分子的水溶性

含有疏水侧链的多肽往往水溶性较差，而含有极性侧链的多肽水溶性相对较好。不同的多肽因其组成不同而具有不同的溶解性。有些临床使用的多肽药物常常含有芳香性氨基酸如 Phe、Tyr 等，但是这类含有芳香性氨基酸的多肽常常溶解性很差。胰高血糖素（glucagon）含有半数以上疏水性侧链，且含有多个芳香性氨基酸，因此，其在水溶液中溶解性差。

临床上通常使用胰高血糖素治疗急性低血糖，通常以冻干粉末的形式保存，使用时需要用无菌酸性溶剂溶解，但溶解时常常产生不溶性纤维。因此，通过合适的修饰改造策略提高胰高血糖素的溶解性对胰高血糖素的临床使用有重要意义。天然的胰高血糖素 **50** 在 PBS 中的溶解度很小，Morz 等将胰高血糖素中的 Phe 或 Tyr 替换为吡啶基丙氨酸 3-pal 或 4-pal，尤其是多个位点替换（图 4-22），得到的肽在 PBS 溶液中的溶解性有了一定程度提高，其中肽 **51** 和 **52**，在保持胰高血糖素活性的同时，溶解度提高，大于 15mg/ml。这也表明引入吡啶基团可以提高多肽分子的水溶性。Mayer 等也报道了利用吡啶基替换 Phe 或 Tyr 中的苯环以提高多肽类降钙素基因相关肽受体拮抗剂的水溶性。

多肽药物均衡了小分子药物和生物药的优点，具有活性强、选择性好、安全性高、不容易在体内蓄积、与其他药物相互作用少、代谢途径可预测等优点，是一类理想的可用于开发成为药物的先导化合物。然而多肽药物本身也存在着半衰期短、血浆清除率高、不容易透过细胞膜、大多数药物不能口服需要注射给药、患者依从性差及生产成本较高等问题，这些问题制约了多肽药物的发展。采用多种化学修饰策略如末端结构修饰、拼接策略、环化策略、非天然氨基酸修饰、伪肽策略及胆固醇修饰等可以提高肽类分子的活性；除了上述部分方法可以提高肽的稳定性外，还可采用逆肽策略及高级脂肪酸修饰、蛋白质融合策略、聚乙二醇修饰等策略提高肽类分子的代谢稳定性；采用引入卤素原子、去除极性侧链、手性策略、N-烷基化、高级脂肪酸修饰等策略可以改善肽类分子的渗透性。许多成功上市的多肽药物都用到了这些改造策略中的一种或几种。

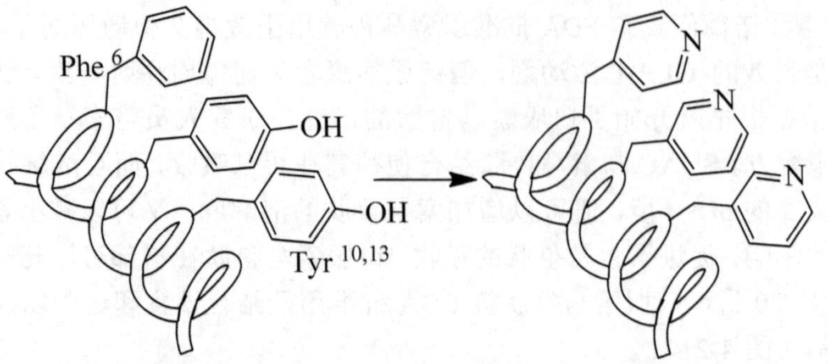

胰高血糖素

多肽	结构	EC$_{50}$ [pmol/L(SDV)]	溶解性 (mg/ml)
50	胰高血糖素	21.2（13.7）	<1
51	HSQGTFTSD（3-pal）SK（3-Pal）LD（Aib）SRRAQDFVQ WMNT	35.9（19.3）	>15
52	HSQGT（3-pal）TSD（3-pal）SK（3-pal）LD（Aib）SRRAQDWLMNT	30.9（10.1）	>15

图 4-22　用吡啶基取代 Phe/Tyr 提高胰高血糖素（Aib，氨基异丁酸）的水溶性

　　目前，通过对肽类分子的修饰和改造解决多肽药物的缺点，仍然是最直接和有效的策略。熟悉了解多肽药物的基本改造策略，对于多肽药物的研究和开发具有重要意义。虽然多肽药物的发展仍然面临着一些挑战，但随着未来药物化学改造策略的完善及新型药物递送系统与吸收促进剂的不断发展，这些技术都将会应用到多肽药物的开发之中，为多肽药物的开发提供更合理更丰富的思路。

（宋　芸）

第五章　多肽药物制剂研究

与传统化学药物相比，多肽和蛋白质类药物多具有以下特点：①稳定性差，存在化学和构象不稳定性；②首过效应强，易被胃肠道中的水解酶降解；③体内生物半衰期短，易被快速消除或降解；④脂溶性差，不易通过生物屏障等。因此，多肽和蛋白质类药物通常选择注射给药方式，主要剂型为冻干粉针剂。近年来，随着各种给药系统的发展，研究人员开发了多肽药物多种不同的制剂类型，呈现出多种给药途径。

第一节　多肽和蛋白质类注射给药制剂

多肽和蛋白质类药物具有分子量大、不易透过生物膜、易在体内酶解及降解等特点，其临床应用的主要剂型为冻干粉针剂，多采用冻干工艺提高多肽和蛋白质类药物的稳定性。

一、冻干粉针剂

冻干粉针剂是药物的一种制剂形式，是将药用成分及辅料用溶媒（如水）溶解后，配制成一定浓度的溶液，分装于安瓿或西林瓶等容器中，在无菌密闭环境中，低温下冻结，再通过降低环境气压，缓慢升高制品温度的方法使制品中的溶媒（如水）升华，留下疏松块状或粉末状药物而成的制剂。在使用时，需要加入溶媒（如注射用水），将药物溶解成溶液再以注射或输液方式治疗疾病。

真空冷冻干燥是先将制品冻结到共晶点温度以下，使水分变成固态的冰，然后在适当的温度和真空度下，使冰升华为水蒸气。再用真空系统的冷凝器（水汽凝结器）将水蒸气冷凝，从而获得干燥制品的技术。该过程主要可分为制品准备、预冻、一次干燥（升华干燥）、二次干燥（解吸干燥）和密封保存五个步骤（图5-1）。

二、缓释微球

微球（microspheres）是药物溶解或分散于高分子材料中形成的直径为1～250μm的微小球状实体，直径小于500nm的称为毫微球。近20年来，采用生物可降解聚合物包裹多肽和蛋白质类药物制成可注射微球制剂，已成为研究热点。通过调节聚合物种类、分子量、晶型、共聚物中单体的物质的量比、微球粒径、微球表面状态及内部结构、药物的水溶性、药物含量等，可以达到缓释或控释目的（表5-1）。法国Ipsen生物技术公司生产的GnRH类似物曲普瑞林是第一个上市的缓释多肽和蛋白质类微球制剂，释药可达1个月。之后，亮丙瑞林及那法瑞林等多肽和蛋白质类的缓释微球注射剂也纷纷上市。由Abott公司和日本武田公司联合开发的亮丙瑞林-丙交酯-乙交酯嵌段共聚物（PLGA）缓释微球，也可释药1个月。以PLGA为骨架材料制成的注射用醋酸亮丙瑞林微球，注入大鼠体内 1～2 天出现突释效应（burst effect），释药量达 20%，此后 28 天内每天以 2.8%的速度恒速释药。

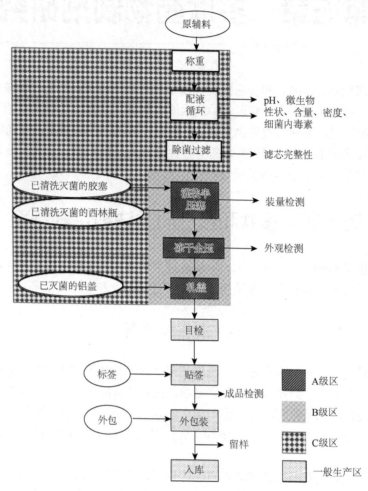

图 5-1　多肽冻干粉针剂生产工艺流程图

表 5-1　已上市的多肽和蛋白质类微球制剂

多肽和蛋白质类药物	$t_{1/2}$（min）	剂型	骨架材料	缓释时间（月）	商品名
曲普瑞林	30	微球	PLGA50∶50	1	Decapeptyl
亮丙瑞林	16	微球	PLGA50∶50	1	ProstapSR
亮丙瑞林	16	微球	PLA	3	Lupron
布舍瑞林	80	微球	PLGA50∶25	1	—
戈舍瑞林	—	微球	PLGA50∶50	1	Zoladex
那法瑞林	144	微球	PLGA50∶50	—	—

（一）多肽和蛋白质类缓释微球的载体材料

微球制剂的载体材料按来源可分为天然高分子材料、半合成高分子材料和合成高分子材料。天然高分子材料包括淀粉、明胶、清蛋白、阿拉伯胶、海藻酸及其盐等；半合成高分子材料常用纤维素衍生物，包括羧甲基纤维素、邻苯二甲酸醋酸纤维素、甲基纤维素、乙基纤维素及羟丙甲纤维素等；合成高分子材料主要为聚酯类，如聚乳酸（PLA）、PLGA 等，此外还有乙酸-乙酸乙烯共聚物及聚合酸酐等。

PLA 和 PLGA 在多肽和蛋白质类微球制剂中最为常用，其水解的最终产物是水和二氧化碳，中间产物乳酸也是体内正常代谢产物，因此此类聚合物无毒，无刺激性，并具有良好的生物相容性；而聚邻酯和聚酐类聚合物的降解，主要发生在给药系统的表面，称为表面溶蚀。其中 PLA 和 PLGA 多用于制备微球，聚烷基氰基丙烯酸酯多用于制备毫微球。以上述聚合物为骨架材料制成生物大分子药物微球制剂后给药，随着聚合物的降解，药物以扩散和溶蚀方式释放。

（二）多肽和蛋白质类缓释微球的制备方法

多肽和蛋白质类药物的微球给药系统，不仅需要有适宜的载药量，合适的粒径分布范围，还需要所包封的多肽和蛋白质类药物稳定，可控制释药速率，突释率小。微球的制备方法对微球上述特性有非常重要的影响。目前微球制备常用的方法有液中干燥法、喷雾干燥法、相分离法和乳化交联法，近年又研发了新的微球制备技术，如低温喷雾提取法和超临界流体技术等。

另外，瑞典 Skye Pharma 公司研发了一种生物微球缓释可注射技术，它是在显微镜下使用高纯度淀粉将药物包封成微球，再用生物降解材料包衣。注射后，包衣层和核心层溶蚀，药物可连续释放数天至数月。该微球包衣层不含药物，即使载药量大也不会发生突释。其制备条件温和，不接触有机溶剂，适于多肽和蛋白质类药物微球的制备。

（三）多肽和蛋白质类缓释微球的突释问题

包封率和突释率是评价微球制剂的两个最重要指标。其中突释问题是限制多肽和蛋白质类微球广泛应用的关键问题。造成多肽和蛋白质类微球突释的原因一般有以下两方面：一是因为药物分子和聚合物分子之间的相互作用太弱，导致药物极易从微球进入释放介质；二是药物在微球中的分布导致突释，多肽和蛋白质类疏松地吸附在微球表层，或包埋在微球表层，在微球释放初期，药物从微球中的孔洞和缝隙中释放，导致突释现象发生。

三、埋　植　剂

埋植剂所用生物可降解聚合物包括两大类：①天然聚合物，如明胶、葡聚糖、清蛋白及甲壳素等；②合成聚合物，如 PLA、聚丙交酯、PLGA、聚丙交酯-乙交酯（PLCG），聚己内酯及聚羟丁酸等。

作为药物载体，埋植剂载药量较大，可使药物零级释放，注射前无须用溶媒溶解，可达到局部或全身用药的目的。

英国研制的一种可注射埋植剂,将多肽和蛋白质类药物与 PLGA 在熔融状态下混匀后经多孔装置挤出,挤出物直径为 1mm,切割成一定长度的条状物,灭菌后直接密封于一次性注射器内即可使用。Alza 公司开发的皮下埋植剂系统,以钛合金为材料,以埋植剂技术为基础,包括半透膜、渗透泵、活塞、药物储库和出口等五部分,能够保证药物在体内长时间保持稳定,提供了多肽和蛋白质类及其他生物活性大分子药物的给药新途径。

四、原位微球

原位微球是将药物与可生物降解的聚合物溶解在特定的溶剂中形成注射剂,注入体内后,聚合物随溶剂的扩散而固化,从而形成微球,达到控制释药的目的。与常规的注射微球和皮下埋植剂相比,原位微球具有制备工艺简单、控释可靠及使用方便的优点。美国 FDA 已批准 AtrixLab 公司研发的亮丙瑞林缓释注射液(商品名 Eligard)上市,该药经小口径针头皮下注射后在体内形成微球,释放出亮丙瑞林,30mg 规格的 Eligard 已用于晚期前列腺癌的姑息治疗。

五、脂 质 体

脂质体为两亲性分子在水中自发形成的由双分子膜包裹的球状小囊。双分子膜被一层或多层内部含水的隔室隔开,药物包封在磷脂双分子层内部,可以提高药物的稳定性。脂质体适于包封一些易被破坏的大分子药物。脂质体具有无毒、可降解、生物相容性好及免疫原性低等优点,已被广泛用作多肽和蛋白质类药物的释药载体。

脂质体最常用的给药途径是静脉注射。粒径是决定其皮下注射和肌内注射后在给药部位滞留时间的重要因素。

六、微 乳

微乳是由水、油、表面活性剂和助表面活性剂组成的光学上均一、热力学稳定的液态体系。其液滴直径一般为 10~100nm,生物利用度高。微乳用于多肽和蛋白质类药物可以提高其生物稳定性和生物利用度。其主要经淋巴管吸收,可克服首过效应,而且渗透力强。微乳可分为 W/O 型、O/W 型和双连续型,是热力学稳定体系,理论上无须外界做功,只要组分比例适当即自发形成,一旦形成即保持稳定。但其形成也存在动力学方面的阻碍。

影响微乳形成的因素较多,尤其是制备所需的时间(即达到平衡所需时间)受诸多因素影响。瑞士 Sandoz 公司生产的环孢素 A 微乳制剂已经上市,给微乳作为多肽和蛋白质类药物剂型带来了希望。

七、原位水凝胶

原位水凝胶是一类能以液体状态给药,并在用药部位立即发生相变,形成非化学交联的半固体给药系统,其具有凝胶制剂的亲水性三维网络结构、良好的生物相容性、生物黏附性和独特的溶液-凝胶转变性质,与用药部位特别是黏膜组织亲和力强、滞留时间长兼有制备工艺简便、延长释药周期、使用方便、降低给药剂量和不良反应等优点，适于作为多肽和蛋白质类药物的控释制剂。其独特的溶液-凝胶转变性质使其克服了微球、脂质体的缺点。

（一）温敏型原位凝胶

温敏型原位凝胶是目前研究最为普遍的凝胶之一，可通过感应温度变化而产生溶液-凝胶的转变。目前用作多肽和蛋白质类药物控释给药系统的是具有低临界溶解温度的原位凝胶。这类温敏型原位凝胶在低温时因氢键及水合作用在水中溶胀；当升高至一定温度时，氢键被破坏，凝胶发生急剧的脱水作用。疏水性基团相互吸引使分子链收缩，聚合物从溶液中析出而呈现出体积不连续变化的突变现象，称为高分子凝胶的体积相转变。

此种高分子聚合物作为药物释放的载体材料，可对环境温度的改变做出应答，从而可对药物进行智能控制释放。应用最为广泛的高分子材料为泊洛沙姆。

（二）pH 敏感型原位凝胶

pH 敏感型原位凝胶的溶胀或去溶胀随 pH 的变化而变化，一般通过交联而形成大分子网络，网络中含有酸性或碱性基团，随介质 pH 和离子强度的改变，基团电离导致网络内大分子间氢键解离，引起不连续的溶胀体积变化。

Ramkison-Ganork 等对 N-异丙基丙烯酰胺、2-甲基丙烯酸丁酯和丙烯酸的三嵌段共聚物水凝胶中胰岛素释放速度的研究表明，在 pH 2.0 的介质中，胰岛素基本不从凝胶中流失。在 pH 7.4 的介质中，胰岛素的释放速度与共聚物的分子量相关。低分子量水凝胶中的大部分胰岛素可在 2h 内释出；中分子量的共聚物则轻微溶胀、缓慢溶解，胰岛素约 4h 释出；高分子量的共聚物溶胀速度最慢，胰岛素可持续释放 8h。

八、纳　米　粒

纳米粒为固态胶体颗粒，由天然或人工的高分子聚合物构成，粒径为 10～1000nm。纳米载药系统有靶向性，可经血液循环选择性定位于特定的组织和细胞；可保护药物不被酶类降解，提高药物稳定性和安全性；提高药物的溶解度和溶出度；有一定缓释作用。制备纳米粒的材料较多，大致可分为聚合物和脂质材料，前者制成的纳米粒称为聚合物纳米粒，后者制成的纳米粒称为固体脂质纳米粒。根据形成原理的不同，聚合物载药纳米粒的制备方法可分为预聚物分散法和单体聚合法，预聚物分散法包括乳化蒸发法、溶剂扩散法和盐析法。纳米释药系统研究已经涉及多肽和蛋白质类药物及核苷酸药物等。Zambaux 等以二氯甲烷为有机相，以聚乙烯醇和人血清蛋白为表面活性剂，已研究出适于装载多肽和蛋白质类药物的纳米粒的制备方法。

纳米粒静脉注射后可被体内网状内皮系统的巨噬细胞吞噬，从血液循环中迅速清除，通过改变纳米粒的表面性质，可延长载药纳米粒在血液循环中停留的时间。王杰等研究表明，表面修饰可显著改变载环孢素 A 聚乳酸纳米粒的体外细胞摄取和在网状内皮系统的组织分布，使环孢素 A 在体内的循环时间延长，从而提高其生物利用度。

第二节　多肽和蛋白质类药物非注射给药制剂

随着生物技术的发展，生物活性多肽和蛋白质类药物在临床上的应用越来越广泛。由于这类物质本身存在的缺点及生物体的屏障作用，临床上常用的多为注射剂，给药相对不方便，患者依从性受到一定程度的影响。因此，相对于注射制剂，多肽和蛋白质类药物的口服、经呼吸道及皮肤或黏膜给药制剂更具优越性。目前，多肽和蛋白质类药物非注射制剂的研发已成为研究热点。

一、鼻腔给药

鼻黏膜部位细微绒毛较多，可大大增加药物吸收的有效表面积，而丰富的毛细血管则有利于药物的迅速吸收。目前已有一些多肽和蛋白质类药物的鼻腔给药制剂用于临床，主要剂型有滴鼻剂、鼻喷雾剂等，如布舍瑞林、去氨加压素、降钙素、催产素、赖氨酸加压素（商品名Postacton）及胰岛素（商品名Nazlin）等。

多肽和蛋白质类药物在鼻腔的分布主要取决于其给药方式。Harris 等在加压素的鼻腔给药研究中发现，加压素鼻喷雾给药后，多数药物在鼻腔前沉积，仅少量药物被吞咽，而经滴鼻给药后，大多数药物沉积在鼻腔后部并被吞咽，采用喷雾给药的多肽和蛋白质类药物的滞留时间明显延长，生物利用度比滴鼻给药高2～3倍。鼻黏膜上存在多种氨肽酶，如血浆膜-结合肽酶、氨基肽酶N、氨基肽酶A和氨基肽酶B等，多肽和蛋白质类药物在鼻黏膜可被酶解而影响吸收。因此，多肽和蛋白质类药物鼻腔给药系统也需要酶抑制剂及吸收促进剂。在胰岛素的鼻黏膜吸收研究中，不使用大豆甾醇糖苷的胰岛素花生油混悬剂，生物利用度仅为6%，而使用大豆甾醇糖苷后其生物利用度可提高到11.6%。使用月桂烯-9、甘氨胆酸盐或脱氧胆酸钠，也可明显提高胰岛素鼻腔给药的生物利用度。Yarshosaz 等用200～400mg 的壳聚糖，70～140mg 的交联剂（抗坏血酸或抗坏血酸棕榈酸盐），通过乳化交联制备了经鼻吸收的胰岛素壳聚糖微囊，并对4组糖尿病大鼠经鼻给药。与静脉注射剂相比，含有壳聚糖400mg和抗坏血酸棕榈酸盐70mg 的胰岛素壳聚糖微囊经鼻吸收后，血糖降低67%，胰岛素的生物利用度达到44%。

二、肺部给药

肺部具有特殊的生理结构，表面积极大，有丰富的毛细血管，内皮紧贴于肺泡上皮，药物输送距离短、速度快；肺泡上皮细胞极薄，有良好的通透性，对一些大分子也具有一定渗透性；下呼吸道的清除作用比较缓慢，大分子在肺内较长的滞留时间有利于提高药物在肺泡中吸收，且吸入方法是非侵入性的，易被患者接受。因此吸入给药很有希望成为多肽和蛋白质类药物的给药途径。多肽和蛋白质类药物肺部给药系统类型主要包括以下几种。

1. 干粉吸入剂（DPI）　携带方便，操作简单，不含抛射剂（呼吸促发），且干燥粉末可增加多肽和蛋白质类药物制剂的稳定性。

Codrons 等将糖类、二棕榈酰磷脂酰胆碱和（或）清蛋白利用喷雾干燥法制备了甲状旁腺激素的DPI制剂，并评价了其对小鼠的有效性和安全性。制得的干粉粒径为4.5μm，堆密度为

$0.06g/cm^2$，平均空气动力学粒径为 $3.9\sim5.9\mu m$。小鼠体内实验结果表明，甲状旁腺激素的 DPI 制剂气管内给药的绝对生物利用度为 21%，而皮下注射给药的绝对生物利用度为 18%。

2. 定量型气雾剂（MDI）　1950 年，MDI 首次应用于胰岛素给药。随后的研究发现，聚合物微粒载体系统能产生控释效果，且可保护其内部分子免受化学降解。Wiliams 等于 1998 年尝试将壳聚糖作为多肽和蛋白质类的载体用于制备肺部给药的压力定量吸入剂。研究发现，使用不同的交联媒介物和附加剂，能调节壳聚糖微球的理化性质，使其适于 MDI 给药系统。此外，非交联壳聚糖和戊二醛交联壳聚糖也可作为 MDI 系统肺部给药的载体。

（苏文琴，张鹏威）

第六章　已上市多肽类产品

自 1902 年英国科学家从动物胃肠道消化液中分离得到促胰腺分泌素至今,多肽的研究取得了惊人的进展。至 20 世纪 90 年代末,已发现的多肽类天然活性物质已达数万种,涉及激素、神经、细胞生长、生殖、肿瘤病变、神经激素递质及免疫调节等诸多领域。

多肽作为药物的研发时间虽然较短,但到目前为止,全球已有至少 60 多种人工合成或基因重组的小分子多肽药物被批准应用于临床,其中多数多肽源于天然多肽的活性片段或根据蛋白质结构域设计而成。临床前研究中及进入临床试验的多肽药物数量也在逐年递增。与此同时,国内外也涌现出了一些以多肽药物研发为主的新型药物研发企业。一些大型跨国医药巨头也开始通过收购或自主研发的形式涉足多肽药物领域。

本章主要介绍国内外已上市的多肽药物、多肽化妆品及多肽食品,以便读者对国内外多肽产品的研发进度、研发思路、多肽药物剂型及涉足多肽药物的企业等有概括的了解。收录的多肽以人工合成的小分子多肽(少于等于 50 个氨基酸)为主。国内上市的多肽药物品种中,从动植物如昆虫中提取的多肽占很大比例。

多肽药物的氨基酸序列或结构信息主要参考世界卫生组织提供的刊物 *WHO Drug Information*、研发公司发布的信息及其他相关文献。国内已上市的多肽药物信息主要检索自国家药品监督管理局的相关数据库及药智网数据库。

第一节　国外已上市的多肽药物

一、抗肿瘤多肽药物

1. 戈那瑞林

【药品通用名/商品名】　Gonadorelin；戈那瑞林；Factrel®。

【CAS】　33515-09-2。

【氨基酸序列/结构式】　pGlu-His-Trp-Ser-Tyr-Gly-Leu-Arg-Pro-Gly-NH$_2$

【申请机构】　Baxer Healthcare Corporation Anesthesia Critical Care。

【批准上市时间/适应证/给药途径】　1982 年 9 月,美国 FDA 已批准戈那瑞林上市,目前主要用作促排卵药,治疗下丘脑性闭经所致的不育症,原发性卵巢功能不足等,也可用于治疗激素依赖性前列腺癌和乳腺癌及子宫内膜异位症。皮下注射,开始每周 1 次,每次 0.5mg,然后每天 1 次,每次 0.1mg。

【药物简介】　戈那瑞林是依照下丘脑释放的天然 GnRH 的化学结构进行人工合成的十肽激素类药物,临床用于诊断下丘脑-垂体-性腺功能低下的生育障碍和其他内分泌失调疾病。由于其药效相对各类似物较低,因此目前临床使用较少。

【药物制剂】　冻干粉针剂,分为 25μg 和 100μg 两种规格。

【国内上市信息】　国内已上市，马鞍山丰原制药有限公司，分为 25μg（国药准字 H10960063）和 100μg（国药准字 H10960064）两种规格，均为医保乙类药品。

2. 戈舍瑞林

【药品通用名/商品名】　Goserelin；戈舍瑞林；Zoladex®。

【CAS】　65807-02-5。

【氨基酸序列/结构式】　pGLu-His-Trp-Ser-Tyr-*D*-Ser(But)-Leu-Arg-Pro-AzaGly-NH$_2$（图 6-1）。

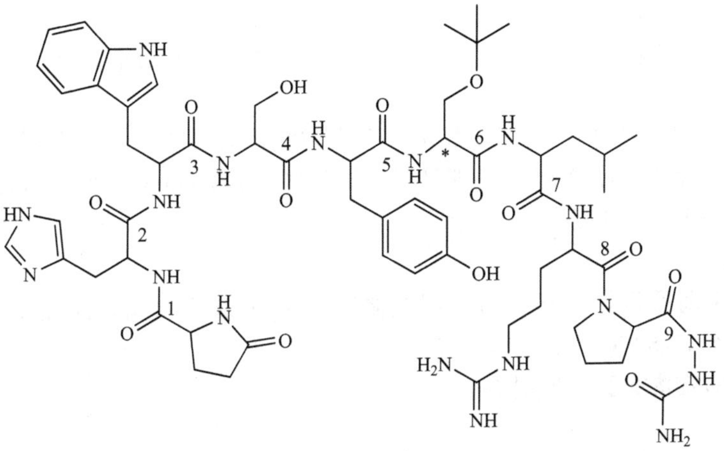

图 6-1　戈舍瑞林化学结构式

【申请机构】　英国 AstraZeneca Pharma。

【批准上市时间/适应证/给药途径】　1989 年 12 月，美国已批准戈舍瑞林上市，目前主要用于治疗前列腺癌、乳腺癌及子宫内膜异位症；给药途径为皮下注射。

【药物简介】　戈舍瑞林是一种 GnRH 类似物，能够抑制垂体促性腺素的释放。体外实验及动物实验显示，戈舍瑞林能够抑制二甲基苯蒽诱导的大鼠乳腺肿瘤生长，对动物 DunningR3327 前列腺癌也有抑制作用。

【药物制剂】　醋酸戈舍瑞林缓释植入剂的商品名为诺雷得（Zoladex®），由英国阿斯利康公司独家生产，分为 3.6mg/支（缓释期 1 个月）和 10.8mg/支（缓释期 3 个月）两种规格。

戈舍瑞林 3.6mg/支规格于 1987 年首次在法国上市，1996 年被批准进口中国，为国家医保用药，是一种可在体内逐渐进行生物降解的多聚缓释植入剂，为无菌、白色或乳白色柱形聚合物（图 6-2）。其处方组成为戈舍瑞林 3.6mg，辅料为 PLGA（13.3～14.3mg）、乙酸（＜2.5%）及 12%的戈舍瑞林相关物质，总重量约 18.0mg，直径 1.0mm，预先充填在安全针系统里（图 6-3）。在成人腹前壁皮下注射本品 3.6mg 一支，每 28 天一次，适用于可用激素治疗的前列腺癌和可用激素治疗的绝经前期及围绝经期妇女的乳腺癌，以及子宫内膜异位症的治疗，以减轻疼痛并减少子宫内膜损伤的大小和数目。

美国 FDA 1996 年批准 10.8mg/支规格，其处方组成为 10.8mg 戈舍瑞林和 12.82～14.76mg 的 PLGA，乙酸含量低于 2%，并含有 10%的戈舍瑞林相关物质。皮下埋植，药物持续释放 12 周，仅适用于前列腺癌的治疗。本规格不推荐用于妇女和儿童。

其制备方法为醋酸戈舍瑞林与聚合物 PLGA 在熔融状态混匀后经一多孔装置挤出，挤出物直径为 1.0mm 或 1.5mm，经切割成一定长度的条状物，单剂量 3.6mg 或 10.8mg，灭菌后直接密封于自毁型安全注射器内待用，于腹前臂皮下注射，随着基质在体内逐渐降解，药物得以缓慢、持续释放。

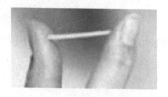

图 6-2　戈舍瑞林白色植入棒

图 6-3　预填充安全针

【国内上市信息】　国内已上市。醋酸戈舍瑞林缓释植入剂，均为英国阿斯利康公司进口产品，3.6mg（以戈舍瑞林计）/支（注册证号：国药准字 J20160052）和 10.8mg/支（注册证号：国药准字 J20160091）两种规格。

3. 组氨瑞林

【药品通用名/商品名】　Histrelin；组氨瑞林；Supprelin®；SupprelinLA®；Vantas®。

【CAS】　76712-82-8。

【氨基酸序列/结构式】　见图 6-4。

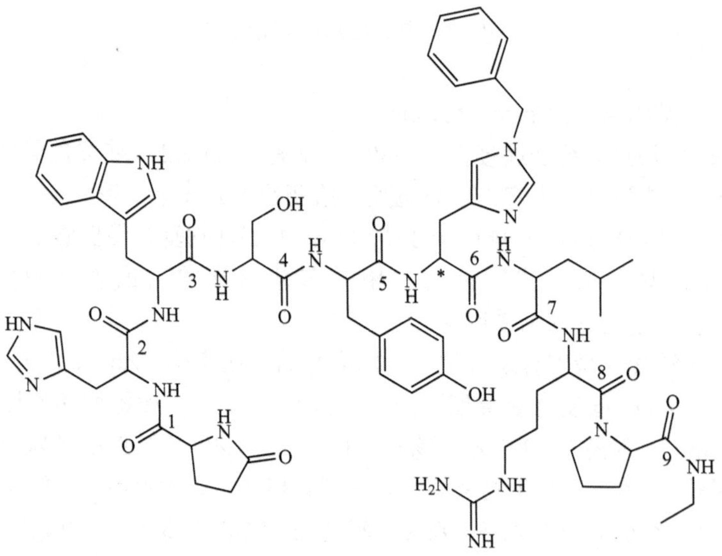

图 6-4　组氨瑞林结构式

【申请机构】　Shire Development Inc.和 Endo Pharma Solution Inc.。

【批准上市时间/适应证/给药途径】　1991 年 12 月，美国 FDA 已批准组氨瑞林上市，目前主要用于中枢性性早熟及晚期前列腺癌的姑息疗法，给药途径为皮下埋植给药。

【药物简介】　组氨瑞林是一种 GnRH 激动剂，持续给药时可抑制脑垂体促黄体素（LH）及促性腺素的释放。其皮下埋植剂可持续抑制血清睾酮及前列腺特异性抗原的水平。

【药物制剂】　2004 年美国 FDA 批准了维勒拉（Valera）制药公司开发的组氨瑞林预填充

式微型水凝胶长效埋植剂，商品名 Vantas®，作为晚期前列腺癌的姑息治疗用药。Valera 制药公司采用凝胶植入技术，于胳膊内臂皮下植入（图 6-5），本品在体内持续释药 12 个月，临床用于治疗儿童真性性早熟。

Vantas®外形像薄薄的软管，为 3.5cm×3mm 的圆柱体，含 50mg 组氨瑞林（约 65mg 组氨瑞林乙酸盐）（图 6-6），该药芯还含有硬脂酸的活性成分。凝胶储库的成分有甲基丙烯酸-2-羟基乙酯、甲基丙烯酸-2-羟基丙酯、三羟甲基丙烷三甲基丙烯酸酯、安息香甲醚等。每个水合埋植剂包装在含 2ml 1.8%的无菌氯化钠溶液的玻璃瓶中，一旦埋植，药物可以立即释放。每个埋植剂连续释放 12 个月，每天释药约 65μg。其不良反应主要发生在埋植处，表现为青肿、酸痛、疼痛、刺痛、发痒、肿胀和过敏反应等。

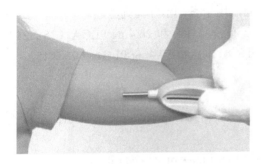

图 6-5 组氨瑞林胳膊内臂皮下植入

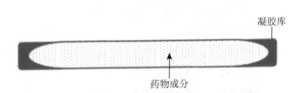

图 6-6 组氨瑞林预填充式微型水凝胶长效埋植剂

【国内上市信息】 国内尚未上市。

4. 布舍瑞林

【药品通用名/商品名】 Buserelin；布舍瑞林；Suprefact®；Suprecur®。

【CAS】 57982-77-1。

【氨基酸序列/结构式】 pGlu-His-Trp-Ser-Tyr-*D*-Ser(But)-Leu-Arg-Pro-NHEt。

【申请机构】 Hoechst AG（现为 Sanofi-aventis Inc.）和日本富士制药工业株式会社。

【批准上市时间/适应证/给药途径】 1987 年以前，加拿大已批准 Hoechst AG 的布舍瑞林上市；目前 Sanofi-aventis Inc. 的布舍瑞林产品包括注射剂和植入剂等剂型，用于治疗晚期前列腺癌和子宫内膜异位症。2000 年 7 月，日本已批准布舍瑞林用于治疗子宫内膜异位症和中枢性性早熟；给药途径为经鼻给药。

【药物简介】 布舍瑞林是一种合成的 GnRH 类似物，能促进 LH 和 FSH 的释放。其促进 LH 和 FSH 释放的作用效力分别为天然 GnRH 的 19 倍和 16 倍。

【药物剂型】 布舍瑞林主要有以下几种剂型规格。

（1）Suprefact®注射剂和鼻喷剂：姑息治疗晚期前列腺癌。起始治疗：最初的 7 天，每 8h 皮下注射 Suprefact® 500μg（0.5ml，规格为 1mg/ml）一次。维持治疗采取每天皮下注射或者每天 3 次的喷鼻剂。如果采取皮下注射，计量为每天 200μg（0.2ml）；如果采用喷鼻剂（图 6-7），计量为 400μg（每个鼻孔 200μg），一天 3 次。

每 1ml 注射液中含 1.05mg 醋酸布舍瑞林（1.00mg 纯布舍瑞林），10mg 苯甲醇（作为防腐剂），二氢磷酸钠缓冲液，4.5mg 氯化钠和氢氧化钠（用于调节 pH），包装在透明玻璃瓶中。

每 1ml 鼻喷剂中含 1.06mg 布舍瑞林乙酸盐（1.00mg 纯布舍瑞林），0.10mg 苯扎氯铵（作为防腐剂），柠檬酸/柠檬酸钠缓冲液和 8.1mg 的氯化钠，包装在 10ml 琥珀色玻璃瓶中。

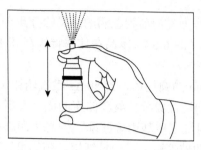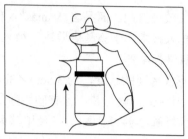

图 6-7　布舍瑞林鼻喷剂

（2）Suprefact®Depot：植入剂，分为两种规格，2 个月缓释期（6.3mg 布舍瑞林）和 3 个月缓释期（9.45mg 布舍瑞林），皮下注射于腹部侧面，用于长期治疗前列腺癌。

2 个月缓释期：含 6.6mg 醋酸布舍瑞林（6.3mg 布舍瑞林）和 26.4mg PLGA（75：25）。
3 个月缓释期：含 9.9mg 醋酸布舍瑞林（9.45mg 布舍瑞林）和 39.4mg PLGA（75：25）。

【国内上市信息】　国内尚未上市。

5. 亮丙瑞林

【药品通用名/商品名】　Leuprorelin；亮丙瑞林；Prostap®；Lupron depot；Viadur；Eligard®。

【CAS】　53714-56-0。

【氨基酸序列/结构式】　pGlu-His-Trp-Ser-Tyr-*D*-Leu-Leu-Arg-Pro-NHEt。

【申请机构】　武田药品工业株式会社。

【批准上市时间/适应证/给药途径】　1992 年 9 月，日本已批准亮丙瑞林上市，用于治疗前列腺癌、绝经后乳腺癌、中枢性性早熟及子宫内膜异位症等；给药途径为皮下注射。国家药品监督管理局公布第二批化学药品说明书，亮丙瑞林适用于子宫内膜异位症；伴有月经过多、下腹痛、腰痛及贫血等的子宫肌瘤；绝经前乳腺癌，且雌激素受体阳性患者；前列腺癌；中枢性性早熟症。

【药物简介】　亮丙瑞林是一种人工合成的 GnRH 的九肽类似物，作用机制同布舍瑞林。

【药物制剂】　目前，亮丙瑞林有 3 种缓控释剂型上市，分别为缓控释微球制剂、植入片和注射埋植剂。

（1）醋酸亮丙瑞林缓控释微球制剂：亮丙瑞林缓控释微球（图 6-8）制剂商品名为 Lupron depot，由美国 Abbott 公司研发。规格分为 3.75mg、7.5mg、11.25mg 和 15.0mg，缓释期为 1 个月，治疗儿童青春性早熟。根据儿童体重选择合适规格，25.0kg 以下使用 7.5mg 规格；25.0～37.5kg 使用 11.25mg 规格；37.5kg 以上使用 15.0mg 规格。

Lupron depot（以 7.5mg 规格为例）预先包装在双室注射器中。注射器前室为冷冻消毒的亮丙瑞林微球，其成分为醋酸亮丙瑞林（7.5mg）、纯化明胶（1.3mg）、PLGA（66.2mg）和 *D*-甘露醇（13.2mg）。注射器后室为稀释剂，含羧甲基纤维素钠（5.0mg）、*D*-甘露醇（50.0mg）、吐温 80（1.0mg）、注射用水及用来调节 pH 的冰醋酸。

Lupron depot 可注射微球除上述 1 个月的缓释期用于治疗儿童真性性早熟外，还有 11.25mg、22.5mg 和 30.0mg 规格对应的 3 个月和 4 个月的缓释期，用于治疗子宫内膜异位症。3 个月和 4 个月缓释期的后室稀释剂为聚乙酸、*D*-甘露醇、羧甲基纤维素钠、吐温 80、注射用水和冰醋酸。

前室无菌冷冻的亮丙瑞林微球用后室稀释剂稀释后变为悬浊液使用，肌内注射。

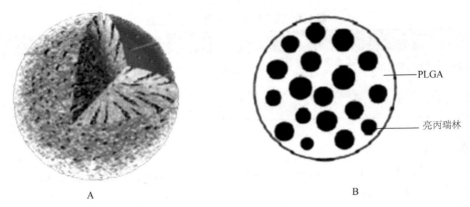

图 6-8　醋酸亮丙瑞林缓控释微球制剂

A. 微球制剂；B. 微球横切面

（2）醋酸亮丙瑞林植入片：醋酸亮丙瑞林植入片的商品名为 Viadur，由美国拜耳公司研发，2000 年 4 月被美国 FDA 批准用于治疗前列腺癌。Viadur（图 6-9）为 4mm×45mm 的钛合金储库，为微渗透泵型长效植入片，重量大约为 1.1g。每个 Viadur 含 72mg 醋酸亮丙瑞林（相当于 65mg 亮丙瑞林）溶解于 104mg DMSO 中。储库中包含聚氨酯控速膜、弹性活塞和聚乙烯扩散调节器。储库还包含渗透片，其由氯化钠、羧甲基纤维素钠、聚维酮、硬脂酸镁和无菌注射用水组成，阻止药物快速渗透。渗透片和储库之间的空隙用聚乙二醇填充，并使用少量的医疗用硅液体作为润滑剂。使用时埋植于胳膊上臂内侧皮下，可以零级释药 12 个月，平均血浆药物浓度保持在 0.9ng/ml。该剂型血药浓度稳定，因而减少了用药剂量，提高了安全性。但是其由不可生物降解材料制成，需手术植入和取出，给用药增加了难度。

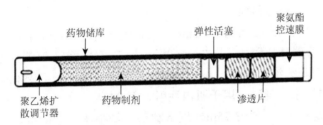

图 6-9　亮丙瑞林植入片储库

（3）醋酸亮丙瑞林注射埋植剂：醋酸亮丙瑞林注射埋植剂商品名为 Eligard®，由 Atrix Laboratories 公司研发上市，其规格有 7.5mg、22.5mg、30.0mg 和 45.0mg，分别对应 1 个月、3 个月、4 个月和 6 个月的缓释期。临床用于治疗晚期前列腺癌、晚期乳腺癌、儿童真性性早熟、子宫平滑肌瘤、子宫内膜异位症，其给药方式为腹前臂皮下注射。

Eligard®是使用 ATRIGEL 技术生产的可注射埋植剂，该制剂由运载系统和醋酸亮丙瑞林组成，并分装在两个无菌注射器中。运载系统为 PLGA 溶于溶剂 NMP 中的溶液。使用前 30min 内将该溶液与醋酸亮丙瑞林粉末混合成混悬液注入皮下，聚合物在皮下交联形成骨架，随着骨架在体内降解，药物缓慢释放，而骨架最终分解为小分子物质而从体内消除。

【国内上市信息】　国内已上市，如表 6-1 所示。进口注射用醋酸亮丙瑞林微球均来源于日本的武田药品工业株式会社（Takeda Pharmaceutical Company Limited），其规格有 11.25mg、3.75mg 和 1.88mg 三种。

表 6-1 亮丙瑞林微球国内注册信息

药品名称	生产厂家	规格	批准文号	医保类别	批准日期
注射用醋酸亮丙瑞林缓释微球	北京博恩特药业有限公司	3.75mg	国药准字 H20093809	乙类	2019-06-11
注射用醋酸亮丙瑞林微球	上海丽珠制药有限公司	3.75mg	国药准字 H20093852	乙类	2019-06-14

6. 曲普瑞林

【药品通用名/商品名】 Triptorelin；曲普瑞林；Decapeptyl®；Trelstar® LA。

【CAS】 57773-63-4。

【氨基酸序列/结构式】 pGlu-His-Trp-Ser-Tyr-*D*-Tyr-Leu-Arg-Pro-Gly。

【申请机构】 Debipharm SA 和 Watson Laboratories Inc.。

【批准上市时间/适应证/给药途径】 据报道，德国 1986 年已批准曲普瑞林上市，美国 FDA 也已批准曲普瑞林上市。适应证：本品适用于一般需要把性激素血浆浓度降低至去势水平的情况。①男性：治疗激素依赖性前列腺癌。②女性：治疗子宫肌瘤，减小肌瘤体积，可减少手术出血和缓解疼痛；以抑制卵巢激素水平为首选治疗方法，并经腹腔镜确诊的子宫内膜异位症。③儿童：治疗中枢性性早熟，适于 9 岁以下女孩和 10 岁以下男孩。

给药途径为肌内注射。

【药物简介】 曲普瑞林是一种人工合成的 GnRH 类似物，具有与其他 GnRH 类似物相似的药理作用，能够抑制 LH 和 FSH 释放。

【药物制剂】 1986 年，法国益普生公司生产的曲普瑞林是第一个上市的缓释多肽微球制剂，缓释期为 1 个月和 3 个月。适应证为前列腺癌、儿童真性性早熟、子宫内膜异位症、子宫肌瘤及不孕症的体外受精胚胎移植。

曲普瑞林缓释微球制剂商品名为 Trelstar® LA，是一种无菌冻干的可生物降解微球，每小瓶一个剂量，含有曲普瑞林扑酸盐（11.25mg 肽），聚 *D,L*-乳酸/乙醇酸共聚物（145.0mg），甘露醇（85.0mg），羧甲基纤维素钠（30.0mg）和吐温 80（2.0mg）。注射时向 Trelstar® LA 小瓶中加入 2ml 无菌注射用水，混合，用于肌内注射，每 84 天一次。

本品还有缓释期为 30 天的 3.75mg 规格制剂。每小瓶一个剂量，含有曲普瑞林扑酸盐（3.75mg 肽），聚 *D，L*-乳酸/乙醇酸共聚物（170.0mg），甘露醇（85.0mg），羧甲基纤维素钠（30.0mg），吐温 80（2.0mg）。注射时向 Trelstar® LA 小瓶中加入 2ml 无菌注射用水，混合，用于肌内注射，每 30 天一次。

曲普瑞林缓释微球制剂的注射装置如图 6-10 所示。

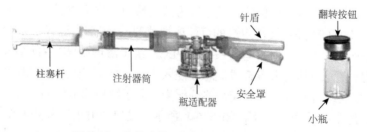

图 6-10 曲普瑞林缓释微球制剂的注射装置

【国内上市信息】 国内已上市，基本情况如表 6-2、表 6-3 所示。

表 6-2 国产醋酸曲普瑞林注射液注册信息

生产厂家	规格	批准文号	医保类别	批准日期
长春金赛药业股份有限公司	1ml：0.1mg（按 $C_{64}H_{82}N_{18}O_{13}$ 计，为 0.0956mg）	国药准字 H20044922	乙	2015-10-19
丹东医创药业有限责任公司	1ml：0.1mg（以曲普瑞林计）	国药准字 H20054645	乙	2015-8-15
成都天台山制药有限公司	1ml：0.1mg（以 $C_{64}H_{82}N_{18}O_{13}$ 计，为 0.0956mg）	国药准字 H20058648	乙	2015-10-30

表 6-3 进口醋酸曲普瑞林注册信息

药品名称（中文）	公司名称（中文/英文）	药品规格	国家/地区	注册证号	发证日期
注射用醋酸曲普瑞林	Ipsen Pharma	3.75 mg	法国	H20140298	2018-10-22
注射用醋酸曲普瑞林	Ipsen Pharma	0.1mg（以曲普瑞林计）	法国	H20130797	2018-10-27
醋酸曲普瑞林注射液	Ferring AG	1ml：0.1mg（按曲普瑞林计为 95.6μg）	瑞士	H20160237	2016-04-29
注射用曲普瑞林	Ferring GmbH	3.75mg	德国	H20140123	2018-12-28
注射用双羟萘酸曲普瑞林	Ipsen Pharma	15mg	法国	H20130842	2018-10-17

7. 那法瑞林

【药品通用名/商品名】 Nafarelin；那法瑞林；Synarel®。

【CAS】 76932-56-4。

【氨基酸序列/结构式】 pGlu-His-Trp-Ser-Tyr-*D*-2-Nal-Leu-Arg-Pro-Gly-NH$_2$。

【申请机构】 CD Searle LLC。

【批准上市时间/适应证/给药途径】 1990 年 2 月，美国 FDA 已批准那法瑞林上市，用于中枢性性早熟，给药途径为经鼻给药。

【药物简介】 那法瑞林是一种 GnRH 类似物，与同类药物作用机制相似，除可用于中枢性性早熟外，也可用于治疗子宫平滑肌瘤，减少子宫出血。

【药物制剂】 临床作用同布舍瑞林，只有鼻喷雾剂（Synarel®）一种剂型，吸收迅速，半衰期为 3h。Synarel®鼻喷剂为澄清，无色或略黄色溶液，含醋酸那法瑞林 2mg/ml，溶液中含山梨糖醇、苯扎氯铵、冰醋酸、盐酸（调 pH）、氢氧化钠和纯净水。用量：每天早、晚各一次，启动计量喷雾泵，每次 200μg，连续治疗不超过 6 个月。

【国内上市信息】 国内尚未上市。

8. 阿巴瑞克

【药品通用名/商品名】 Abarelix；阿巴瑞克；Plenaxis™。

【CAS】 183552-38-7。

【氨基酸序列】 Ac-*D*-Nal-*D*-Cpa-*D*-Pal-Ser-*N*-Me-Tyr-*D*-Asn-Leu-Lys(iPr)-Pro-*D*-Ala-NH$_2$。

【申请机构】 Speciality European Pharma Ltd.。

【批准上市时间及适应证】 2003 年 11 月，FDA 批准阿巴瑞克用于前列腺癌的姑息疗法；给药途径为肌内注射。

【药物简介】　阿巴瑞克是一种人工合成的十肽，可通过直接抑制 LH 和 FSH 分泌而减少睾丸睾酮的分泌。受体结合试验表明，阿巴瑞克与大鼠脑下垂体 GnRHR 具有极高的亲和力，其肌内注射后吸收缓慢，人体肌内注射给予 Plenaxis™ 100mg 后，血药峰浓度平均为 43.4ng/ml，给药 3 天后方能达到该浓度。

在Ⅲ期临床试验中，1397 例接受阿巴瑞克治疗的患者有 15 例出现了严重的系统过敏反应，正是由于这种潜在的有可能威胁患者生命的不良反应，阿巴瑞克被限制在没有药物选择的情况下才能使用。后来由于这种不良反应的继续报告，FDA 于 2005 年 5 月将其撤出美国市场，但现在仍在德国使用。

【药物剂型】　混悬剂，储库型控释注射剂。

【国内上市信息】　国内尚未上市。

9. 加尼瑞克

【药品通用名/商品名】　Ganirelix；加尼瑞克；Antagon™。

【CAS】　129311-55-3。

【氨基酸序列】　Ac-D-2Nal-D-4Cpa-D-3Pal-Ser-Tyr-D-Homo Arg(9, 10-Et$_2$)-Leu-L-Homo Arg(9, 10-Et2)-Pro-D-Ala-NH$_2$。

【申请机构】　Oganon USA Inc.。

【批准上市时间/适应证/给药途径】　1999 年 7 月，美国 FDA 已批准加尼瑞克上市，用于接受控制性超排卵辅助生殖治疗的妇女，防止 LH 峰过早（premature LH surges）；给药途径为皮下注射，最好是在大腿部。为防止皮下脂肪萎缩，应循环更换注射部位。如果能对患者或其伴侣给予充分指导，并可获得专家建议，可以自行注射本品。

【药物简介】　加尼瑞克是一种合成的 GnRH 模拟肽，对天然 GnRH 的第 1、2、3、6、8 和 10 位氨基酸进行了置换，对天然 GnRH 具有较高的拮抗作用。研究表明，加尼瑞克能够竞争性结合脑下垂体促性腺素细胞上的 GnRH 受体，迅速、可逆的抑制促性腺素的释放。其对脑下垂体 LH 分泌的抑制作用强于对 FSH 的抑制。停药后，LH 和 FSH 的分泌可在 48h 内恢复正常。

【药物制剂】　注射剂，皮下注射，1 次/天，每次 0.25mg。本品其他组分为冰醋酸、甘露醇。注射用水，用氢氧化钠和乙酸调节 pH。

【国内上市信息】　国产药品为正大天晴药业集团股份有限公司生产，规格 0.25mg/0.5ml（以加尼瑞克计），国药准字 H20183025。进口药品为 Vetter Pharma-Fertigung GmbH & Co. KG 产品，规格 0.25mg/0.5ml（以加尼瑞克计），注册证号：H20160574。

10. 西曲瑞克

【药品通用名/商品名】　Cetrorelix；西曲瑞克；Cetrotide®；思则凯®。

【CAS】　120287-85-6。

【氨基酸序列/结构式】　Ac-D-Nal-D-Cpa-Ser-Tyr-D-Cit-Leu-Arg-Pro-D-Ala-NH$_2$。

【申请机构】　EMD Serono Inc. 和 Solvay Pharma。

【批准上市时间/适应证/给药途径】　1999 年 8 月，德国批准西曲瑞克上市，2000 年 8 月美国 FDA 批准其上市，目前已在包括欧洲在内的 45 个国家上市，主要用于预防接受控制性卵巢刺激的患者出现排卵过早，治疗前列腺增生、前列腺癌及子宫肌瘤等；其给药途径为皮下注射。在辅助生育技术中，本品可防止控制性卵巢刺激的患者提前排卵。

【药物简介】　西曲瑞克是一种合成的十肽 GnRH 拮抗剂，可与内源性 GnRH 竞争垂体细胞上的膜受体，从而控制 LH 和 FSH 的分泌，其起效迅速，几乎能立即抑制 LH 和 FSH 的分泌，使 LH 高峰和排卵推迟。对各类激素依赖性疾病如卵巢癌、前列腺癌、子宫内膜异位症、卵巢过度刺激综合征等，西曲瑞克可通过下丘脑-垂体-性腺途径抑制依赖性激素的分泌，从而间接抑制肿瘤生长。此外，西曲瑞克也能够直接抑制肿瘤细胞的增殖和转移。

【**药物制剂**】 冻干粉针剂，本品为白色冻干块状物，辅料为甘露醇。其规格为 0.25mg（以西曲瑞克计）。本品每天 1 次，每次 1 瓶（0.25mg 西曲瑞克），应于早晨或晚间使用。首次给药后，建议对患者进行医疗监护 30min，以确认未发生过敏/假性过敏反应。本品用于下腹壁皮下（脐周较好）注射。循环更换注射部位，同一注射部位的延迟注射及缓慢注射，便于本品持续吸收，都可以将注射部位反应降至最低。

【**国内上市信息**】 国产药品为深圳翰宇药业股份有限公司生产，2018 年 11 月 21 日批准上市，批准文号：国药准字 H20183468。进口药品为荷兰 Merck Europe B. V. 产品，注册证号为 H20140476。

11. 地加瑞克

【**药品通用名/商品名**】 Degarelix；地加瑞克；Firmagon®。

【**CAS**】 214766-78-6。

【**氨基酸序列/结构式**】 见图 6-11。

Ac-*D*-Nal-*D*-Phe(4Cl)-*D*-Pal-Ser-Aph(Hor)-*D*-Aph(Cbm)-Leu-ILys-Pro-*D*-Ala-NH$_2$。

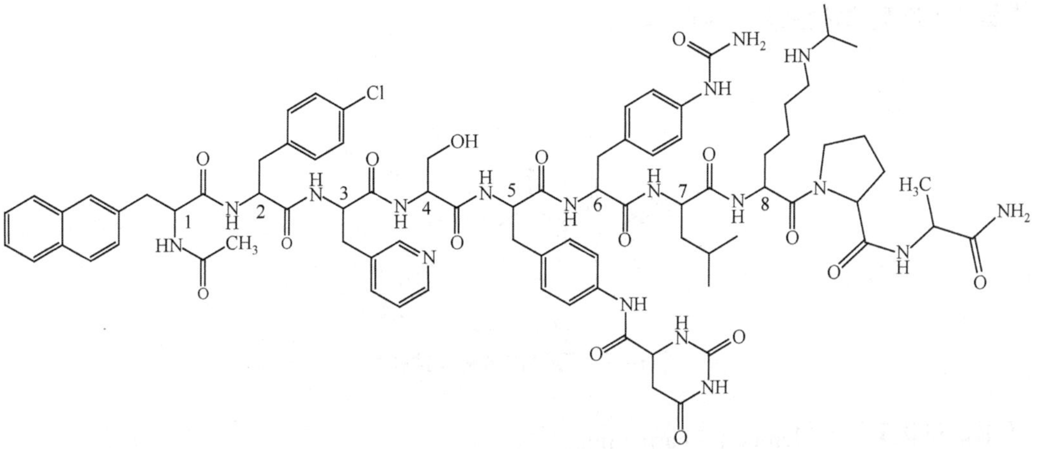

图 6-11 地加瑞克化学结构式

【**申请机构**】 Firring Pharma Inc.。

【**批准上市时间/适应证/给药途径**】 2008 年 12 月，美国 FDA 批准地加瑞克上市，用于治疗晚期前列腺癌；给药途径为皮下注射（仅限腹部区域）。

【**药物简介**】 地加瑞克是一种合成的 GnRH 受体拮抗剂，分子式为 C$_{82}$H$_{103}$N$_{18}$O$_{16}$Cl，分子质量为 1632.3Da，含有 10 个氨基酸，其中 7 个为非天然氨基酸（5 个 *D*-氨基酸）。其作用机制为通过与脑下垂体的 GnRH 受体可逆的结合，减少促性腺素及睾酮的释放，从而发挥抗前列腺癌作用。其诱发组胺释放（可导致组胺介导的过敏反应）的作用比西曲瑞克、加尼瑞克及阿巴瑞克等弱，而控制血清碱性磷酸酶（与前列腺癌的骨转移有关）的作用优于亮丙瑞林。地加瑞克是在阿巴瑞克的结构基础上做了进一步改造，其不同于以往同类药物的最大特点是治疗作用稳定，从用药开始对癌细胞有持续抑制作用，且具有更长作用时间和更低的组胺反应。

【药物制剂】　注射剂，由地加瑞克和甘露醇组成的无菌粉末。分为 120mg/ml 和 80mg/ml 两种规格。

起始剂量：单个起始剂量包含 240mg 地加瑞克，分为两次注射，每次 120mg/3ml。注射用粉末 120mg：1 瓶含有 120mg 地加瑞克。每瓶需要用 1 支含 3ml 无菌注射用水的预充式注射器复溶。3ml 无菌注射用水溶解 120mg 地加瑞克，得到的终浓度为 40mg/ml。

维持剂量：单个维持剂量包含 80mg 地加瑞克，单次注射 80mg/4ml。注射用粉末 80mg：1 瓶含有 80mg 地加瑞克。每瓶需要用 1 支含 4.2ml 无菌注射用水的预充式注射器复溶。4ml 无菌注射用水溶解 80mg 地加瑞克，得到的终浓度为 20mg/ml。

【国内上市信息】　进口药品为丹麦 Ferring Pharmaceuticals A/S 产品，一种规格为 120mg［按地加瑞克（$C_{82}H_{103}N_{18}O_{16}Cl$）计算］，包装规格为 2 瓶/盒，附带 2 支装有 3ml 溶剂的预充式注射器，2 个芯杆，2 个药瓶适配器和 2 支注射针，注册证号：H20180053。另一种规格为 80mg［按地加瑞克（$C_{82}H_{103}N_{18}O_{16}Cl$）计算］，包装规格为 1 瓶/盒，附带 1 支装有 4.2ml 溶剂的预充式注射器，1 个芯杆，1 个药瓶适配器和 1 支注射针，注册证号：H20180054。

12. 硼替佐米

【药品通用名/商品名】　Bortezomib；硼替佐米；Velcade®；万珂。

【CAS】：179324-69-7。

【氨基酸序列/结构式】　见图 6-12。

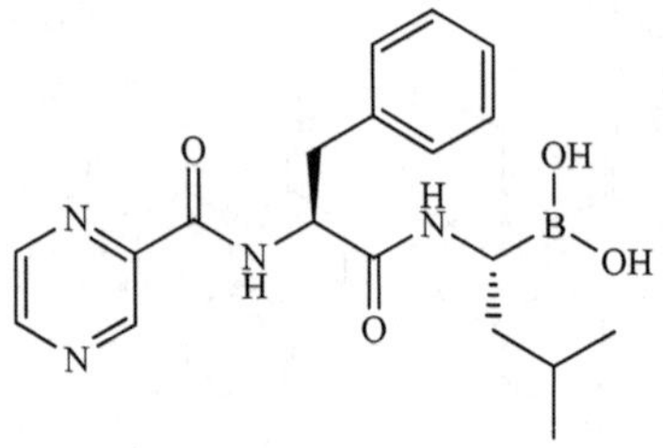

图 6-12　硼替佐米化学结构式

【申请机构】　Millennium Pharma Inc.。

【批准上市时间/适应证/给药途径】　2003 年 5 月，美国 FDA 已批准硼替佐米用于治疗多发性骨髓瘤和套细胞淋巴瘤。本品用于多发性骨髓瘤患者的治疗，此类患者在使用本品前应曾至少接受过两种治疗，并在最近一次治疗中病情还在进展。本品的有效性基于它的有效率。尚无临床对照试验证明其临床利益，如对存活率的改善。给药途径为静脉注射。

【药物简介】　硼替佐米是一种哺乳动物细胞 26S 蛋白酶体糜蛋白酶样活性的可逆抑制剂，体外试验证明其对多种类型的癌细胞具有细胞毒性。动物实验及临床研究显示其能够延迟包括多发性骨髓瘤等肿瘤的生长，并对多发性骨髓瘤伴随的肾衰竭具有改善作用。近年研究表明，硼替佐米对恶性肿瘤胸腔积液也具有一定的改善作用。

【药物制剂】　冻干粉针剂，为白色或类白色块状物或粉末。本品的推荐剂量为单次注射 1.3mg/m²，每周注射 2 次，连续注射 2 周（即在第 1、4 天和 11 天注射）后停药 10 天（即从第 12～21 天）。3 周为 1 个疗程，两次给药至少间隔 72h。在临床研究中，被确认完全有效的患者再接受另外 2 个周期的注射用硼替佐米治疗。建议有效的患者接受 8 个周期的注射用硼替佐米治疗。

【国内上市信息】 国内已上市，进口药品为比利时 Janssen-Cilag International N.V.公司产品，分为 3.5mg 和 1.0mg 两种规格，注册证号分别为国药准字 J20180010 和国药准字 20171067。国产药品有江苏豪森药业集团有限公司；齐鲁制药有限公司；南京正大天晴制药有限公司、南京先声东元制药有限公司、苏州特瑞药业有限公司和石药集团欧意药业有限公司。

13. 卡非佐米

【药品通用名/商品名】 Carfilzomib；Kyprolis®；卡非佐米。

【CAS】 868540-17-4。

【氨基酸序列/结构式】 见图 6-13。

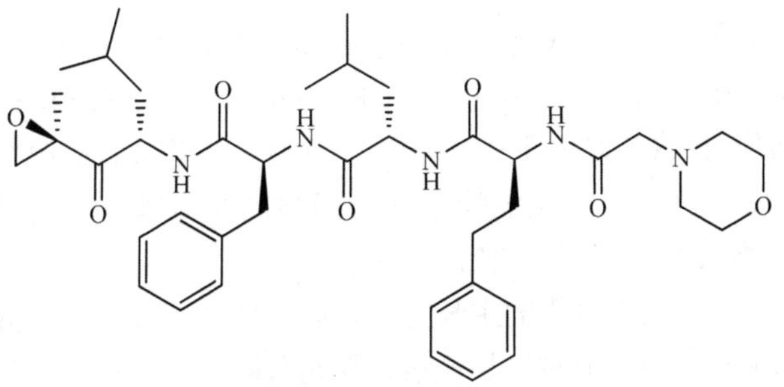

图 6-13 卡非佐米结构式

【申请机构】 美国安进 AMGEN 公司。

【批准上市时间/适应证/给药途径】 美国 FDA 于 2012 年 7 月 20 日批准卡非佐米对某些多发性骨髓瘤患者的治疗。

【药物简介】 卡非佐米是一种蛋白酶体抑制剂，适用于治疗多发性骨髓瘤患者，患者应曾接受至少两种既往治疗，包括硼替佐米和一种免疫调节药，以及曾证实疾病进展或末次治疗完成的 60 天内疾病恶化。批准根据是反应率。

【药物制剂】 单次使用小瓶：60mg 无菌冻干粉。①每周连续 2 天历时 2～10min 静脉给药共 3 周（第 1、2、8、9、15 和 16 天），接着 12 天休息期（第 17～28 天）。②推荐第 1 疗程剂量是每日 20mg/m²，如果耐受增加第 2 疗程剂量和随后疗程剂量至每日 27mg/m²。

【国内上市信息】 国内尚未上市。

14. 米伐木肽

【药品通用名/商品名】 Mifamurtide；米伐木肽；Mepect®。

【CAS】 83461-56-7。

【主要组分/化学名】 N-acetylmuramyl-alanyl-isoglutaminyl-alanyl-sn-glycero-3-phosphoethanolamine；l-alaninamide，n-(n-acetylmuramoyl)。

【申请机构】 IDM Pharma Inc.。

【批准上市时间/适应证/给药途径】 2009 年，欧洲已批准米伐木肽上市，用于治疗可切除的骨肉瘤，给药途径为静脉注射。

【药物简介】 米伐木肽通过刺激诸如巨噬细胞等某些白细胞来杀灭肿瘤细胞。本品制成球形脂质体，囊泡内是胞壁酰三肽（MTP）。此脂质触发巨噬细胞去消耗米伐木肽。一旦消耗完，MTP 刺激巨噬细胞尤其是在肝、脾和肺内的巨噬细胞去寻找肿瘤并杀灭。米伐木肽注射剂获准上市基于III期临床研究结果。美国国家癌症研究所（NCI）建立的协作组，由儿童肿瘤组（COG）进行研究，完成本品治疗骨肉瘤最大研究课题在册的患者约 800 例。研究评价了米伐木肽与 3～4 种辅助化疗药（顺铂、多柔比星、甲氨蝶呤、有或无异环磷酰胺）联合用药的结果。研究显示，米伐木肽与化学药物联合使用可使死亡率降低约 30%，78%经治疗的患者存活长达 6 年以上。

【药物制剂】 冻干粉注射剂，4mg 混悬静脉滴注。

【国内上市信息】 国内尚未上市。

15. 奥曲肽

【药品通用名/商品名】 Octreotide；奥曲肽；Sandostatin®。

【CAS】 79517-01-4。

【氨基酸序列/结构式】 *D*-Phe-Cys-Phe-*D*-Trp-Lys-Thr-Cys-Thr-ol(2-7；二硫键)。

【申请机构】 Novartis Pharma Corp.；Teva Parenteral Medicines Inc.等。

【批准上市时间/适应证/给药途径】 1980 年 10 月，美国 FDA 已批准奥曲肽上市，目前 FDA 批准的适应证为肢端肥大症、类癌瘤及血管活性肠肽瘤等，也可以用于治疗食管静脉曲张出血，给药途径为静脉注射或皮下注射。

【药物简介】 奥曲肽是人工合成的生长抑素八肽类似物，最初由 Sandoz Labs 于 1982 年合成。其作用与天然生长抑素类似，但对生长激素、胰高血糖素及胰岛素的作用强于天然生长激素。

与天然生长抑素相似，奥曲肽也能够降低内脏血流量，并抑制血清素、胃泌素、血管活性肠肽、胰泌素、胃动素及胰多肽的分泌。其皮下注射可抑制肢端肥大症患者的生长激素和 IGF-1 的水平。

【药物制剂】 分为两种剂型。

（1）醋酸奥曲肽注射液：规格 0.05mg/ml，辅料为乳酸和甘露醇，本品为无色的澄明液体。治疗：①肝硬化所致食管-胃静脉曲张出血的紧急治疗，与特殊治疗（如内镜硬化剂治疗）合用；②预防胰腺术后并发症；③缓解与胃肠胰内分泌肿瘤有关的症状和体征；④经手术、放射治疗或多巴胺受体激动剂治疗失败的肢端肥大症患者，可控制症状，降低生长激素及生长素介质 C 的浓度。本品也适用于不能或不愿手术的肢端肥大症患者，以及放射治疗尚未生效的间歇期患者。

（2）注射用醋酸奥曲肽微球：10mg、20mg 和 30mg 三种规格，本品为白色或类白色粉末，装在 5ml I 型硼硅酸盐管状玻璃瓶内，丁基橡胶塞。每个包装还包括：2 瓶（1 支储备）溶剂，用于将药物溶解为 2ml 溶液，以及 1 支 5ml 注射器和 2 个针头（0.9×40mm）；注射器 CE0123。本品仅能通过臀部肌肉深部注射给药，而不能静脉注射给药。用于治疗：①肢端肥大症患者的治疗，在皮下注射标准剂量的醋酸奥曲肽微球后，病情已充分控制；②不适合外科手术、放疗或治疗无效的患者，或在放疗充分发挥疗效前，处于潜在反应阶段的患者；③伴有功能性胃肠胰内分泌肿瘤相关症状的患者，已经用皮下注射醋酸奥曲肽微球治疗得到充分控制；④伴有类癌综合征特征的类癌患者；⑤血管活性肠肽瘤患者；⑥胰高糖素瘤患者；⑦胃泌素瘤/佐林格-埃利森综合征患者；⑧胰岛素瘤患者（用于术前低血糖的预防和维持）；⑨生长激素释放因子腺瘤患者。

【国内上市信息】 国内已上市。

（1）醋酸奥曲肽注射液：国产药品生产企业已近 20 家。

（2）注射用醋酸奥曲肽微球：奥地利 Sandoz GmbH 生产。

16. 罗莫肽

【药品通用名/商品名】 Romurtide；罗莫肽；升白能。

【CAS】 78113-36-7。

【氨基酸序列/结构式】 见图 6-14。

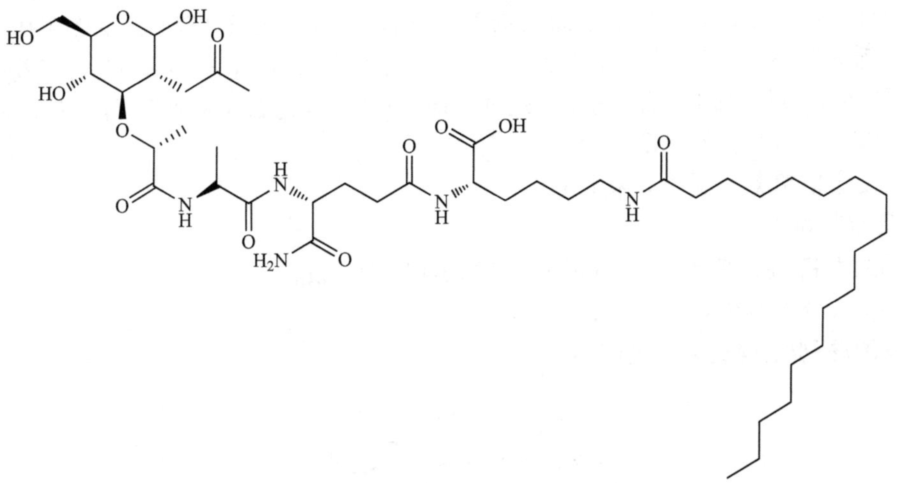

图 6-14　罗莫肽化学结构式

【申请机构】 第一制药株式会社。

【批准上市时间/适应证/给药途径】 据报道，1991 年日本已批准罗莫肽上市，用于治疗放化疗引起的白细胞减少症；给药途径为皮下注射。

【药物简介】 罗莫肽是一种胞壁酰二肽衍生物，具有免疫促进作用，能刺激集落刺激因子白介素（IL）-1 和 IL-6 的生成，改善放疗和化疗导致的粒细胞及血小板减少症状。

【国内上市信息】 国内尚未上市。

17. 罗米地辛

【药品通用名/商品名】 Istodax；Romidepsin；罗米地辛。

【CAS】 128517-07-7。

【氨基酸序列/结构式】 见图 6-15。

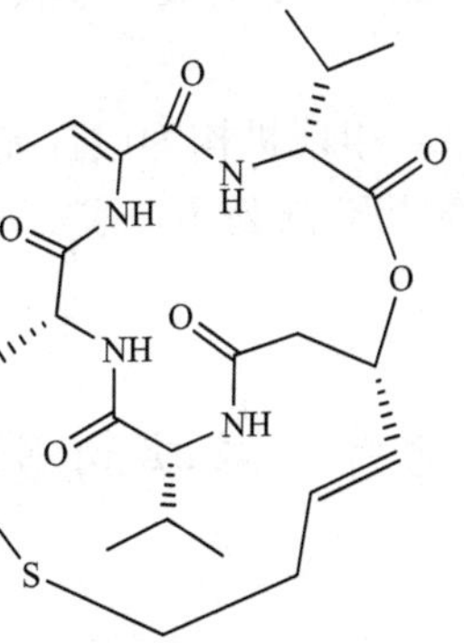

图 6-15　罗米地辛化学结构式

【批准上市时间/适应证/给药途径】 2009 年 11 月，美国 FDA 已批准罗米地辛上市，用于治疗皮肤 T 细胞淋巴瘤，给药途径为静脉注射。罗米地辛的推荐剂量是在 4h 期间输注，28 天疗程的第 1、8 和 15 天静脉给药，给药剂量为 $14mg/m^2$，每 28 天重复疗程。

【药物简介】 罗米地辛是一种小分子环类组蛋白脱乙酰基酶抑制剂，体外可导致多种肿瘤细胞株的细胞周期停滞及细胞凋亡，IC_{50} 值为纳摩尔级。近年研究表明，罗米地辛可提高埃罗替尼（erlotinib）对非小细胞肺癌细胞的抑制作用，并对白血病具有一定的改善作用。

【药物制剂】 每个药盒含 2 个小瓶，其一为注射用罗米地辛，是无菌白色冻干粉，含 10mg 罗米地辛和 20mg 聚乙烯吡啶酮。另一瓶是罗米地辛稀释液，为 2ml 无菌澄明溶液，含 80%（V/V）丙二醇和 20%（V/V）无水乙醇。

【国内上市信息】 国内尚未上市。

18. 乌苯美司

【药品通用名/商品名】 Ubenimex；乌苯美司；Bestatin。

【CAS】 58970-76-6。

【氨基酸序列/结构式】 见图 6-16。

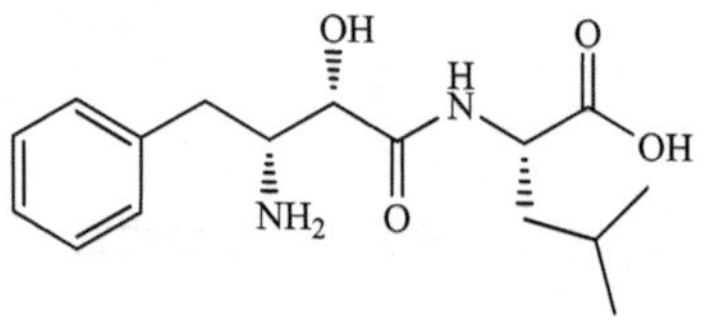

图 6-16 乌苯美司化学结构式

【申请机构】 日本化药株式会社。

【批准上市时间/适应证/给药途径】 1987 年，日本已批准乌苯美司上市，用于白血病的治疗，治疗途径为口服。本品可增强免疫功能，用于抗癌化疗、放疗的辅助治疗，治疗老年性免疫功能缺陷等。可配合化疗、放疗及联合应用于白血病、多发性骨髓瘤、骨髓增生异常综合征及造血干细胞移植后，以及其他实体瘤患者。

【药物简介】 乌苯美司是日本学者梅泽滨夫从橄榄网状链霉菌培养液中分离得到的小分子二肽，对肿瘤细胞表面氨基肽酶 B、氨基肽酶 N 和亮氨酸氨基肽酶具有抑制作用，能够诱导肿瘤细胞凋亡和提高宿主免疫功能。

【药物制剂】 分为胶囊剂和片剂两种，均分为 10mg 和 30mg 两种规格。成人，一天 30mg，1 次（早晨空腹口服）或分 3 次口服；儿童酌减。症状减轻或长期服用，也可每周服用 2~3 次，10 个月为一疗程。

【国内上市信息】 国内已上市。申请机构为成都苑东生物制药股份有限公司、国药集团川抗制药有限公司、浙江普洛康裕制药有限公司、西安万隆制药股份有限公司、四川绿叶制药股份有限公司等。

二、治疗糖尿病的多肽药物

1. 索马鲁肽

【药品通用名/商品名】 Rybelsus；Ozempic。

【CAS】　910463-68-2。

【氨基酸序列/结构式】　His-Aib-Glu-Gly-Thr-Phe-Thr-Ser-Asp-Val-Ser-Ser-Tyr-Leu-Glu-Gly-Gln-Ala-Ala-Lys(AEEAc-AEEAc-γ-Glu-16-carboxyheptadecanoyl)-Glu-Phe-Ile-Ala-Trp-Leu-Val-Arg-Gly-Arg-Gly-OH。

【申请机构】　诺和诺德公司。

【批准上市时间/适应证/给药途径】　2019 年 9 月 20 日，FDA 正式批准诺和诺德 Rybelsus（口服索马鲁肽，每天 1 次）的上市申请，用于结合饮食和运动以改善 2 型糖尿病患者的血糖控制；2017 年底，FDA 批准每周 1 次的皮下注射制剂 Ozempic 上市，用于降糖和减重。

【药物简介】　索马鲁肽属于 GLP-1 受体激动剂。GLP-1 是一种诱导胰岛素分泌的激素，对包括胰腺、心脏和肝脏等在内的多种重要器官具有有益作用。GLP-1 受体激动剂类药物的优点在于可以有效控制血糖，同时明显降低低血糖事件发生率，还可明显减轻体重、降低心血管事件的风险。

GLP-1 药物美中不足的一点是，由于特定的多肽结构口服后会被胃酸降解，只能通过皮下注射给药。不过产业界一直在努力延长 GLP-1 药物的体内半衰期，减少给药次数，以及探索可以提高口服后生物利用度的制剂技术。目前全球范围内已经批准上市的 GLP-1 类药物有 8 款，每周注射 1 次的长效制剂有 5 款。市场上最主流的 GLP-1 药物主要是 Victoza（利拉鲁肽，每日注射 1 次）、Trulicity（度拉糖肽，每周注射 1 次）、Ozempic（索马鲁肽，每周注射 1 次）、Bydureon（艾塞那肽微球，每周注射 1 次）。

【药物制剂】　分为两种剂型。

（1）口服制剂：以 8-(2-羟基苯甲酰胺基)辛酸钠为辅料（促吸收剂）来提高生物利用度，实现了口服给药。

（2）皮下注射制剂：每周 1 次。2mg/1.5ml（1.34mg/ml）规格，无色澄明液体。

【国内上市信息】　国内尚未上市。

2. 艾塞那肽

【药品通用名/商品名】　Exenatide；Exendin-14；艾塞那肽；Byetta®。

【CAS】　141758-74-9。

【氨基酸序列/结构式】　H-His-Gly-Glu-Gly-Thr-Phe-Thr-Ser-Asp-Leu-Ser-Lys-Gln-Met-Glu-Glu-Glu-Ala-Val-Arg-Leu-Phe-Ile-Glu-Trp-Leu-Lys-Asn-Gly-Gly-Pro-Ser-Ser-Gly-Ala-Pro-Pro-Pro-Ser-NH$_2$。

【申请机构】　Amylin Pharma Inc.。

【批准上市时间/适应证/给药途径】：2005 年 4 月，美国 FDA 已批准艾塞那肽上市，用于治疗 2 型糖尿病；给药途径为皮下注射。

【药物简介】　艾塞那肽是从希拉巨蜥唾液中分离得到的多肽激素，属于强效 GLP-1 受体激动剂。已有的研究表明，艾塞那肽能模拟内源性 GLP-1 的糖调控作用，降低空腹和餐后血糖，并能够降低患者体重，具有显著的降血糖作用。目前国内部分企业申请的艾塞那肽相关产品尚处于临床试验阶段，包括重组艾塞那肽（重组促胰岛素分泌素）及人工合成的艾塞那肽两种。

【药物制剂】　分为两种剂型。

（1）艾塞那肽注射液：10μg（0.25mg/ml，2.4ml/支）和 5μg（0.25mg/ml，1.2ml/支）两种规格。其辅料为甘露醇、乙酸钠三水合物、间甲酚（2.0～2.4mg/ml）、冰醋酸、注射用水。

本品为无色澄明液体，用于改善 2 型糖尿病患者的血糖控制，适用于单用二甲双胍、磺酰脲类，以及二甲双胍合用磺酰脲类，血糖仍控制不佳的患者。给药应在大腿、腹部或上臂皮下注射。

（2）注射用艾塞那肽微球：2mg 规格，每盒含 4 个单剂量药盒（每个单剂量药盒包括 1 个含注射用艾塞那肽微球的玻璃瓶，1 支含溶剂的预充式注射器，1 个药瓶适配器和 2 个注射用针头）。其辅料为 PLGA（50∶50）和蔗糖。注射用溶剂：羧甲基纤维素钠、氯化钠、聚山梨酯 20、磷酸二氢钠一水合物、磷酸氢二钠七水合物和注射用水。本品为白色至类白色粉末。

【国内上市信息】　两种剂型国内均已上市，瑞典 Astra Zeneca AB 公司产品。

3. 利拉鲁肽

【药品通用名/商品名】　Liraglutide；利拉鲁肽；Victoza®。

【CAS】　204656-20-2。

【氨基酸序列/结构式】　H-His-Ala-Glu-Gly-Thr-Phe-Thr-Ser-Asp-Val-Ser-Ser-Tyr-Leu-Glu-Gly-Gln-Ala-Ala-Lys(γ-Glu-palmitoyl)-Glu-Phe-Ile-Ala-Trp-Leu-Val-Arg-Gly-Arg-Gly-OH。

【申请机构】　Novo Nordisk Inc.。

【批准上市时间/适应证/给药途径】　2010 年 1 月，美国 FDA 已批准利拉鲁肽上市，适用于成人 2 型糖尿病患者控制血糖；适用于单用二甲双胍或磺脲类药物可耐受剂量治疗后血糖仍控制不佳的患者，与二甲双胍或磺脲类药物联合应用，在腹部、大腿或上臂皮下注射。

【药物简介】　利拉鲁肽是一种 GLP-1 类似物，具有 GLP-1 受体激动作用。其结构与天然人 GLP-1（7~37）具有 97%的同源性，用 Glu 在肽链上连接了棕榈酰基，并用 Arg 置换了其中第 34 位氨基酸。其稳定性显著高于天然 GLP-1，天然 GLP-1（6~37）的半衰期为 1.5~2min，而利拉鲁肽皮下注射半衰期为 13h。

【药物制剂】　预填充注射笔，18mg/3ml（图 6-17），为无色或几乎无色的澄明等渗液，pH 8.15。

【国内上市信息】　国内已上市。丹麦诺和诺德公司进口产品。

图 6-17　利拉鲁肽预填充注射笔

4. 利西拉肽

【药品通用名/商品名】　Adlyxin；利西拉肽；Lixisenatide。

【CAS】　320367-13-3。

【氨基酸序列/结构式】　H-His-Gly-Glu-Gly-Thr-Phe-Thr-Ser-Asp-Leu-Ser-Lys-Gln-Met-Glu-Glu-Glu-Ala-Val-Arg-Leu-Phe-Ile-Glu-Trp-Leu-Lys-Asn-Gly-Gly-Pro-Ser-Ser-Gly-Ala-Pro-Pro-Ser-Lys-Lys-Lys-Lys-Lys-Lys-NH₂。

【申请机构】　Sanofi 公司。

【批准上市时间/适应证/给药途径】　2016 年 7 月，美国 FDA 批准 Sanofi 公司的利西拉肽上市。本品辅助饮食控制和运动，用于改善成年人 2 型糖尿病患者的血糖。为皮下注射剂。

【药物简介】 利西拉肽是一种 GLP-1 受体激动剂。

【药物制剂】 利西拉肽注射液是一种无菌、透明、无色水性溶液。分为两种规格，每支绿色笔含 3ml 溶液，每 1ml 含 50μg 利西拉肽；每支暗红色预装笔含 3ml 溶液，每 1ml 含 100μg 利西拉肽。两种预装笔无活性成分是甘油 85%（54.0mg）、三水合乙酸钠（10.5mg）、甲硫氨酸（9.0mg）、间甲酚（8.1mg）和注射用水。加入盐酸和（或）氢氧化钠以调节 pH。在腹部、大腿或上臂皮下注射。

【国内上市信息】 国内无上市。

5. 普兰林肽

【药品通用名/商品名】 Pramlintide；普兰林肽。

【CAS】 151126-32-8。

【氨基酸序列/结构式】 Lys-Cys-Asn-Thr-Ala-Thr-Cys-Ala-Thr-Gln-Arg-Leu-Ala-Asn-Phe-Leu-Val-His-Ser-Ser-Asn-Asn-Phe-Gly-Pro-Ile-Leu-Pro-Pro-Thr-Asn-Val-Gly-Ser-Asn-Thr-Tyr-NH$_2$。

【申请机构】 Amylin Pharma Inc.。

【批准上市时间/适应证/给药途径】 2005 年 3 月，FDA 已批准普兰林肽上市用于治疗糖尿病；给药途径为皮下注射。

【药物简介】 普兰林肽是合成的人淀粉不溶素（amylin，一种胰岛 B 细胞分泌的神经内分泌激素，参与餐后血糖控制）类似物。其具有调节胃排空、防止餐后血糖升高、增加饱食感及抑制热量摄取的作用，并具有降低体重的潜在作用。

【药物制剂】 皮下注射剂，分为两种规格。1.5ml 规格，一次性多剂量 SymlinPen® 60 笔注射器，含 1000μg/ml 普兰林肽（乙酸盐）；2.7ml 规格，一次性多剂量 SymlinPen® 120 笔注射器，含 1000μg/ml 普兰林肽（乙酸盐）。

【国内上市信息】 国内尚未上市。

6. 聚乙二醇洛塞那肽

【药品通用名/商品名】 聚乙二醇洛塞那肽，孚来美。

【申请机构】 江苏豪森药业集团有限公司。

【批准上市时间/适应证/给药途径】 2019 年 5 月，中国药品监督管理局批准聚乙二醇洛塞那肽注射液上市。

【药物简介】 聚乙二醇洛塞那肽是长效 GLP-1 受体激动剂，可促进葡萄糖依赖患者的胰岛素分泌，配合饮食控制和运动，单药或与二甲双胍联合，用于改善成人 2 型糖尿病患者的血糖。聚乙二醇洛塞那肽注射液的上市将为 2 型糖尿病患者提供新的治疗手段。

【药物制剂】 注射液，本品为无色或几乎无色的澄明液体，辅料为乙酸钠、乙酸、甘露醇和注射用水。本品包装：①预灌封注射器组合件（带注射针）1 支/盒；②笔式注射器单独包装，笔芯（卡式瓶）由笔式注射器用硼硅玻璃套筒、笔式注射器用溴化丁基橡胶活塞、笔式注射器用铝盖组成，1 支/盒。

单药治疗：对于饮食控制和运动基础上血糖控制不佳的患者，聚乙二醇洛塞那肽推荐起始剂量为 0.1mg，每周（7 天）一次腹部皮下注射，如血糖控制不满意，可增加到 0.2mg，每周一次。联合治疗：对于二甲双胍基础用药血糖控制不佳的患者，聚乙二醇洛塞那肽推荐剂量为 0.1mg，每周一次。

【国内上市信息】 国内已上市。生产厂家为江苏豪森药业集团有限公司，规格为 0.1mg：

0.5ml（以 $C_{187}H_{288}N_{50}O_{59}S$ 计），国药准字 H20190024；0.2mg：0.5ml（以 $C_{187}H_{288}N_{50}O_{59}S$ 计），国药准字 H20190025。

7. 胰高血糖素

【药品通用名/商品名】　Glucagon；胰高血糖素；Glucagen®。

【CAS】　16941-32-5。

【氨基酸序列/结构式】　His-Ser-Gln-Gly-Thr-Phe-Thr-Ser-Asp-Tyr-Ser-Lys-Tyr-Leu-Asp-Ser-Arg-Arg-Ala-Gln-Asp-Phe-Val-Gln-Trp-Leu-Met-Asn-Thr。

【申请机构】　Eli Lilly And company；Novo Nordisk Pharma Inc. 和 Quad Pharma。

【批准上市时间/适应证/给药途径】　1960 年 11 月，美国 FDA 已批准胰高血糖素上市，用于治疗低血糖症；给药途径为皮下注射、肌内注射或静脉注射。

【药物简介】　胰高血糖素是一种由胰脏胰岛 A 细胞分泌的 29 个氨基酸组成的直链多肽，具有较强的促进糖原分解和糖异生作用，可使血糖明显升高。

【药物制剂】　一种透明、无色至淡黄色的溶液。分为 0.5mg/0.1ml 和 1mg/0.2ml 单剂量预充自动注射器和单剂量预充注射器四种规格。

【国内上市信息】　国内已上市。1mg 规格为深圳翰宇药业股份有限公司产品，为注射用盐酸胰高血糖素，批准文号：H20046036。进口药品为丹麦 Novo Nordisk A/S 公司生产，为注射用人胰高血糖素，注册证号：H20170020。

三、抗细菌感染多肽药物

1. 阿尼芬净

【药品通用名/商品名】　Anidulafungin；阿尼芬净；Eraxis®。

【CAS】　166663-25-8。

【申请机构】　Vicuron Pharma Inc.和 Pfizer Pharma Ltd.。

【批准上市时间/适应证/给药途径】　2006 年 2 月，美国 FDA 批准阿尼芬净上市，用于治疗食管念珠菌病；给药途径为静脉注射。

【药物简介】　阿尼芬净是一种半合成的棘球白素（echinocandin）类抗真菌药物。研究表明，阿尼芬净能够抑制葡聚糖合成酶［许多致病性真菌合成细胞壁主要部分 $\beta(1,3)$-D-聚葡萄糖所需要的酶］，从而导致细胞壁破损和细胞死亡。临床前研究表明，其具有较强的抗真菌活性，且不存在交叉耐药性。

【药物剂型】　注射剂，注射前用无菌水溶解，然后再用 0.5%的葡萄糖注射液及 0.9%氯化钠注射液稀释。

【国内上市信息】　国内尚未上市。

2. 杆菌肽

【药品通用名/商品名】　Bacitracin；杆菌肽；Baciguent®。

【CAS】　1405-87-4。

【氨基酸序列/结构式】　见图 6-18。

【申请机构】　Pharmacia & UpJohn Company。

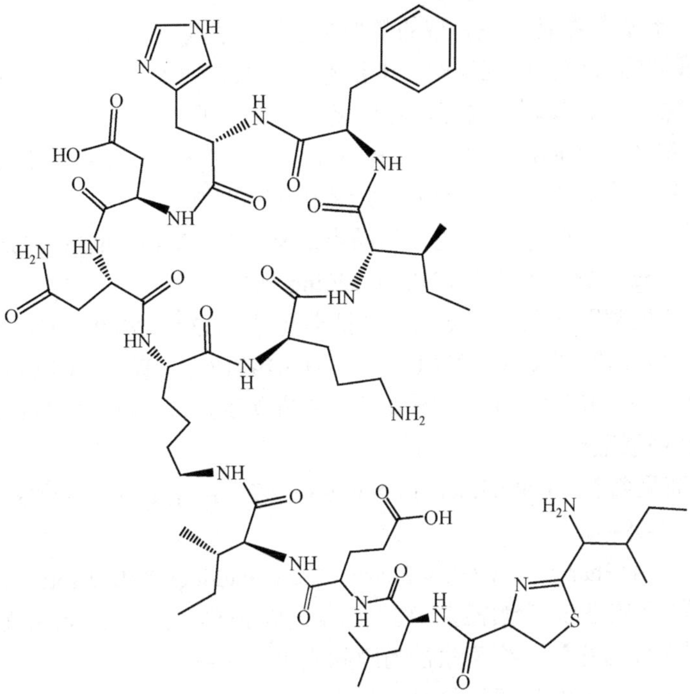

图 6-18　杆菌肽的化学结构式

【批准上市时间/适应证/给药途径】　1948 年 7 月，美国 FDA 已批准杆菌肽上市。目前主要用于治疗葡萄球菌属、溶血性链球菌、肺炎链球菌等敏感菌所致的皮肤软组织感染等疾病；给药途径以外用为主。

【药物简介】　杆菌肽最初由美国 Johnson Balbina A 于 20 世纪 40 年代初从枯草杆菌 *Bacillus subtilis* 中分离得到，最早的文献报道出现于 1945 年。已报道的杆菌肽组分包括 A、A′、B、C、D、E、F1、F2、F3 和 G 等，其中 A 组分含量最高，生物活性最强。其对革兰氏阳性菌包括金黄色葡萄球菌和脑膜炎球菌有较强的杀菌作用，对淋病奈瑟菌、脑膜炎奈瑟菌等革兰氏阴性球菌和某些螺旋体、放线菌属等也具有极强的抑制作用，在抗菌剂中应用较多。此外，杆菌肽在畜牧业中也得到了广泛应用，1960 年美国 FDA 已批准杆菌肽锌作为饲料添加剂使用。

【药物制剂】　皮质醇®眼膏是一种无菌抗菌消炎药，眼科用药膏。每克含：硫酸新霉素（相当于 3.5mg 新霉素碱），硫酸多黏菌素 B（相当于 10 000U 多黏菌素 B），杆菌肽锌（相当于 400U 杆菌肽），氢化可的松 10mg（1%）和白色凡士林。

【国内上市信息】　国内已上市，原料药申请机构为华北制药华胜有限公司。药品批准文号：H20084397。

3. 卡泊芬净

【药品通用名/商品名】　Caspofungin；卡泊芬净；Cancidas®。

【CAS】　162808-62-0。

【申请机构】　Merck & Co. Inc.。

【批准上市时间/适应证/给药途径】　2001 年，美国 FDA 已批准卡泊芬净上市，用于治疗儿童及成人真菌感染、念珠菌感染、侵袭性曲霉病等；给药途径为静脉注射。

【药物简介】 卡泊芬净是一种新型的棘白菌素类抗真菌药物，能抑制真菌细胞壁的重要成分(1, 3)-β-D-葡聚糖的合成。研究表明，卡泊芬净对曲霉属如烟曲霉、黄曲霉、土曲霉、白念珠菌、光滑念珠菌及吉利蒙念珠菌等均有显著的抑制作用。

【药物制剂】 冻干粉针剂，分为 50mg 和 70mg 两种规格。本品主要成分为醋酸卡泊芬净，辅料：蔗糖，甘露醇，冰醋酸和氢氧化钠（少量用于调节 pH）。

【国内上市信息】 国内已上市，进口药品申请机构为 Merck Sharp & Dohme Ltd.。注册证号：H20171218（50mg 规格）和 H20171219（70mg 规格）。

国产药品为江苏恒瑞医药股份有限公司（批准文号：H20173019、H20194051）；正大天晴药业集团股份有限公司（批准文号：H20193172、H20193173）；博瑞制药（苏州）有限公司（批准文号：H20203002、H20203001）；辽宁海思科制药有限公司（批准文号：H20203401）。

4. 多黏菌素 E 甲磺酸钠

【药品通用名/商品名】 Colistimethate Sodium；多黏菌素 E 甲磺酸钠；Coly-Mycin®M。

【CAS】 30387-39-4。

【申请机构】 JHP Pharma；X-GEN Pharma Inc.；Paddock Laboratories Inc. 等。

【批准上市时间/适应证/给药途径】 1970 年，美国 FDA 已批准多黏菌素 E 甲磺酸钠上市，用于治疗革兰氏阴性杆菌感染；给药途径为静脉或肌内注射。

【药物简介】 多黏菌素 E 甲磺酸钠是一种表面活性剂（colistinA 和 B 加磺酸钠的混合物），可进入细菌细胞并破坏其细胞膜。临床实践证明，其对产气肠杆菌、大肠埃希菌和肺炎杆菌有抑制作用，对铜绿假单胞菌的抑制作用尤其显著。

【药物制剂】 冻干粉针剂。

【国内上市信息】 国内尚未上市。

5. 硫酸多黏菌素

【药品通用名/商品名】 Colistin Sulfate；硫酸多黏菌素；Coly-Mycin®S。

【CAS】 1405-20-5。

【申请机构】 JHP Pharma 和 Parke Davis Div Warner Lambert Co.。

【批准上市时间/适应证/给药途径】 1962 年 5 月，美国 FDA 已批准硫酸多黏菌素上市。Coly-Mycin®S 是硫酸多黏菌素、硫酸新霉素和醋酸氢化可的松的混合物，用于治疗耳部感染。目前硫酸多黏菌素主要有口服、静脉注射等给药途径。

【药物简介】 多黏菌素是 1947 年发现的由多黏杆菌产生的多种多肽类抗生素的总称。硫酸多黏菌素也称硫酸黏菌素、硫酸抗敌素，为 colistin A 和 B 硫酸盐的混合物，对革兰氏阴性菌有较强的作用，尤其对铜绿假单胞菌有较好的作用，具有一定的后抗菌效应。

【药物制剂】 国产药品为白色或微黄色片，口服给药。

【国内上市信息】 国内已上市，国产药品为江苏联环药业股份有限公司（批准文号：H32021260）和北京市燕京药业有限公司（批准文号：H11020474）。

6. 达托霉素

【药品通用名/商品名】 Daptomycin；达托霉素；Cubicin®。

【CAS】 103060-53-3。

【氨基酸序列/结构式】 见图 6-19。

【申请机构】 Cubist Pharma Inc.。

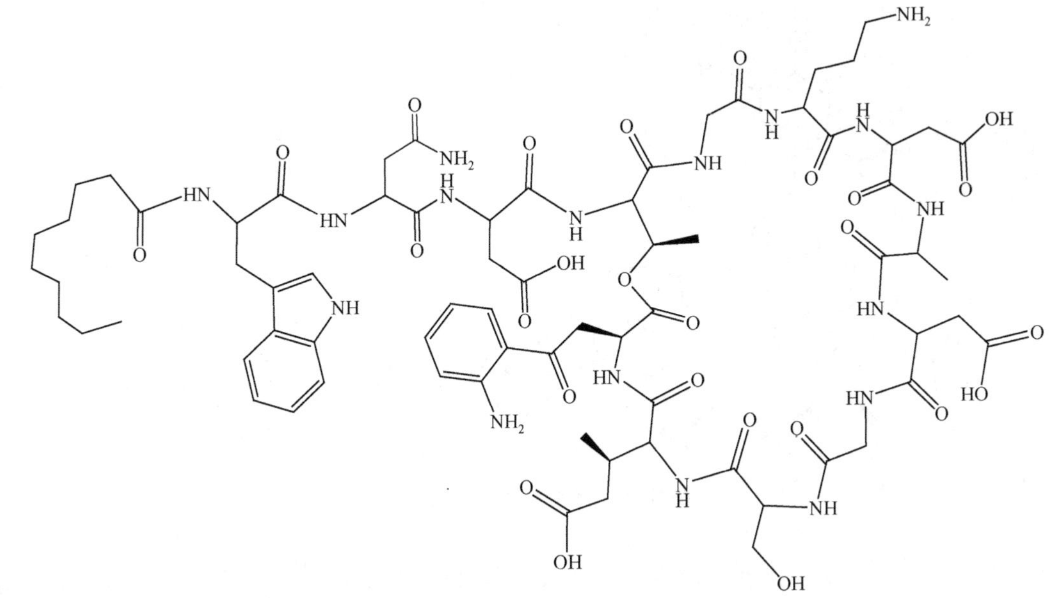

图 6-19　达托霉素化学结构式

【批准上市时间/适应证/给药途径】　2003 年 9 月，美国 FDA 已批准达托霉素上市，目前主要用于严重皮肤感染及葡萄球菌引起的菌血症的治疗；给药途径为静脉注射。

【药物简介】　达托霉素是利用玫瑰孢链霉菌发酵制得的环肽抗生素，对革兰氏阳性细菌具有剂量依赖性快速杀伤作用，并对多药耐药的金黄色葡萄球菌具有显著的抑制作用。其作用机制与已上市的各类抗菌药物都不相同，主要是通过与细菌细胞膜结合，导致细胞膜快速去极化，抑制细菌蛋白质、DNA 及 RNA 的合成，从而杀死细菌。

【药物制剂】　本品包装为一次性西林瓶，每瓶含 0.5g 达托霉素无菌冻干粉末，辅料为氢氧化钠，用于调节 pH。

【国内上市信息】　国内已上市。进口药品申请机构为瑞士 Cubist Pharma ceuticals，LLC.（注册证号：H20181068）。国产药品为江苏恒瑞医药股份有限公司（批准文号：H20163346）；杭州中美华东制药有限公司（批准文号：H20153255）和浙江海正药业股份有限公司（批准文号：H20153259）。

7. 米卡芬净

【药品通用名/商品名】　Micafungin；米卡芬净；Mycamine^{TM}。

【CAS】　235114-32-6。

【氨基酸序列/结构式】　见图 6-20。

【申请机构】　安斯泰来制药株式会社和 Fujisawa Healthcare。

【批准上市时间/适应证/给药途径】　2002 年 12 月，日本已批准米卡芬净上市，用于治疗曲霉菌病、念珠菌病，预防造血干细胞移植受体的念珠菌及曲霉菌病感染等。2005 年 3 月，美国 FDA 批准米卡芬净上市，用于治疗食管念珠菌病及预防造血干细胞移植受体的念珠菌性感染；给药途径为静脉注射。

【药物简介】　米卡芬净是一种半合成的棘球白素类抗真菌药物，能竞争性抑制真菌细胞壁的必需成分(1, 3)-*β*-D-葡聚糖的合成，对深部真菌感染的主要致病真菌曲霉菌属和念珠菌

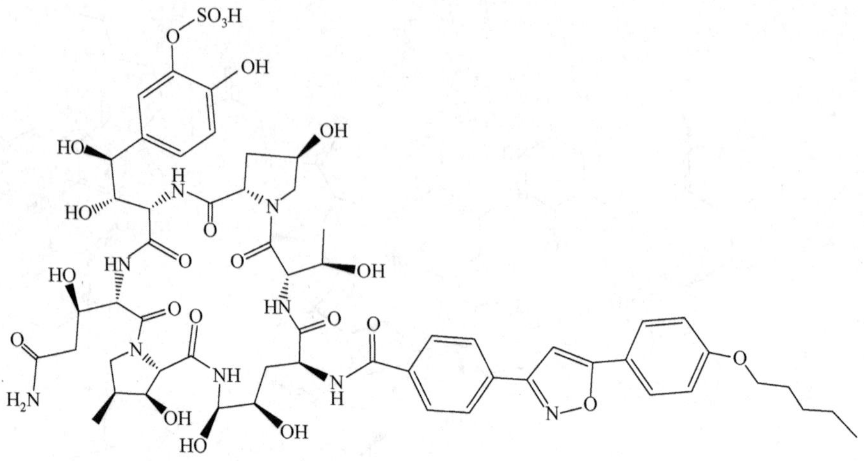

图 6-20　米卡芬净化学结构式

属有广谱抗真菌活性。体外研究表明，其对白念珠菌、光滑念珠菌、克柔念珠菌、近平滑念珠菌及热带念珠菌有较好的抑制作用，而对曲霉菌属可抑制孢子发芽和菌丝生长。在播散性念珠菌病及肺曲霉病中性白细胞减少小鼠模型中，米卡芬净的抗菌效果优于氟康唑及伊曲康唑。

【药物制剂】　注射剂，分为 50mg 和 100mg 两种规格。其辅料为右旋糖酐 40、蔗糖、柠檬酸、氢氧化钠。

【国内上市信息】　国内已上市。进口药品为荷兰 Astellas Pharma Europe B.V. 公司产品（注册证号：H20160524）。国产药品有浙江海正药业股份有限公司（批准文号：H20183083）；江苏豪森药业集团有限公司（批准文号：H20183111）；上海天伟生物制药有限公司（批准文号：H20193323）；四川制药制剂有限公司（批准文号：H20203079）和博瑞制药（苏州）有限公司（批准文号：H20203155）。

8. 硫酸多黏菌素 B

【药品通用名/商品名】　Polymyxin B sulfate；硫酸多黏菌素 B；Maxitrol®。

【CAS】　1405-20-5。

【申请机构】　App Pharma LLC；Falcon Pharma Ltd.；Allergan Pharma 等。

【批准上市时间/适应证/给药途径】　1963 年 4 月，美国 FDA 已批准含硫酸多黏菌素 B 的复方制剂上市，目前主要用于铜绿假单胞菌及其他假单胞菌引起的创面、尿路及眼、耳、气管等部位感染，也可用于败血症、腹膜炎；给药途径有注射给药、滴耳给药等。

【药物简介】　多黏菌素 B 是从多黏杆菌的培养基中提取的碱性多肽类抗生素，已上市的多为其硫酸盐，常用的剂型包括冻干制剂及与激素类药物制成的复方制剂等。硫酸多黏菌素 B 并不是单一化合物，而是多黏菌素 B_1 和 B_2 的硫酸盐混合物。

【药物制剂】　注射剂。

【国内上市信息】　国内未上市。

9. 替考拉宁

【药品通用名/商品名】　Teicoplannin；替考拉宁；Targocid；他格适。

【CAS】　61036-62-2。

【申请机构】　Marion Merrell Dow-Lepetit（现属于 Sanofi-aventis）。

【批准上市时间/适应证/给药途径】 替考拉宁于 1991 年由 Marion Merrell Dow-Lepetit 公司首先在意大利上市，目前主要用于耐青霉素、头孢菌素细菌导致的感染及青霉素过敏的革兰氏阳性菌导致的感染；给药途径为静脉注射或肌内注射。

【药物简介】 替考拉宁是由游动放线菌产生的一种糖肽抗生素，是一组混合物。抗菌机制为抑制细胞壁合成，其抗菌谱及抗菌活性与万古霉素相似，对金黄色葡萄球菌的作用比万古霉素强，对革兰氏阳性菌如葡萄球菌、链球菌、肠球菌和大多数厌氧菌敏感。

【药物制剂】 本品为类白色至淡黄色冻干块状物和粉末。

【国内上市信息】 国内已上市，进口药品申请机构为意大利 Sanofi S.p.A 公司。国内申请机构为华北制药股份有限公司、浙江医药股份有限公司新昌制药厂和浙江海正药业股份有限公司。

10. 特拉万星

【药品通用名/商品名】 Telavancin；特拉万星；Vibativ^{TM}。

【CAS】 372151-71-8。

【申请机构】 Theravance Inc.。

【批准上市时间/适应证/给药途径】 2009 年 9 月，美国 FDA 已批准特拉万星上市，用于治疗成人革兰氏阳性菌感染导致的复杂皮肤及皮肤结构感染。

【药物简介】 特拉万星是万古霉素的结构衍生物，属于第二代半合成的脂糖肽类抗生素。研究表明，特拉万星能够迅速杀灭革兰氏阳性菌，包括万古霉素中度耐药的金黄色葡萄球菌和万古霉素耐药性金黄色葡萄球菌，可有效对抗革兰氏阳性菌引起的复杂皮肤和软组织感染，包括耐甲氧西林金黄色葡萄球菌。其杀菌活性主要是由于其能够与包含 *D*-Ala-*D*-Ala 的肽聚糖相互作用。在极低浓度下，该药即可抑制细菌细胞壁合成时肽聚糖合成过程中的转糖基作用；在高浓度时，该药能够直接作用于细菌的质膜，导致膜电位去极化并增加膜通透性。

【药物制剂】 静脉注射剂。

【国内上市信息】 国内尚未上市。

11. 万古霉素

【药品通用名/商品名】 Vancomycin；万古霉素；Pulvules$^®$；Vancocin$^®$。

【CAS】 1404-90-6。

【申请机构】 Eli Lilly and Company 和 Viro PharmaInc.。

【批准上市时间/适应证/给药途径】 据报道，1958 年美国 FDA 已批准万古霉素上市，目前主要用于治疗葡萄球菌小肠结膜炎、艰难梭状芽孢杆菌导致的假膜性结肠炎、甲氧苯青霉素耐药的葡萄球菌导致的严重感染、葡萄球菌性心内膜炎等，对葡萄球菌导致的下呼吸道感染、皮肤感染及骨感染等也有效；给药途径为口服给药和静脉注射。

【药物简介】 万古霉素是从放线菌属的东方拟无枝酸菌分离得到的一种糖肽类抗生素，它能够与细菌的细胞壁前体末端二肽 *D*-Ala-*D*-Ala 结合，阻断构成细菌细胞壁的高分子肽聚糖的合成，导致细胞壁缺损而杀灭细菌。

【药物制剂】 冻干粉针剂。

【国内上市信息】 国内已上市，进口药品申请机构有韩国 CJ HealthCare Corporation 等。国内申请机构为浙江医药股份有限公司新昌制药厂和浙江海正药业股份有限公司。

四、其他类多肽药物

1. 美拉诺坦

【药品通用名/商品名】 Afamelanotide；美拉诺坦；[Nle^4, D-Phe^7]-α-MSH；Scenesse$^®$。

【CAS】 75921-69-6。

【主要组分/化学名/氨基酸序列/结构式】

AC-Ser-Tyr-Nle-Glu-His-D-Phe-Arg-Trp-Gly-Lys-Pro-Val-NH$_2$。

【申请机构】 Clinuvel Pharma Ltd.。

【批准上市时间/适应证/给药途径】 2010 年 5 月，意大利药物管理局批准美拉诺坦用于治疗红细胞生成性原卟啉症导致的光敏性疾病；给药途径为皮下注射。

【药物简介】 美拉诺坦是一种人工合成的 α-黑色素细胞刺激激素（α-MSH）类似物，最初由 Arizona University 研发。研究表明，美拉诺坦具有较强的日光防护作用，作用强度比天然 α-MSH 高近 1000 倍。

【药物剂型】 皮下植入剂，腹前壁皮下植入（图 6-21）。每 2 月一次。16 mg 的美拉诺坦为白色可吸收无菌杆，长度约 1.7cm，直径 1.45mm。

【国内上市信息】 国内尚未上市。

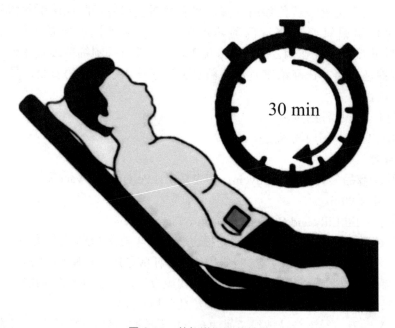

图 6-21　美拉诺坦用药部位

2. 布雷墨浪丹

【药品通用名/商品名】 Bremelanotide；布雷墨浪丹；PT-141；Vyleesi$^®$。

【CAS】 189691-06-3。

【氨基酸序列/结构式】 Ac-Nle-cyclo(-Asp-His-D-Phe-Arg-Trp-Lys)-OH（图 6-22）。

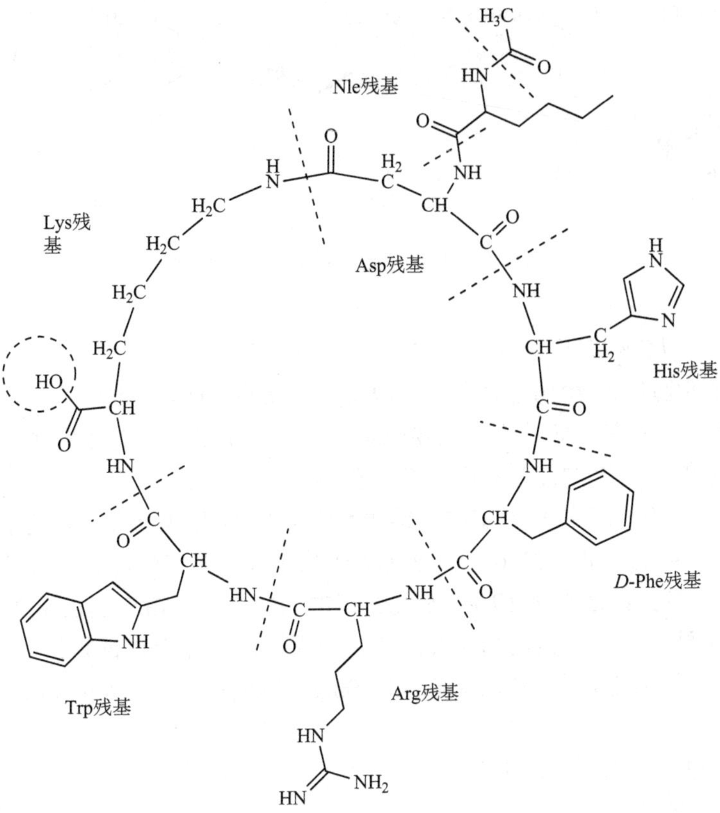

图 6-22　PT-141 的化学结构式

【申请机构】　MAG Pharmaceuticals 公司和 Palatin Technologies 公司。

【批准上市时间/适应证/给药途径】　2019 年 6 月，美国 FDA 宣布批准 MAG Pharmaceuticals 公司和 Palatin Technologies 公司联合开发的 Vyleesi®（布雷墨浪丹）上市，治疗绝经前女性的性欲减退症（HSDD）。

【药物简介】　Vyleesi® 是一种黑皮质素 4 型受体的创新激动剂。这款新药可以通过一个自动一次性注射器，在预期的性活动之前使用，HSDD 患者不需要每天使用这一疗法。FDA 的批准是基于 Vyleesi® 的Ⅲ期临床研究项目中的表现。试验结果表明，接受治疗的妇女性欲指数的评分显著提高的比例为 25%，显著优于安慰剂组（17%）。同时 Vyleesi® 降低了 HSDD 带来的焦虑。

【药物制剂】　皮下注射剂，1.75mg/0.3ml 透明溶液，单剂量自动注射。

【国内上市信息】　国内未上市。

3. 格拉替雷

【药品通用名/商品名】　格拉默；Copaxone®；格拉替雷。

【CAS】　147245-92-9。

【氨基酸序列/结构式】　醋酸格拉替雷为 L-Glu、L-Ala、L-Lys 和 L-Tyr 组成的随机聚合物的乙酸盐，它们的平均物质的量比为 0.141∶0.427∶0.095∶0.338，平均分子质量为 5000～9000 Da，结构式为 (Glu, Ala, Lys, Tyr)$x \cdot x$CH$_3$COOH（图 6-23）。

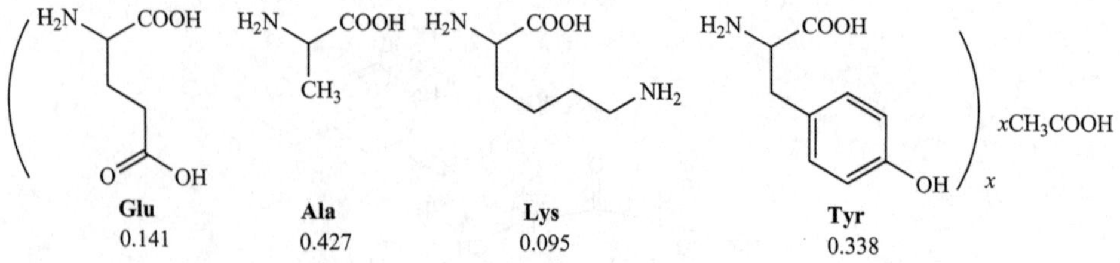

图 6-23　醋酸格拉替雷的化学结构式

【申请机构】　以色列药厂梯瓦（TEVA）公司研发生产。

【批准上市时间/适应证/给药途径】　于 1996 年由美国 FDA 核准用于治疗复发型多发性硬化症（MS）患者。目前在全球几十个主要国家上市，特别是在具有较多多发性硬化症患者的西方国家中，醋酸格拉替雷的疗效和耐受性均获得十足的肯定。

【药物简介】　近年来，格拉替雷的年销售额维持在 42 亿美元左右，列全球药物销售额排行榜第 15 位，属于重磅产品。2016 年全球七大医药市场中多发性硬化症类药物的销售额已达到 226.80 亿美元，格拉替雷占比 19%。梯瓦公司的醋酸格拉替雷专利已于 2014 年 5 月到期，但目前，国内尚无醋酸格拉替雷的仿制品上市，也无进口产品上市销售。

【药物制剂】　注射液，分为 20mg/ml 和 40mg/ml 两种规格，单剂量预填充注射器内，皮下注射。

【国内上市信息】　国内尚未上市。

4. 丙氨酰谷氨酰胺

【药品通用名/商品名】　Alanyl Glutamine；丙氨酰谷氨酰胺；力肽；Dipeptamin®。

【CAS】　39536-23-0。

【氨基酸序列/结构式】　Ala-Gln（图 6-24）。

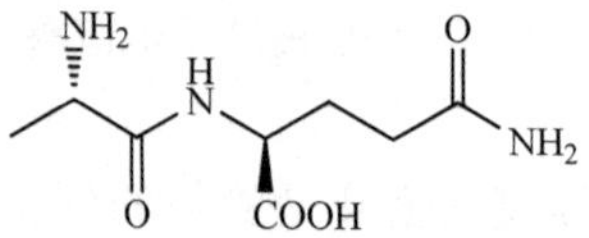

图 6-24　丙氨酰谷氨酰胺化学结构式

【申请机构】　Fresenius AG。

【批准上市时间/适应证/给药途径】　1995 年 4 月，丙氨酰谷氨酰胺在德国注册上市，用于肠外营养，为接受肠外营养的患者提供谷氨酰胺，补充氨基酸；给药途径为静脉注射。

【药物简介】　丙氨酰谷氨酰胺是一种小分子二肽，具有促进正氮平衡、调节肌蛋白合成的作用，可以防止因长期应用肠外营养而引起的小肠黏膜通透性增强和萎缩，并可增强免疫功能和防止菌血症的发生。近年研究发现，预先给予丙氨酰谷氨酰胺能够降低四肢局部缺血导致的肌细胞损伤，提高败血症大鼠的能量供应。

【药物剂型】　注射液，分为 10g∶50ml 和 20g∶100ml 两种规格，无色澄明液体。

【国内上市信息】　国内已上市，进口药品申请机构为奥地利 Fresenius Kabi Austria GmbH。国产药品有近 10 家。

5. 肌肽及肌肽锌

【药品通用名/商品名】：Carnosine；肌肽；Zinc L-Carnosine；肌肽锌；Polaprezinc。

【CAS】 308-84-0（肌肽）；107666-60-7（肌肽锌）。

【氨基酸序列/结构式】 β-Ala-His（肌肽）。

【申请机构】 Zeria 新药工业株式会社。

【批准上市时间/适应证/给药途径】 Zeria 新药工业株式会社研发的肌肽锌复合物 Polaprezinc 已于 1994 年被日本批准上市，用于治疗胃溃疡；给药途径为口服给药。1997 年，俄罗斯已批准肌肽滴眼液上市，用于治疗细菌或病毒感染导致的角膜疾病等。

【药物简介】 肌肽是俄罗斯学者 Gulewitsch 和 Amiradzibi 于 1900 年从骨骼肌及脑中分离得到的天然二肽，具有抗自由基、抗氧化、抗糖基化、调节酶活性、增强免疫及延缓衰老等多种作用。

【药物剂型】 注射液。

【国内上市信息】 国内尚未上市。

6. 精氨酸加压素

【药品通用名/商品名】 Arginine vasopressin；Argipressin；Antidiuretic hormone；精氨酸加压素；Pitressin®；必压生；Pitressin Tanate。

【CAS】 113-79-1。

【氨基酸序列/结构式】 Cys-Tyr-Phe-Glu-(NH$_2$)-Cys-Pro-Arg-Gly-(1-6；二硫键)。

【申请机构】 JHP Pharma 和 Parke Davis Div Warner Lambert Co.。

【批准上市时间/适应证/给药途径】 1982 年以前，Arginine vasopressin 已被批准用于预防和治疗术后腹胀及尿崩症等；给药途径为肌内注射或皮下注射。其鞣酸制剂（vasopressin tannate，商品名 Pitressin Tanate）也于 1982 年以前被 FDA 批准上市，目前在美国已撤市。

【药物简介】 精氨酸加压素是下丘脑合成的九肽神经垂体激素，可促进肾小管对水的重吸收，从而发挥抗利尿作用，并对胃肠道平滑肌及血管具有收缩作用。近年研究发现精氨酸加压素对败血症休克及血管扩张性休克有明显升压效果。

【药物剂型】 注射液。

【国内上市信息】 上海第一生化药业有限公司的鞣酸加压素注射液已经上市（批准文号：H31022938）。

7. 阿托西班

【药品通用名/商品名】 Atosiban；阿托西班；tractocile®。

【CAS】 90779-69-4。

【氨基酸序列/结构式】 Mpa-D-Tyr(Et)-Ile-Thr-Asn-Cys-Pro-Orn-Gly-NH$_2$(1-6；二硫键)。

【申请机构】 Ferring Pharma Ltd.。

【批准上市时间/适应证/给药途径】 2000 年 3 月，阿托西班在奥地利首次批准上市，用于抑制宫缩，推迟早产；给药途径为静脉注射。

【药物简介】 阿托西班是一种合成的催产素类似物多肽，对子宫催产素受体具有特异性的拮抗作用。为出现早产征兆的孕妇输注阿托西班可使宫缩显著减少，并减少催产素介导的前列腺素分泌。

【药物剂型】 注射液，辅料为甘露醇和注射用水，分为 0.9ml（7.5mg/ml，以阿托西班计）和 5ml（7.5mg/ml，以阿托西班计）两种规格。

【国内上市信息】　　国内已上市，进口药品申请机构为瑞士 Ferring AG（注册证号：H20160528、H20160527）。国产药品注册申请机构有成都圣诺生物制药有限公司、海南中和药业股份有限公司和扬子江药业集团广州海瑞药业有限公司。

8. 阿肽地尔

【药品通用名/商品名】　　Aviptadil；阿肽地尔；Invicorp®。

【CAS】　　40076-56-4。

【氨基酸序列/结构式】　　His-Ser-Asp-Ala-Val-Phe-Thr-Asp-Asn-Tyr-Thr-Arg-Leu-Arg-Lys-Gln-Met-Ala-Val-Lys-Lys-Tyr-Leu-Asn-Ser-Ile-Leu-Asn-NH_2。

【申请机构】　　Senetek PLC 和 Plethora Solutions Ltd.。

【批准上市时间/适应证/给药途径】　　1998 年，丹麦批准阿肽地尔上市，用于治疗性功能障碍；给药途径为阴茎海绵体注射。

【药物简介】　　阿肽地尔是人工合成的血管活性肠肽。Invicorp®则是阿肽地尔与酚妥拉明甲磺酸盐的复方制剂。阿肽地尔是 1997 年世界卫生组织确定的血管活性肠肽的国际非专利药名，其制剂为吸入制剂。已发布的阿肽地尔用于治疗肺动脉高压的临床试验数据表明，其对肺动脉高压有一定疗效，且耐受性良好。

【药物剂型】　　注射液。

【国内上市信息】　　国内尚未上市。

9. 比伐卢定

【药品通用名/商品名】　　Bivalirudin；比伐卢定；Angiomax；Angiox。

【CAS】　　128270-60-0。

【氨基酸序列/结构式】　　D-Phe-Pro-Arg-Pro-Gly-Gly-Gly-Gly-Asn-Gly-Asp-Phe-Glu-Glu-Ile-Pro-Glu-Glu-Tyr-Leu-OH。

【申请机构】　　The Medicines Company。

【批准上市时间/适应证/给药途径】　　2000 年 12 月，比伐卢定已被美国 FDA 批准，用于预防血管成型介入治疗不稳定性心绞痛前后的缺血性并发症；给药途径为静脉注射。

【药物简介】　　比伐卢定为直接凝血酶抑制剂，可与血循环或血栓凝血酶催化位点和阴离子子结合位点特异性结合，短暂抑制凝血酶的活性位点，从而直接抑制凝血酶的活性。其与凝血酶的结合是可逆的，当比伐卢定的 3 位和 4 位的 Arg 和 Pro 被凝血酶水解时，凝血酶活性位点的功能可恢复。体外研究表明，比伐卢定可抑制凝血酶的溶解和凝固，使血小板释放反应中性化，延长人活化部分凝血活酶时间、凝血酶时间及凝血酶原时间。

【药物剂型】　　注射剂，本品为白色冻干块状物或粉末，极具引湿性，辅料为甘露醇和氢氧化钠。

【国内上市信息】　　国内已上市。进口药品申请机构为美国 The Medicines Company（注册证号：H20190031）。国内注册机构为深圳信立泰药业股份有限公司、江苏豪森药业集团有限公司和海南双成药业股份有限公司。

10. 卡培立肽

【药品通用名/商品名】　　Carperitide；卡培立肽；Human atrial natriuretic peptide。

【CAS】　　89213-86-6。

【氨基酸序列/结构式】　　Ser-Leu-Arg-Arg-Ser-Ser-Cys-Phe-Gly-Gly-Arg-Met-Asp-Met-Asp-Arg-Ile-Gly-Gln-Ser-Gly-Leu-Gly-Cys-Asn-Ser-Phe-Arg-Tyr-OH(6-23；二硫键)。

【申请机构】　　Daiichi Suntory Pharma；Zeria Pharma Co.，Ltd. 和 Astellas Pharma Inc.。

【批准上市时间/适应证/给药途径】　　1995 年，日本批准卡培立肽上市，用于治疗急性失代偿性心力衰竭；给药途径为静脉注射。

【药物简介】　　卡培立肽即重组人心房利钠肽，最初由 Daiichi Suntory Pharma 发明。2009 年之前，Astellas Pharma Inc 和 Daiichi Suntory Pharma 曾在美国进行卡培立肽治疗充血性心力衰竭及急性呼吸窘迫综合征的临床试验；据报道，目前其试验已经终止。试验结果显示，卡培立肽与现有抗心力衰竭药物相比，疗效无显著差异。

【药物制剂】　　注射剂。

【国内上市信息】　　国内尚未上市。

11. 脑蛋白水解物

【药品通用名/商品名】　　Cerebroprotein Hydrolysate；脑蛋白水解物；施普善；Cerebrolysin；Cognistar®。

【CAS】　　无。

【主要组分/化学名】　　脑蛋白水解物是从动物脑组织中提取的氨基酸混合物水溶液，由 16 种氨基酸和寡肽组成，其中游离氨基酸占 85%，结合成寡肽的氨基酸占 15%。

【申请机构】　　Shenzhen Mellow Hope Pharma Industrial 和 Ebewe Arzneimittel Ges. M. b. H.等。Ebewe Arzneimittel Ges. M. b. H.为最早向我国提出脑蛋白水解物上市申请的国外企业。

【批准上市时间/适应证/给药途径】　　2010 年，Shenzhen Mellow Hope Pharma Industry 报道其生产的脑蛋白水解物已在印度获准上市。目前已被用于早老性痴呆、血管性痴呆等疾病；给药途径为静脉注射或肌内注射。

【药物简介】　　脑蛋白水解物是一种猪脑组织的提取物，主要含神经多肽、核酸、神经递质和神经营养因子等生物活性成分，是调节神经发育、决定神经细胞分化及轴索伸展方向的物质，能以多种方式作用于中枢神经，为神经元修复提供氨基酸、营养神经细胞、调节和改善神经元的代谢、促进突触形成、诱导神经元分化并保护神经细胞免受各种缺血及神经毒素的损害。

【药物制剂】　　注射液。

【国内上市信息】　　国内已上市（包括其复方制剂），国内有广东隆赋药业股份有限公司等近 30 家生产企业。

12. 环孢素

【药品通用名/商品名】　　Ciclosporin；Ciclosporine；环孢素；Neural®；山地明；Sandimmum®；Neoral®；Restasis®。

【CAS】　　59865-13-3。

【氨基酸序列/结构式】　　见图 6-25。

【申请机构】　　Novartis Pharma Corp.；Allergen Inc.；IVAX Pharma Inc.；Watson Pharma Inc. 及 Abbott Labs 等。

【批准上市时间/适应证/给药途径】　　1983 年 11 月，美国 FDA 已批准 Novartis Pharma Corp. 的环孢素产品用于抑制器官移植排斥反应，其后已有多家公司的环孢素产品先后在美国上市。目前环孢素产品已有口服固体制剂、注射剂及眼用乳剂等多种剂型。

【药物简介】　　环孢素是一种免疫抑制剂，对体液免疫、细胞介导的免疫反应（如器官移植排斥反应、迟发型过敏反应、实验性变应性脑脊髓炎、弗氏佐剂诱发的关节炎及银屑病等）

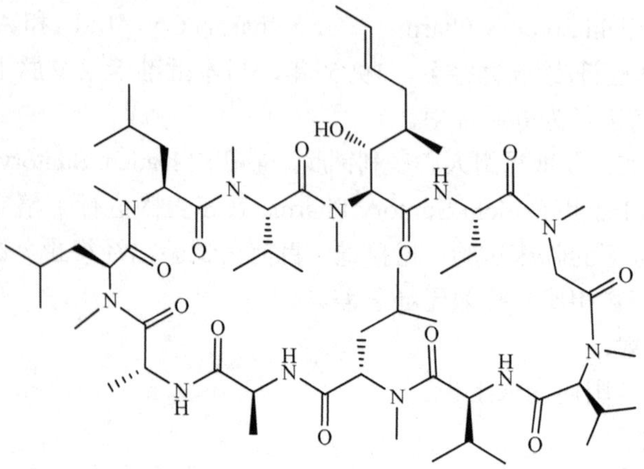

图 6-25　环孢素化学结构式

具有抑制作用。其免疫抑制作用与其对免疫活性淋巴细胞（尤其是 T 淋巴细胞）G_0 和 G_1 周期的可逆的特异性抑制作用有关。其眼用乳剂对干眼症有一定的治疗作用，但确切作用机制尚不明确。近年发布的部分文献显示，环孢素对严重的难治性肠炎也有治疗作用。

【药物制剂】　已上市的均为胶囊剂，分为 10mg、25mg、50mg 三种规格。

【国内上市信息】　国内已上市，进口药品申请机构为瑞士 Novartis Pharma 和捷克共和国 TEVA Czech Industries S. R. O. 。国内申请机构为华北制药股份有限公司等 10 余家企业。

13. 促肾上腺皮质激素

【药品通用名/商品名】　Corticotropin；促肾上腺皮质激素；Acthar®；HP Acthar Gel®。

【CAS】　9002-60-2。

【氨基酸序列/结构式】　H-Ser-Tyr-Ser-Met-Glu-His-Phe-Arg-Trp-Gly-Lys-Pro-Val-Gly-Lys-Lys-Arg-Arg-Pro-Val-Lys-Val-Tyr-Pro-Asn-Gly-Ala-Glu-Asp-Glu-Ser-Ala-Glu-Ala-Phe-Pro-Leu-Glu-Phe-OH。

【申请机构】　Sanofi-aventis US；Parkedale Pharma Inc.；Questctor Pharma Inc.；Organon USA Inc.；Watson Laboratories Inc.和 Organics Lagrange Inc.。

【批准上市时间/适应证/给药途径】　1950 年至今，美国 FDA 已批准多家企业的促肾上腺皮质激素产品上市，主要剂型为注射剂。其中 HP Acthar Gel® 已被批准用于治疗婴儿痉挛。

【药物简介】　促肾上腺皮质激素是由脑垂体前叶分泌的多肽激素，在中枢神经系统具有广泛的生理作用，包括学习记忆、体温调节、心血管功能调节、神经损伤修复与再生及抗阿片镇痛作用等。

【药物制剂】　注射液。

【国内上市信息】　国内未上市。

14. 去氨加压素

【药品通用名/商品名】　Desmopressin；去氨加压素；Minirin®；Stimate®。

【CAS】　16789-98-3。

【氨基酸序列/结构式】　Mar-Tyr-Phe-Gln-Asn-Cys-Pro-D-Arg-Gly-NH₂(1-6；二硫键)。

【申请机构】　Sanofi-aventis US LLC.；Ferring Pharma Inc.等。

【批准上市时间/适应证/给药途径】　据报道，1977 年，去氨加压素已被用于治疗血友病 A

（hemophilia A）和血管性血友病（von Willebrand disease，即冯·维勒布兰德病）。1978 年美国已批准去氨加压素上市，目前已有口服固体制剂、注射剂及鼻喷雾剂等多种剂型。其主要适应证为中枢性尿崩症、多尿、多饮、夜间遗尿症、血友病 A 及血管性血友病等。

【药物简介】　去氨加压素是合成的天然精氨酸加压素的结构类似物，通过 1 位 Cys 脱氨及 8 位采用 D-Arg 置换 L-Arg 后，衍生得到的 1-deamino-8-D-arginine vasopression，药效增强，抗利尿作用时间延长，而血管收缩活性明显降低。其已在临床应用 30 多年。研究显示，去氨加压素是血管加压素 V2 受体的特异激动剂，可通过升高肾集合管的 cAMP，使肾血管舒张，从而发挥抗利尿作用；可使血浆中凝血因子Ⅷ的活性增加 2～6 倍，增加冯·维勒布兰德因子和纤维蛋白溶酶原激活剂的浓度，并显著增加血小板的黏附性。此外，研究报道去氨加压素用于治疗急性肾绞痛，可迅速缓解疼痛，与双氯芬酸等镇痛药物联用时，能够增加此类药物的镇痛效果。

【药物制剂】　注射液和片剂两种剂型。

【国内上市信息】　国内已上市，进口药品申请机构为瑞士 Ferring AG，国内申请机构为深圳瀚宇药业股份有限公司和海南中和药业有限公司。

15. 伊考兰肽

【药品通用名/商品名】　Ecallantide；伊考兰肽；Kalbitor®。

【CAS】　460738-38-9。

【氨基酸序列/结构式】　Glu-Ala-Met-His-Ser-Phe-Cys-Ala-Phe-Lys-Ala-Asp-Asp-Gly-Pro-Cys-Arg-Ala-Ala-His-Pro-Arg-Trp-Phe-Phe-Asn-Ile-Phe-Thr-Arg-Gln-Cys-Glu-Glu-Phe-Ile-Tyr-Gly-Gly-Cys-Glu-Gly-Asn-Gln-Asn-Arg-Phe-Glu-Ser-Leu-Glu-Glu-Cys-Lys-Lys-Met-Cys-Thr-Arg-Asp。

【申请机构】　Dyax Corp.。

【批准上市时间/适应证/给药途径】　2009 年 11 月，美国 FDA 已批准伊考兰肽上市，用于治疗 16 岁及以上患者的遗传性血管水肿急性发作；给药途径为皮下注射。

【药物简介】　遗传性血管水肿是一种罕见的遗传性疾病，病因是由于编码 C1 酯酶抑制剂（C1 esterase inhibitor，C1INH）的基因突变。伊考兰肽是根据人组织因子途径抑制物（human tissue factor pathway inhibitor）的第一个 Kunitz 域设计的含 60 个氨基酸的多肽，是一种血浆激肽释放酶抑制剂。其能够选择性、可逆性的结合血浆激肽释放酶，封闭其结合位点，抑制高分子量激肽原向缓激肽的转变。

【药物制剂】　注射液。

【国内上市信息】　国内尚未上市。

16. 依降钙素

【药品通用名/商品名】　Elcatonin；依降钙素；益钙宁。

【CAS】　57014-02-5。见图 6-26。

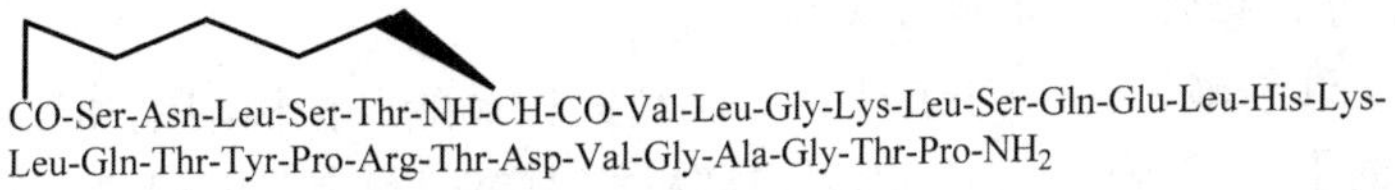

CO-Ser-Asn-Leu-Ser-Thr-NH-CH-CO-Val-Leu-Gly-Lys-Leu-Ser-Gln-Glu-Leu-His-Lys-Leu-Gln-Thr-Tyr-Pro-Arg-Thr-Asp-Val-Gly-Ala-Gly-Thr-Pro-NH₂

图 6-26　依降钙素结构式

【申请机构】　旭化成制药株式会社；富士制药工业株式会社和原沢制药工业株式会社。

【批准上市时间/适应证/给药途径】　1982 年日本已批准依降钙素上市，用于治疗骨质疏松及引起的疼痛；给药途径为肌内注射。

【药物简介】　依降钙素是鳗鱼降钙素结构修饰物，分子结构稳定，生物效价高达 6000U/mg。其具有抑制骨吸收、促进骨形成等作用，可减少钙从骨骼释放到血液中，降低血钙浓度，促进实验大鼠、犬的骨骼形成，改善其骨密度、骨强度等，并具有迅速改善炎症和中枢性镇痛作用。

【药物制剂】　注射液。

【国内上市信息】　国内已上市，进口药品申请机构为日本 Asahi Kasei Pharma Corporation。国产药品为山东绿叶制药有限公司（批准文号：H20040338）。

17. 恩夫韦肽

【药品通用名/商品名】　Enfuvirtide；恩夫韦肽；Fuzeon®。

【CAS】　159519-65-0。

【氨基酸序列/结构式】　Ac-Tyr-Thr-Ser-Leu-Ile-His-Ser-Leu-Ile-Glu-Glu-Ser-Gln-Asn-Gln-Gln-Glu-Lys-Asn-Glu-Gln-Glu-Leu-Leu-Glu-Leu-Asp-Lys-Trp-Ala-Ser-Leu-Trp-Asn-Trp-Phe-NH$_2$。

【申请机构】　Hoffmann-La Roche Inc.。

【批准上市时间/适应证/给药途径】　2003 年 3 月，美国 FDA 批准其用于治疗 HIV 感染；给药途径为皮下注射。

【药物简介】　恩夫韦肽是一种新型抗逆转录病毒药物，可结合于 HIV-1 细胞膜糖蛋白 gp41 亚单位，阻碍其构象变化，抑制病毒与细胞膜融合，从而干扰 HIV-1 进入细胞而阻止 HIV-1 进入宿主细胞，抑制 HIV-1 复制。体外研究表明，恩夫韦肽可减少病毒 p24 的产生和 HIV-1 RNA 的水平。体内研究显示，恩夫韦肽可降低血浆 HIV-1 RNA 拷贝数和平均病毒负荷，增强 HIV-1 感染患者的免疫力。

【药物制剂】　冻干粉针剂，每瓶含 108mg 恩夫韦肽和 1ml 无菌注射用水。

【国内上市信息】　国内已上市，国内申请机构为成都圣诺生物制药有限公司（批准文号：H20143159）。

18. 依替巴肽

【药品通用名/商品名】　Eptifibatide；依替巴肽；Integrilin®。

【CAS】　188626-80-7。

【氨基酸序列/结构式】　Map-Har-Gly-Asp-Trp-Pro-Cys-NH$_2$（1-7；二硫键）（图 6-27）。

【申请机构】　Schering Corp.。

【批准上市时间/适应证/给药途径】　1998 年 5 月，美国 FDA 已批准依替巴肽上市，用于治疗急性冠脉综合征；给药途径为静脉注射。

【药物简介】　依替巴肽是一种合成的 RGD（Arg-Gly-Asp）相关多肽，属于血小板糖蛋白 IIb/IIa 受体拮抗剂，可通过抑制血小板聚集的最后共同途径抑制血小板凝集和血栓形成，具有抗血小板作用强、起效快、不良反应少等优点。

【药物制剂】　注射液，10mg/5ml 规格，辅料为柠檬酸、柠檬酸钠和注射用水。

【国内上市信息】　国内已上市。国内申请机构为深圳翰宇药业股份有限公司和江苏豪森药业集团有限公司。

19. 复方氨基酸（15）双肽（2）注射液

【药品通用名/商品名】　Glamin®；复方氨基酸（15）双肽（2）注射液。

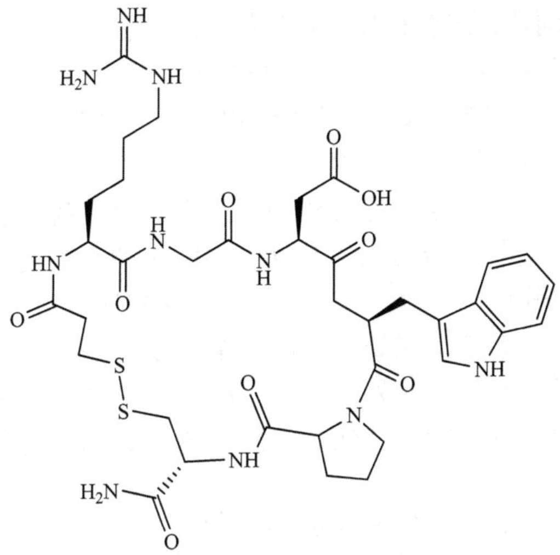

图 6-27　依替巴肽的化学结构式

【CAS】　无。

【主要组分/化学名】　Glamin®是含有 Gly-Gln 和 Gly-Tyr 两种双肽及 Ala、Arg、Asp 等多种氨基酸的复方氨基酸注射液。

【申请机构】　Fresenius Kabi Austria GmbH。

【批准上市时间/适应证/给药途径】　1995 年 5 月，Glamin®已在德国、瑞士、瑞典、芬兰、丹麦和英国等国注册上市，用于肠胃营养，为接受肠外营养的患者补充氨基酸；给药途径为静脉注射。

【药物简介】　Glamin®属于肠外营养剂，未添加游离甘氨酸，双肽结构的 N 端氨基酸无不平衡现象产生，比普通复方氨基酸注射液更完善，尤其对创伤、败血症和某些器官衰竭危重患者的分解代谢状况更方便合理，其缺点是谷氨酰胺浓度低。

【药物制剂】　注射液。

【国内上市信息】　国内已上市，进口药品申请机构为 Fresenius Kabi Austria GmbH。国内注册机构有山东新时代药业有限公司等多家企业。

20. 谷胱甘肽

【药品通用名/商品名】　Glutathione；谷胱甘肽；Setria®。

【CAS】　70-18-8。

【氨基酸序列/结构式】　H-γ-Glu-Cys-Gly-OH（图 6-28）。

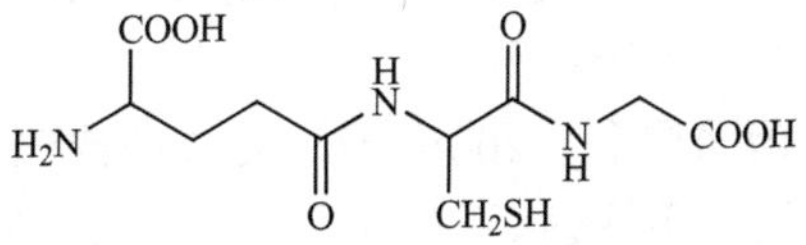

图 6-28　谷胱甘肽化学结构式

【申请机构】　协和（KYOWA）发酵株式会社；山之内株式会社；鹤原制药株式会社；

东和药品株式会社；杏林制药株式会社和大洋制药株式会社。

【批准上市时间/适应证/给药途径】 早在 1967 年 1 月，谷胱甘肽已被日本批准上市，用于治疗白内障、角膜损伤等，目前主要用于治疗药物中毒、角膜损伤，改善慢性肝病患者肝功能等；给药途径包括滴眼、口服及注射给药等。

【药物简介】 谷胱甘肽是人体自然合成的一种含有活性巯基的三肽物质，能激活多种酶（如巯基酶等），促进糖、脂肪及蛋白质代谢，并能影响细胞的代谢过程；可通过巯基与自由基结合，发挥抗自由基作用，有助于减轻化疗、放疗的毒副作用，而对化疗、放疗的疗效无明显影响。贫血、中毒或组织炎症造成的全身或局部低氧血症患者应用谷胱甘肽，可减轻组织损伤，促进组织修复。此外，谷胱甘肽还能通过转甲基及转丙氨基反应保护肝脏的合成、解毒、灭活激素等功能，并促进胆酸代谢，有利于消化道吸收脂肪及脂溶性维生素。

【药物制剂】 注射液、滴眼液和片剂等剂型。

【国内上市信息】 国内已上市。国内注册企业几十家，进口药企四家。

21. 人促胰液素

【药品通用名/商品名】 Human Secretin；人促胰液素；ChiRhoStim®。

【CAS】 108153-74-8。

【氨基酸序列/结构式】 His-Ser-Asp-Gly-Thr-Phe-Thr-Ser-Glu-Leu-Ser-Leu-Ser-Arg-Leu-Arg-Glu-Gly-Ala-Arg-Leu-Gln-Arg-Leu-Leu-Gln-Gly-Leu-Val-NH_2。

【申请机构】 ChiRhoClin Inc.。

【批准上市时间/适应证/给药途径】 2004 年 4 月，美国 FDA 已批准人促胰液素上市，用于刺激胰液分泌，包括碳酸氢盐的分泌，辅助诊断胰外分泌功能障碍；刺激胃泌素分泌，辅助诊断胃泌素瘤及在内镜逆行胰胆管造影术中使用，使十二指肠乳头易于识别；给药途径为静脉注射。

【药物简介】 人促胰液素是由十二指肠及上段空肠黏膜分泌的一种含 27 个氨基酸的多肽激素。胃酸是刺激人促胰液素分泌的最强刺激物，蛋白质代谢产物和脂肪酸也可促进其分泌，但糖无此作用。目前，人促胰液素在多种疾病诊断中具有重要作用。其中促胰液素激发试验是诊断胃泌素瘤的手段之一。

【药物制剂】 无菌冻干粉，每瓶 16mg，溶解在 8ml 0.9%氯化钠溶液中使用。

【国内上市信息】 国内尚未上市。

22. 艾替班特

【药品通用名/商品名】 Icatibant；艾替班特；Firazyr®。

【CAS】 130308-48-4。

【氨基酸序列/结构式】 H-*D*-Arg-Arg-Pro-Hyp-Gly-Thia-Ser-*D*-Tic-Oic-Arg-OH。

【申请机构】 Jerini AG。

【批准上市时间/适应证/给药途径】 2008 年，艾替班特已在欧洲上市，用于治疗遗传性血管水肿急性发作；给药途径为皮下注射。

【药物简介】 艾替班特是特异性缓激肽（bradykinin）B2 受体拮抗剂。人体试验中，其抑制缓激肽的 EC_{50} 为 7.3～10.8nmol/L，其作用持续时间与剂量相关性较小。稳定性研究显示，5℃下艾替班特可稳定保存 24 个月，25℃下可稳定保存 6 个月。

【药物制剂】 注射液，30mg 艾替班特用 3ml 注射液溶解预装在注射器内。辅料有氯化钠、冰醋酸、氢氧化钠和注射用水。

【国内上市信息】 国内尚未上市。

23. 兰瑞肽

【药品通用名/商品名】 Lanreotide；兰瑞肽；Somatuline®Depot。

【CAS】 108736-35-2。

【氨基酸序列/结构式】 D-βNal-Cys-Tyr-D-Trp-Lys-Val-Cys-Thr-NH$_2$(2-7；二硫键)。

【申请机构】 Beaufour Ipsen Pharma。

【批准上市时间/适应证/给药途径】 2007 年 8 月，美国 FDA 已批准兰瑞肽上市，用于外科手术和（或）放射治疗之后生长激素分泌异常时的肢端肥大症患者；给药途径为皮下注射。

【药物简介】 兰瑞肽是生长抑素的八肽类似物。目前认为其作用机制与天然生长抑素相似。其与人生长抑素受体（human somatostatin receptors，SSTR）2 和 SSTR 5 具有较高的亲和力，与 SSTR 1、SSTR 3 和 SSTR 4 的亲和力较低。而 SSTR 2 和 SSTR 5 的激活则是抑制生长激素的主要机制。此外，兰瑞肽也能够发挥生长抑素相似的对各种内分泌、神经内分泌、外分泌及副分泌功能的抑制作用。

【药物制剂】 注射剂，1 支（40mg）/盒（含 2ml 溶剂）。

【国内上市信息】 国内已上市，进口药品申请机构为法国 IPSEN PHARMA（注册证号：H20140587）。

24. 赖氨酸加压素

【药品通用名/商品名】 Lypressin；赖氨酸加压素；Diapid®。

【CAS】 50-56-7。

【氨基酸序列/结构式】 Cys-Tyr-Phe-Gln-Asn-Cys-Pro-Lys-Gly-NH$_2$(1-6；二硫键)。

【申请机构】 Novartis Pharma Corp.。

【批准上市时间/适应证/给药途径】 1982 年以前，美国 FDA 已批准赖氨酸加压素上市，用于抗利尿激素缺乏所致的尿崩症；给药途径为经鼻给药。

【药物简介】 赖氨酸加压素为人工合成的精氨酸加压素类似物，因 8 位氨基酸为 Lys 故命名为赖氨酸加压素。其具有精氨酸加压素相似的抗利尿作用。早在 1968～1972 年，已有赖氨酸加压素用于尿崩症的文献报道。其鼻腔喷雾剂，使用一次抗利尿作用可维持 4～6h。

【药物制剂】 注射剂和鼻喷剂两种剂型。

【国内上市信息】 国内尚未上市。

25. 奈西立肽

【药品通用名/商品名】 Nesiritide；奈西立肽；Natrecor®。

【CAS】 114471-18-0。

【氨基酸序列/结构式】 Ser-Pro-Lys-Met-Val-Gln-Gly-Ser-Gly-Cys-Phe-Gly-Arg-Lys-Met-Asp-Arg-Ile-Ser-Ser-Ser-Ser-Gly-Leu-Gly-Cys-Lys-Val-Leu-Arg-Arg-His-OH(10-26；二硫键)。

【申请机构】 Scios Inc.。

【批准上市时间/适应证/给药途径】 2001 年 8 月，美国 FDA 已批准奈西立肽上市，用于治疗急性失代偿性充血性心力衰竭；给药途径为静脉注射。

【药物简介】 奈西立肽是利用重组 DNA 技术得到的合成型人 B 型利钠肽，可与利钠肽受体结合，发挥扩血管和排钠利尿作用。临床研究表明，奈西立肽可改善心力衰竭患者的血流动力学和临床症状，扩张动脉、静脉和心脏血管，降低肺毛细血管楔压。

【药物制剂】　注射液。

【国内上市信息】　国内未上市。

26. 鸟氨酸加压素

【药品通用名/商品名】　Ornipressin；Vasopression；鸟氨酸加压素；Purantix®；POR-8 Ferring®。

【CAS】　3396-23-7。

【氨基酸序列/结构式】　Cys-Tyr-Phe-Gln-Asn-Cys-Pro-Orn-Gly-NH$_2$(1-6；二硫键)。

【申请机构】　Ferring Pharma Pty Ltd.和 Sandoz Pharma。

【批准上市时间/适应证/给药途径】　早在 1972 年，已有关于鸟氨酸加压素的应用报道，1998 年文献报道，鸟氨酸加压素当时在德国、瑞士、新西兰及澳大利亚已被广泛用作缩血管药物；给药途径为注射给药。

【药物简介】　鸟氨酸加压素是一种精氨酸加压素类似物，具有较强的缩血管作用，并具有一定的抗利尿作用，但作用强度弱于精氨酸加压素，其局部应用可导致局部缺血，可用于手术部位局部麻醉或止血。

【药物制剂】　注射液。

【国内上市信息】　国内尚未上市。

27. 奥谷胱甘肽

【药品通用名/商品名】　Oxiglutatione；奥谷胱甘肽。

【CAS】　27025-41-8。

【氨基酸序列/结构式】　N-(N-γ-glutamyl-cysteinyl)glycine-(2-2′；二硫键)。

【申请机构】　千寿制药株式会社（制造）和大冢制药株式会社（销售）。

【批准上市时间/适应证/给药途径】　1992 年，日本已批准奥谷胱甘肽上市用于眼科手术时清洗眼部。

【药物简介】　奥谷胱甘肽即氧化型谷胱甘肽，对眼组织具有保护作用，可用于青光眼手术、玻璃体手术及白内障手术时的眼部清洗。

【国内上市信息】　国内尚未上市。

28. 催产素

【药品通用名/商品名】　Oxytocin；催产素；Syntocinon®；Pitocin®。

【CAS】　50-56-6。

【氨基酸序列/结构式】　Cys-Tyr-Ile-Gln-Asn-Cys-Pro-Leu-Gly-NH$_2$(1-6；二硫键)。

【申请机构】　Novartis Pharmas Corp.；Baxter Healthcare Corp.等。

【批准上市时间/适应证/给药途径】　1980 年 4 月，美国 FDA 已批准催产素上市，但作为新分子实体药物的批准时间早于 1980 年 1 月，具体时间已无法查询。目前主要用于催产、分娩时子宫收缩无力及产后出血等；给药途径包括经鼻给药、静脉注射及肌内注射等。

【药物简介】　催产素是一种人工合成的九肽，具有天然催产素相同的氨基酸序列及相似的药理活性。1953 年，Vincent du Vigneaud 等首次完成其人工合成。

【药物制剂】　注射液，辅料为三氯叔丁醇、冰醋酸、注射用水。

【国内上市信息】　国内已上市，国内申请机构多达十几家。

29. 五肽胃泌素

【药品通用名/商品名】　Pentagastrin；五肽胃泌素；Peptavlon。

【CAS】　5534-95-2。

【氨基酸序列/结构式】　Boc-β-Ala-Trp-Met-Asp-Phe-NH$_2$。

【申请机构】　Wyeth-Ayerst Laboratories。

【批准上市时间/适应证/给药途径】　1974 年 7 月，美国 FDA 已批准五肽胃泌素上市，用于胃酸分泌功能诊断；给药途径为皮下注射或肌内注射。

【药物简介】　五肽胃泌素是天然胃泌素的类似物，能促进胃酸、胃蛋白酶及内因子的分泌，也能够促进胰液分泌，并促进胃肠蠕动，但能够延迟胃排空。

【药物制剂】注射液，400μg/2ml 规格。

【国内上市信息】　国内已上市，申请机构为马鞍山丰原制药有限公司（批准文号：H34020443）。

30. 鲑鱼降钙素

【药品通用名/商品名】　Salmon Calcitonin；鲑鱼降钙素；Miacalcin®。

【CAS】　47931-85-1。

【氨基酸序列/结构式】　H-Cys-Ser-Asn-Leu-Ser-Thr-Cys-Val-Leu-Gly-Lys-Leu-Ser-Gln-Glu-Leu-His-Lys-Leu-Gln-Thr-Tyr-Pro-Arg-Thr-Asn-Thr-Gly-Ser-Gly-Thr-Pro-NH$_2$(1-7；二硫键)。

【申请机构】　Novartis Pharma Corp.。

【批准上市时间/适应证/给药途径】　1986 年 7 月，美国 FDA 批准鲑鱼降钙素上市，用于治疗佩吉特病、高钙血症和绝经后骨质疏松症；给药途径为皮下注射、肌内注射或经鼻给药。

【药物简介】　鲑鱼降钙素是一种合成的含 32 个氨基酸的多肽，其氨基酸序列与从鲑鱼中得到的降钙素一致。其主要作用于骨骼，但对肾脏和胃肠道也有直接调节作用，作用效力强于人降钙素，且作用时间更长。

【药物制剂】　注射液，辅料为乙酸、乙酸钠、氯化钠。

【国内上市信息】　国内已上市，进口药品申请机构为瑞士 Future Health Pharma GmbH（注册证号：H20170203）。国内申请机构为北京双鹭药业股份有限公司，石药集团欧意药业有限公司等九家公司。

31. 舍莫瑞林

【药品通用名/商品名】　Sermorelin；舍莫瑞林；Geref®。

【CAS】　86168-78-7。

【氨基酸序列/结构式】　Tyr-Ala-Asp-Ala-Ile-Phe-Thr-Asn-Ser-Tyr-Arg-Lys-Val-Leu-Gly-Gln-Leu-Ser-Ala-Arg-Lys-Leu-Leu-Gln-Asp-Ile-Met-Ser-Arg-NH$_2$。

【申请机构】　EMD Serono Inc.。

【批准上市时间/适应证/给药途径】　1990 年 12 月，美国已批准舍莫瑞林上市，用于治疗儿童原发性生长激素缺乏引起的身材矮小症；其主要给药途径为皮下注射。

【药物简介】　舍莫瑞林是生长激素释放激素的 1~29 氨基酸片段，能够促进脑下垂体生长激素的释放，可用于生长激素缺乏引起的身材矮小症。其与生长抑素存在相互作用，因此刺激生长激素释放的方式是间断式的。

【国内上市信息】　国内未上市，美国已撤市。

32. 生长抑素

【药品通用名/商品名】　Somatostatin；生长抑素；Modustatine；Stilamin。

【CAS】　38916-34-6。

【氨基酸序列/结构式】　Ala-Gly-Cys-Lys-Asn-Phe-Phe-Trp-Lys-Thr-Phe-Thr-Ser-Cys(3-14；二硫键)。

【申请机构】　Clin Midy Laboratory 和 S erono Laboratories Inc.。

【批准上市时间/适应证/给药途径】　据报道，1983 年法国已批准生长抑素上市，主要用于治疗消化道出血、胃肠道瘘管、胰腺炎及神经内分泌肿瘤等疾病；给药途径为静脉注射。

【药物简介】　生长抑素是 20 世纪 70 年代初由诺贝尔奖获得者 Roger Guilemin 与 Paul Brazeau 在寻找 GRF 时，在羊下丘脑提取液中意外发现的含 14 个氨基酸的多肽激素，具有抑制胃酸分泌，抑制胃泌素和胃蛋白酶释放及减少内脏血流等多种药理作用。

【药物制剂】　冻干粉针剂，辅料为甘露醇和乙酸。

【国内上市信息】　国内已上市。国内申请机构有山东新时代药业有限公司，北京双鹭药业股份有限公司等几十家。进口药品申请机构为瑞士 Merck（Schweiz）AG（注册证号：H20140873）。

33. 特立帕肽

【药品通用名/商品名】　Teriparatide；特立帕肽；rhPTH1-34；Parathar®。

【CAS】　52232-66-4。

【氨基酸序列/结构式】　H-Ser-Val-Ser-Glu-Ile-Gln-Leu-Met-His-Asn-Leu-Gly-Lys-His-Leu-Asn-Ser-Met-Glu-Arg-Val-Glu-Trp-Leu-Arg-Lys-Lys-Leu-Gln-Asp-Val-His-Asn-Phe-OH。

【申请机构】　Sanofi-aventis US LLC 和 Eli Lilly and Company。

【批准上市时间/适应证/给药途径】　1987 年 12 月，美国 FDA 已批准 Sanofi-aventis US LLC 的特立帕肽产品上市，Eli Lilly and Company 的特立帕肽为重组人特立帕肽。目前主要用于治疗绝经后妇女骨质疏松症及男性原发性骨质疏松症；给药途径为皮下注射。

【药物简介】　内源性甲状旁腺素（parathyroid hormone，PTH），含有 84 个氨基酸，是骨骼和肾的钙、磷代谢的主要调节因子。其生理作用包括调节骨代谢、肾小管对钙和磷的重吸收及肠道对钙的吸收。特立帕肽即重组人甲状旁腺素 1～34，其生物活性由特异性的细胞表面受体介导，具有与 PTH 相同的生理活性，且在骨骼及其他组织不会发生蓄积。

【药物制剂】　注射液，辅料为冰醋酸、乙酸钠（无水）、甘露醇、间甲酚（2.4～3.3mg/ml）、盐酸、氢氧化钠、注射用水，可能加入盐酸和（或）氢氧化钠调节 pH。

【国内上市信息】　国内已上市。国内申请机构为上海联合赛尔生物工程有限公司和信立泰（苏州）药业有限公司。进口药品申请机构为荷兰 Eli Lilly Nederland B.V.。

34. 特利加压素

【药品通用名/商品名】　Terlipression；特利加压素；Glypressin®；Lucassin®。

【CAS】　14636-12-5。

【氨基酸序列】　Gly-Gly-Gly-Cys-Tyr-Phe-Gln-Asn-Cys-Pro-Lys-Gly-NH₂(4-9；二硫键)。

【申请机构】　Ferring Pharma Ltd.。

【批准上市时间/适应证/给药途径】　据报道，法国、爱尔兰、韩国及西班牙等国家已批准特利加压素上市，用于治疗 I 型肝肾综合征；给药途径为静脉注射。

【药物简介】　特利加压素是一种人工合成的精氨酸加压素类似物，可作用于加压素 V1

受体，发挥缩血管作用。其受体选择性高于精氨酸加压素。目前的临床报道显示，其对肝肾综合征、败血症休克及静脉曲张出血等均具有一定的疗效。

【药物制剂】 冻干粉针剂，辅料为甘露醇和醋酸。

【国内上市信息】 国内已上市，进口药品申请机构为德国 Ferring GmbH，国内申请机构为深圳翰宇药业股份有限公司等。

35. 替可克肽

【药品通用名/商品名】 Tetracosactide；Cosyntropin；ACTH1-24；Synacthen®；Tetracosactrin；替可克肽。

【CAS】 16960-16-0（乙酸盐）。

【氨基酸序列/结构式】 H-Ser-Tyr-Ser-Met-Glu-His-Phe-Arg-Trp-Gly-Lys-Pro-Val-Gly-Lys-Lys-Arg-Arg-Pro-Val-Lys-Val-Tyr-Pro-OH。

【申请机构】 Radboud University。

【批准上市时间/适应证/给药途径】 2008 年 2 月，FDA 已批准替可克肽用于肾上腺皮质功能减退症的诊断，目前正在研究其对特发性膜性肾病的治疗作用。

【药物简介】 替可克肽是一种合成的 ACTH 类似物。早在 20 世纪 60 年代，替可克肽已被用于评价肾上腺功能。

【药物制剂】 注射液。

【国内上市信息】 国内未上市。

36. 替莫瑞林

【药品通用名/商品名】 Tesamorelin；替莫瑞林；Egrifta™。

【CAS】 218949-48-5。

【氨基酸序列/结构式】 CH_3—CH_2—CH＝CH—CH_2—CO—Tyr-Ala-Asp-Ala-Ile-Phe-Thr-Asn-Ser-Tyr-Arg-Lys-Val-Leu-Gly-Gln-Leu-Ser-Ala-Arg-Lys-Leu-Leu-Gln-Asp-Ile-Met-Ser-Arg-Gln-Gln-Gly-Glu-Ser-Asn-Gln-Glu-Arg-Gly-Ala-Arg-Ala-Arg-Leu-NH_2。

【申请机构】 Theratechnologies Inc.。

【批准上市时间/适应证/给药途径】 2010 年 11 月，美国 FDA 已批准替莫瑞林上市，用于治疗 HIV 感染患者脂肪营养障碍所致的腹部脂肪过多；给药途径为静脉注射。

【药物简介】 替莫瑞林是一种人工合成的 GHRH 类似物，其作用机制与天然 GHRH 类似，能够促进生长激素释放，升高 IGF-I 和 IGFBP-3 的水平，可用于生长激素相对缺乏类疾病，包括 HIV 相关的脂肪营养障碍。

【药物制剂】 无菌冻干粉，2mg 规格，无菌注射用水溶解后静脉注射。

【国内上市信息】 国内未上市。

37. 胸腺五肽

【药品通用名/商品名】 Thymopentin；胸腺五肽；Timunox®。

【CAS】 9558-55-0。

【氨基酸序列/结构式】 Arg-Lys-Asp-Val-Tyr。

【申请机构】 Janssen-Cilag；Italfarmaco SPA 和 Recordati。

【批准上市时间/适应证/给药途径】 据报道，意大利已于 1985 年批准胸腺五肽上市，目前主要用于治疗慢性乙型肝炎、原发性或继发性 T 细胞缺陷病（如儿童先天性免疫缺陷病）、自身免疫性疾病（如类风湿性关节炎、系统性红斑狼疮等）、细胞免疫功能低下及肿瘤的辅助治疗；给药途径为肌内注射。

【药物简介】　胸腺五肽是胸腺生成素（动物胸腺分泌的一种多肽，含 49 个氨基酸）中得到的含 5 个氨基酸（胸腺生成素的第 32～36 位氨基酸）的寡肽，是胸腺生成素的免疫活性部位。其具有与胸腺素相同的调节免疫系统的功能，可诱导前 T 细胞分化、成熟，调节成熟 T 细胞的免疫活性，对多种与人体细胞免疫功能异常相关的疾病有较好疗效。

【药物制剂】　注射液，10mg/1ml 规格。

【国内上市信息】　国内已上市，国内申请机构为海南中和药业股份有限公司等近 50 家企业。

38. 胸腺素

【药品通用名/商品名】　Thymosin α1；Thymalfasin；胸腺素；胸腺法新；Zadaxin™。

【CAS】　62304-98-7。

【氨基酸序列/结构式】　Ac-Ser-Asp-Ala-Ala-Val-Asp-Thr-Ser-Ser-Glu-Ile-Thr-Thr-Lys-Asp-Leu-Lys-Glu-Lys-Lys-Glu-Val-Val-Glu-Glu-Ala-Glu-Asn-OH。

【申请机构】　SciClone Pharma Inc.。

【批准上市时间/适应证/给药途径】　胸腺素目前已在国外 30 多个国家上市，被批准用于治疗乙型肝炎、丙型肝炎及作为疫苗佐剂用于免疫力低下；给药途径为皮下注射。

【药物简介】　胸腺素是从小牛胸腺中胸腺素片段 5（thymosin fraction 5，TF5）提取得到的生物活性多肽片段，1977 年报道了其氨基酸序列。其具有较强的免疫促进作用，可增加 NK 细胞、Th1 细胞的数量，促进淋巴细胞分化成熟和单核细胞抗原异递呈。

【药物制剂】　冻干粉针剂，白色疏松块状物，每瓶含胸腺素 1.6 mg，甘露醇 14.4 mg，以 1 ml 注射用水溶解后立即皮下注射（不应作肌内注射或静脉注射）

【国内上市信息】　国内已上市，进口药品注册机构为意大利 SciClone Pharmaceuticals Italy S.R.L.（注册证号：H20171177）。国产药品注册机构有深圳翰宇药业股份有限公司等十余家企业。

39. 伐普肽

【药品通用名/商品名】　Vapreotide；伐普肽；Sanvar®。

【CAS】　103222-11-3。

【氨基酸序列/结构式】　D-Phe-Cys-Tyr-D-Trp-Lys-Val-Cys-Trp-NH₂(2-7；二硫键)。

【申请机构】　H3 Pharma。

【批准上市时间/适应证/给药途径】　据报道，2004 年伐普肽已被墨西哥卫生部批准上市，其申请的适应证为食管静脉曲张性出血、肢端肥大症、胃肠道瘘、艾滋病相关的腹泻及神经内分泌肿瘤等；给药途径为静脉注射。

【药物简介】　伐普肽是一种生长抑素类似物，具有与天然生长抑素类似的药理活性，对食管静脉曲张性出血有良好的治疗作用。

【药物制剂】　注射液。

【国内上市信息】　国内尚未上市。

40. 齐考诺肽

【药品通用名/商品名】　Ziconotide；齐考诺肽；Prialt®。

【CAS】　107452-89-1。

【氨基酸序列/结构式】　H-Cys-Lys-Gly-Lys-Gly-Ala-Lys-Cys-Ser-Arg-Leu-Met-Tyr-Asp-Cys-Cys-Thr-Gly-Ser-Cys-Arg-Ser-Gly-Lys-Cys-NH₂(1-16, 8-20, 15-25；二硫键)。

【申请机构】 Azur Pharma International II Ltd.和 Elan Pharma Inc.。

【批准上市时间/适应证/给药途径】 2004 年 12 月，美国 FDA 已批准齐考诺肽上市用于治疗严重的慢性疼痛，欧洲也已批准其上市；给药途径为鞘内注射。

【药物简介】 齐考诺肽是从南太平洋海洋蜗牛提取的，包含 25 个氨基酸，3 个二硫键的多肽类毒素 ω-芋萝毒素 MVIIA 的人工合成物。其对脊索背角浅层伤害性疼痛传入神经的 N 型钙离子通道具有可逆的阻断作用，镇痛作用显著。

【药物制剂】 注射液，25mg/ml 和 100mg/ml 两种规格。

【国内上市信息】 国内尚未上市。

41. 帕瑞肽

【药品通用名/商品名】 帕瑞肽；Pasireotide Diaspartate；丝尼芬；Signifor®；Signifor LAR。

【CAS】 396091-73-9。

【氨基酸序列/结构式】 见图 6-29。

【申请机构】 Novartis Europharm Limited。

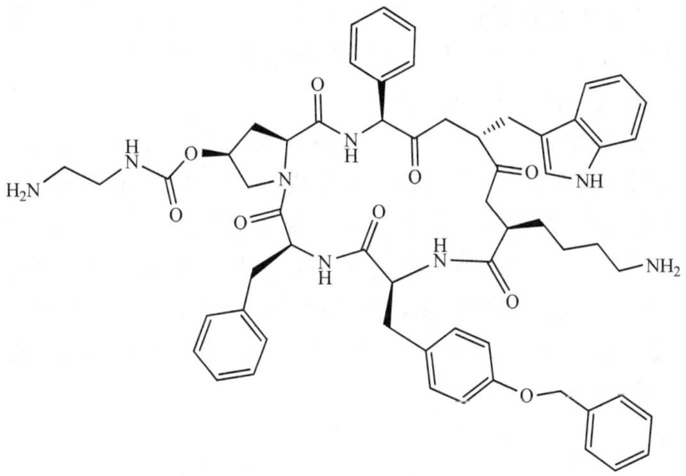

图 6-29 帕瑞肽的化学结构式

【批准上市时间/适应证/给药途径】 2012 年 12 月，美国 FDA 批准了新"孤儿药"帕瑞肽注射液用于治疗不能通过手术治疗的库欣病患者。2014 年 12 月，FDA 批准诺华旗下的长效生长激素抑制剂类似物药物 Signifor LAR（帕瑞肽）用于不适合手术治疗或尚未治愈及第一代生长抑素类似物（SSA）控制不佳的肢端肥大症成人患者的治疗。

【药物简介】 帕瑞肽为一种生长激素抑制剂类似物，可通过与其受体结合抑制 ACTH 的释放从而减少皮质醇分泌。帕瑞肽的安全性和有效性是通过一项前瞻性、随机、双盲的III期临床试验进行评估的，纳入 162 名尿游离皮质醇（UFC）水平为正常上限值的 1.5 倍且无法进行手术治疗的库欣病患者，患者随机接受帕瑞肽 900μg 或 600μg 皮下注射，6 个月后，900μg 治疗组患者 UFC 水平达到主要终点。结果显示，试验中接受帕瑞肽治疗的患者 24h 尿量中皮质醇水平降低，这一降低在启动该药治疗后的一个月时即可见到，有 20%的患者的皮质醇水平可降至正常范围。

【药物制剂】 注射液，1ml 含 0.3mg 或 0.6mg 或 0.9mg（以帕瑞肽计）三种规格。肌内注射，每次 0.3mg，每天 2 次。Signifor LAR 是新一代长效缓释剂型帕瑞肽，每月肌内注射一次。

【国内上市信息】 国内已上市。爱尔兰 Novartis Europharm Limited 于 2015 年进口中国（注册证号：H20150319）。

42. 利那洛肽

【药品通用名/商品名】 令泽舒；Linzess；Linaclotide；利那洛肽。

【CAS】 851199-60-5。

【氨基酸序列/结构式】 见图 6-30。

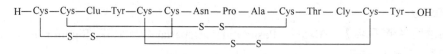

图 6-30 利那洛肽的化学结构式

【申请机构】 Ironwood Pharmaceuticals，Inc.和 Forest Laboratories，Inc.。

【批准上市时间/适应证/给药途径】 2012 年 8 月 30 日获美国 FDA 批准上市，商品名为 Linzess。该药为胶囊剂，口服，用于治疗便秘肠易激综合征（IBS-C）和慢性特发性便秘（CIC），它是首个具有此种作用机制的治疗便秘的药物。

【药物简介】 利那洛肽是一种鸟苷酸环化酶 C 激动剂，它与肠道 GC-C 结合后，导致细胞内和细胞外环鸟苷酸（cGMP）浓度升高。细胞内 cGMP 升高可以刺激肠液分泌，加快胃肠道移行，从而增加排便频率；细胞外 cGMP 浓度升高会降低痛觉神经的灵敏度、降低肠道疼痛。

【药物制剂】 胶囊剂，规格分为 145μg 和 290μg 两种规格。胶囊的无活性成分包括：氯化钙二水合物，*L*-亮氨酸，羟丙甲纤维素，微晶纤维素，明胶和二氧化钛。

【国内上市信息】 国内已上市。2019 年由瑞士 Ironwood Pharmaceuticals GmbH 进口中国，290μg 规格（注册证号：H20191007）。

第二节　仅在国内上市的多肽药物

表 6-4　仅在国内上市的多肽药物

序号	名称	来源	适应证
1	丙胺瑞林	化学合成	子宫内膜异位症，子宫肌瘤
2	氨碘肽	猪全眼球和甲状腺经酶水解得到的混合物，含有有机碘及 18 种氨基酸，多肽，核苷酸和多种微量元素	早期老年性白内障及玻璃体混浊等眼病
3	氨肽素	经猪蹄甲提取得到的活性物质，含多种氨基酸和多肽	原发性血小板减少性紫癜、白细胞减少症、再生障碍性贫血及银屑病
4	复方氨肽素片	主要成分氨肽素是从动物脏器提取的活性物质，含多种氨基酸、多肽及微量元素	银屑病（牛皮癣）
5	胰激肽原酶肠溶片	胰激肽原酶，系自猪胰中提取的蛋白酶。本品为肠溶衣片，除去包衣后显类白色或淡褐色。	血管扩张药。有改善微循环作用。主要用于微循环障碍性疾病，如糖尿病引起的肾病、周围神经病、视网膜病、眼底病及缺血性脑血管病，也可用于高血压的辅助治疗
6	人参糖肽注射液	以人参为原料，经提取人参糖肽配制而成	补气、生津、止渴，用于治疗消渴症。对糖尿病慢性并发症的预防和治疗效果显著，并能增加机体免疫力。适用气阴两虚型消渴症

续表

序号	名称	来源	适应证
7	胸腺肽肠溶胶囊	化学合成	①用于 18 岁以上的慢性乙型肝炎患者；②各种原发性或继发性 T 细胞缺陷病；③某些自身免疫性疾病（如类风湿性关节炎、系统性红斑狼疮等）；④各种细胞免疫功能低下的疾病；⑤肿瘤的辅助治疗
8	云芝胞内糖肽口服溶液	主成分为云芝胞内糖肽，它是杂色云芝菌经深层培养，由菌体提取获得的糖肽类物质	用于慢性乙型肝炎、肝癌的辅助治疗，亦可用于免疫功能低下者
9	注射用抑肽酶	来自牛肺的单体球状蛋白	①治疗和预防各种纤维蛋白溶解所引起的急性出血；②抑制血管扩张，血管通透性增加所引起的血压下降或休克状态；③各型胰腺炎的预防和治疗；④腹腔疾病或手术引起的腹腔粘连
10	促肝细胞生长素	新鲜乳猪肝脏中提取的小分子多肽	重型病毒性肝炎的辅助治疗
11	蜂毒注射液	蜂毒腺和副腺分泌的一种微黄色透明液体，由多肽类、酶类及生物胺等物质组成	风湿性关节炎、类风湿性关节炎、强直性脊柱炎、周围神经炎、神经痛
12	甘露聚糖肽	不同链长的甘露聚糖肽分子构成的具有一定均一性的混合物，主要从菌株培养液提取	免疫促进剂，用于多种感染、再生障碍性贫血、肿瘤等辅助治疗
13	骨肽	猪四肢骨中提取得到的活性多肽	骨折的治疗及风湿类风湿关节炎等的辅助治疗
14	科博肽	华南眼镜蛇提取的不含心脏毒性成分，也无酶活性的低分子量蛋白	晚期癌症疼痛、慢性关节痛、坐骨神经痛、神经性疼痛、三叉神经痛等慢性疼痛
15	鹿瓜多肽	梅花鹿骨骼、甜瓜的种子提取得到，含骨诱导作用的多肽类生物因子，游离氨基酸，有机钙磷等	治疗关节炎、类风湿性关节炎，促进骨愈合，抗炎镇痛，治疗非创伤性股骨头缺血性坏死状，以及肢体缺血-再灌注损伤的保护等
16	脑苷肌肽	家兔肌肉提取物，牛脑神经节苷脂提取物混合	心肌和脑部疾病引起的功能障碍
17	尿多酸肽注射液	人尿液提取的多种有机酸和多种分子质量在6000Da 以下的多肽	胶质瘤、乳腺癌的治疗及晚期乳腺癌和非小细胞肺癌的辅助治疗
18	脾氨肽	猪或牛脾脏提取得到的含多肽、氨基酸和多核苷酸的混合物	慢性乙肝及过敏性鼻炎，免疫功能调节的辅助治疗
19	蹄甲多肽	猪蹄甲提取物，包含蛋白质、多肽和氨基酸等	月经过多及功能性子宫出血
20	胎盘多肽注射液	胎盘提取的小分子活性多肽	治疗细胞免疫功能降低或失调引起的疾病、病毒性感染引起的疾病及各种原因所致的白细胞减少症，促进术后愈合
21	小牛脾提取物注射液	多肽和核糖混合物	再生障碍性贫血、原发性血小板减少、放射线引起的白细胞减少及各种恶性肿瘤
22	蝎毒注射液	东亚钳蝎的毒素蛋白配制的注射液	风湿或类风湿痛、肩周炎、骨关节痛、神经性痛、坐骨神经痛、三叉神经痛、腰腿痛、癌性疼痛
23	心肌肽	幼龄猪心室肌提取的多肽类物质，平均分子质量 5000Da	冠状动脉旁路移植术等心脏手术
24	血管紧张素	一类寡肽类激素	引起血管收缩，发挥升血压作用
25	眼氨肽	牛或猪眼球以乙醇提取除去蛋白质制得的溶液，含多种氨基酸、多肽、核苷酸及微量钙和镁等	角膜炎、视力疲劳、青少年假性近视

第三节　多肽化妆品

含多肽成分的化妆品如表 6-5 所示，多肽化妆品使用的多肽原料如表 6-6 所示。

表 6-5　含多肽成分的化妆品

序号	产品名称	企业名称	批准文号
1	苗谣逸彩淡斑多肽精华霜	丹东市黄海化妆品厂	国妆特字 G20140281
2	艾茉尔多肽抗皱紧致保湿精华液	艾茉尔实验室有限公司	国妆备进字 J20170900
3	怡智韩多肽紧致面膜	(株)怡智韩化妆品	国妆备进字 J20174110

序号	产品名称	企业名称	批准文号
4	安娜贝拉多肽拉提抗皱面膜	富比积生物科技股份有限公司	国妆备进字 J20175724
5	谜之芬多肽精华修复霜	韩国谜之芬有限公司	国妆备进字 J20175106
6	谜之芬赋活多肽安瓶	韩国谜之芬有限公司	国妆备进字 J20177361
7	安娜贝拉多肽亮泽紧致滋润晚霜	富比积生物科技股份有限公司	国妆备进字 J20175680
8	贝妍德多肽护理精华面膜	LG 生活健康股份有限公司	国妆备进字 J201710466
9	珂蕾诗梦多肽黄金滚珠眼部精华液	振镐 CNF 有限公司	国妆备进字 J20177675
10	大红帽松露多肽面膜	上海十艺化妆品有限公司	国妆备进字 J20179198
11	安娜贝拉多肽亮泽紧致面膜	富比积生物科技股份有限公司	国妆备进字 J20177236
12	安娜贝拉多肽亮泽紧致水凝日霜	富比积生物科技股份有限公司	国妆备进字 J20177237
13	宝迪佳肌肤学水能活颜多肽精华	宝迪佳化妆品公司	国妆备进字 J20180111
14	栢得蓝铜多肽精华液	柏薇菈美容事业有限公司	国妆备进字 J20139221
15	唯 77 臻颜多肽知母焕颜紧致精华	派安科技有限公司	国妆备进字 J20183228 国妆备进字 J20188448
16	柏薇菈蓝铜多肽抗皱面膜	柏薇菈美容事业有限公司	国妆备进字 J20181534
17	迪特伊诺得多肽精华面膜(保湿)	美颜达妆公司	国妆备进字 J20181459
18	安思亲多肽保湿精华凝胶眼贴膜	(株)丽姿安	国妆备进字 J20184516
19	茵紫媚登美肌多肽精华霜	美雅(惠州)化妆品有限公司	国妆备进字 J20184851
20	黛尔珀多肽抗皱控油平衡爽肤水	株式会社碧莫纽门特	国妆备进字 J20187771
21	黛尔珀多肽抗皱控油修复面霜	株式会社碧莫纽门特	国妆备进字 J20187751
22	黛尔珀多肽抗皱控油洁面啫喱	株式会社碧莫纽门特	国妆备进字 J20187770
23	唯 77 臻颜多肽知母焕亮紧致精华	派安科技有限公司	国妆备进字 J20188448
24	自然之爱多肽焕肤精华	自然之爱	国妆备进字 J20185494
25	达尔肤多肽抗皱护眼霜	达尔肤生医科技股份有限公司	国妆备进字 J201713417
26	达尔肤多肽紧致修护精华液	达尔肤生医科技股份有限公司	国妆备进字 J20182519
27	宝迪佳肌肤学美肤保湿多肽精华	宝迪佳化妆品公司	国妆备进字 J20189984
28	活力美人多肽山茶保湿霜	祎美生技有限公司	国妆备进字 J20189735
29	维研肤修护舒缓多肽弹力霜	株式会社科丝莫科	国妆备进字 J20189960
30	派安科技臻颜多肽积雪草紧致精华	派安科技有限公司	国妆备进字 J20188569
31	宝迪佳肌肤学提拉紧致多肽精华	宝迪佳化妆品公司	国妆备进字 J20189983
32	达尔肤多肽抗皱精华安瓶	达尔肤生医科技股份有限公司	国妆备进字 J201811670
33	韩美惠香石榴猕猴桃多肽紧肤面膜	上海显龙生物科技有限公司	国妆备进字 J201812009
34	葆美睿多肽弹力修复精华液	美迪安思有限公司	国妆备进字 J201813282
35	奥乐芬多肽滋养修护精华液	生物科技医学研究有限公司	国妆备进字 J201815832
36	木彦多肽弹力提拉面膜	海木彦皓化妆品有限公司	国妆备进字 J201815292
37	葆美睿多肽弹力修复面膜	美迪安思有限公司	国妆备进字 J201813551
38	奥凝丽多肽紧致精华素	奥凝丽公司	国妆备进字 J201815613
39	诺伊丽滋多肽营养眼霜	北京歌颜诺侬生物科技有限公司	国妆备进字 J201814821
40	TT 胶原多肽修护面膜	波特嫚国际生物科技股份有限公司	国妆备进字 J20190714
41	TT 胶原多肽修护霜	波特嫚国际生物科技股份有限公司	国妆备进字 J20190715
42	芭碧儿多肽抗皱紧致晚霜	贝里奥斯卡有限公司	国妆备进字 J20147806
43	润妮秀多肽霜	株式会社润妮秀	国妆备进字 J20147830

表 6-6　多肽化妆品使用的多肽原料

中文名	状态	来源
丙氨酸/组氨酸/赖氨酸多肽铜 HCl	已使用原料	CFDA 已使用化妆品原料名称目录
大豆（GLYCINE MAX）多肽	已使用原料	CFDA 已使用化妆品原料名称目录
酵母菌多肽类	已使用原料	CFDA 已使用化妆品原料名称目录
精氨酸/赖氨酸多肽	已使用原料	CFDA 已使用化妆品原料名称目录
抗坏血酸多肽	已使用原料	CFDA 已使用化妆品原料名称目录
视黄醇/酵母菌属多肽	已使用原料	CFDA 已使用化妆品原料名称目录
胆钙化醇/酵母多肽	《国际化妆品原料字典和手册（第十二版）》已收录	国际化妆品原料标准中文名称目录（2010 年版）
维生素 B_{12}/酵母多肽	《国际化妆品原料字典和手册（第十二版）》已收录	国际化妆品原料标准中文名称目录（2010 年版）
肉豆蔻酰基甘氨酸/组氨酸/赖氨酸多肽	《国际化妆品原料字典和手册（第十二版）》已收录	国际化妆品原料标准中文名称目录（2010 年版）
烟酰胺/酵母多肽	《国际化妆品原料字典和手册（第十二版）》已收录	国际化妆品原料标准中文名称目录（2010 年版）
泛酸/酵母多肽	《国际化妆品原料字典和手册（第十二版）》已收录	国际化妆品原料标准中文名称目录（2010 年版）
多肽-23	《国际化妆品原料字典和手册（第十二版）》已收录	国际化妆品原料标准中文名称目录（2010 年版）
视黄醇棕榈酸酯/胡萝卜多肽	《国际化妆品原料字典和手册（第十二版）》已收录	国际化妆品原料标准中文名称目录（2010 年版）
硫胺素/酵母多肽	《国际化妆品原料字典和手册（第十二版）》已收录	国际化妆品原料标准中文名称目录（2010 年版）
生育酚/小麦多肽	《国际化妆品原料字典和手册（第十二版）》已收录	国际化妆品原料标准中文名称目录（2010 年版）

第四节　多肽保健食品

多肽保健食品如表 6-7 所示。

表 6-7　多肽保健食品

产品名称	保健功能	主要原料	批准文号
普力特牌卵清蛋白多肽牛磺酸口服液	增强免疫力	卵清蛋白多肽粉、牛磺酸、白砂糖、柠檬酸、纯化水	国食健字 G20150413
苷肽易族牌核苷酸大豆多肽胶囊	增强免疫力	西洋参、制何首乌、巴戟天、麦冬、枸杞子、大豆多肽粉、二氧化硅	国食健注 G20070392
巨日牌希诺泰口服液	免疫调节	白蛋白多肽粉、低聚果糖	国食健字 G20041411
金时光牌蛋白粉	免疫调节	大豆分离蛋白、大豆多肽、乳清粉、麦芽糊精、改性大豆磷脂	国食健字 G20040886
同健牌益寿泰胶囊	延缓衰老、抗突变	酪蛋白复合多肽、香菇、红花、枸杞、茯苓、蝮蛇	卫食健字（2002）第 0602 号

续表

产品名称	保健功能	主要原料	批准文号
天圣牌益寿口服液	延缓衰老、抗疲劳	鲜猪脑提取液、猪脾多肽、枸杞子、绞股蓝、龙眼肉、红枣	卫食健字（2001）第 0227 号
均衡牌钙（儿童型）咀嚼片	补钙	碳酸钙、维生素 D_3，乳酸亚铁、乳酸锌、酪蛋白磷酸多肽等	卫食健字（2000）第 0443 号
三士牌消渴康颗粒	调节血糖	小麦提取物（淀粉酶抑制剂-类多肽）、黄芪、红参、地黄、丹参	卫食健字（2000）第 0224 号
铁骨牌酪蛋白磷酸肽+钙胶囊	补钙	酪蛋白磷酸多肽，乳酸钙，乳酸亚铁	卫食健字（1998）第 496 号
铁骨晶冲剂	增加骨密度	酪蛋白磷酸多肽、乳酸钙、乳酸亚铁、蔗糖、环糊精、食用香精	卫食健字（1997）第 685 号

参 考 文 献

国家食品药品监督管理局，2007. 合成多肽药物药学研究技术指导原则.

韩香，顾军，2003. 高效液相色谱法在合成多肽分离与纯化中的应用. 天津药学，15（6）：42-44.

黄惟德，陈常庆，1985. 多肽液相合成. 北京：科学出版社：1-4，13-91.

黄晓龙，2001. 美国 FDA 关于合成多肽的指导原则. 中国新药杂志，10（8）：626-628.

江来，江荣高，薛艳，2007. 多肽和蛋白微乳制剂及其进展. 天津药学，19（3）：66-69.

李垚，高春生，梅兴国，2007. 蛋白/多肽类药物肺吸入制剂的研究进展. 国外医学：药学分册，34（1）：56-58.

厉保秋，2011. 多肽药物研究与开发. 北京：人民卫生出版社：1-14，71-80，224-282.

励建荣，封平，2004. 功能肽的研究进展. 食品科学，25（11）：415-419.

刘昂，吴梧桐，2003. 制剂新技术在多肽、蛋白质类药物给药系统研究中的应用. 中国现代应用药学杂志，20（2）：110-114.

彭晶晶，王江，戴文豪，等，2020. 先导化合物结构优化策略（七）——肽类分子结构修饰与改造. 药学学报，55（3）：427-445.

彭师奇，1993. 多肽药物化学. 北京：科学出版社：103-214.

秦淑惠，2006. 蛋白质、多肽类药物缓释制剂研究进展. 高校保健医学研究与实践，3（3）：42-43.

宋芸，魏绍川，王永峰，等，2010. 瑞林类寡肽抗癌药物的合成研究进展. 合成化学，18（2）：141-147.

宋芸，钟霞，2017. 促性腺激素释放激素激动剂类药物缓控释制剂研究进展. 中国新药杂志，26（3）：300-303.

孙丽君，全东琴，冯端浩，2008. 蛋白多肽类药物注射缓控释制剂的研究进展. 中国药物应用与监测，5（3）：33-36.

王德心，2004. 固相有机合成——原理及应用指南. 北京：化学工业出版社：6-8，442-454.

王德心，2008. 活性多肽与药物开发. 北京：中国医药科技出版社：1-10.

王军志，2003. 生物技术药物研究开发和质量控制. 北京：科学出版社：85-124.

王克全，徐寒梅，2015. 多肽类药物的研究进展. 药学进展：39（9）：642-650.

王鹏，2009. 指导原则解读系列专题（十五）：合成多肽药物结构确证和质量研究. 中国新药杂志，18（24）：2302-2305.

王鹏，2010. 指导原则解读系列专题（十六）：合成多肽药物的合成工艺中关键问题分析. 中国新药杂志，19（2）：102-105.

徐红岩，朱琦，2008. 亮丙瑞林的固液合成法：CN101195653A.

药智网——中国健康产业大数据服务平台，https://www.yaozh.com/.

叶晓霞，俞雄，2003. 多肽药物分析方法研究进展. 中国医药工业杂志，34（7）：357-361.

张艳华，李影，巨芳，等，2009. 高效液相色谱分离纯化多肽的研究进展. 中国食物与营养，2009（9）：34-36.

周达明，2006. 固相多肽合成亮丙瑞林的制备方法：CN1865280A.

邹良，肖国民，钱林法，等，2004. 胸腺肽明胶微球的制备和体外释药的特性. 中国医院药学杂志，24（9）：524-526.

N 休厄德，H D 贾库布克，2005. 肽：化学与生物学. 刘克良，何军林 译. 北京：科学出版社：27-40.

Agu R U，Ugwoke M I，Armand M，et al，2001. The lung as a route for systemic delivery of therapeutic proteins and peptides. Respir Res，2（4）：198-209.

Beck J G，Chatterjee J，Laufer B，et al，2012. Intestinal permeability of cyclic peptides: common key backbone motifs identified. J Am Chem Soc，134（29）：12125-12133.

Behnam M A，Nitsche C，Vechi S M，et al，2014. C-Terminal residue optimization and fragment merging: discovery of a potent peptide-hybrid inhibitor of dengue protease. ACS Med Chem Lett，5（9）：1037-1042.

Berkowitz D B，Pedersen M L，1994 Simultaneous amino and carbonyl group protection for α-branched amino acids. J Org Chem，59（18）：5476-5478.

Berta P O，Marc C P，Gemma J F，et al. 2005. Peptide Synthesis Procedure in Solid Phase: US6897289 B1.

Bosquillon C，Preat V，Vanbever R，2004. Pulmonary delivery of growth hormone using dry powders and visualization of its local fate in rats. J Control Release，96（2）：233-244.

Carpino L A, Han G Y, 1970. 9-Fluorenylmethoxycarbonyl function, a new base-sensitive amino-protecting group. J Am Chem Soc, 92（19）: 5748-5749.

Chittoshi H, Yasuaki A, Mitsuhisa Y, 2001. Method for Producing Peptides and Their Salts Which Have an Agonist Activity of Luteinizing Hormone Releasing Hormones Secreted from the Hypothalamus: US6211333.

Cotton R, Giles M B, 1992. Solid Phase Peptide Synthesis: EP0518655A.

Coy D H, Coy E J, Schally A V, et al. 1974. Synthesis and biological properties of [D-ala-6, des-gly-NH₂-10]-LH-RH ethylamide, a peptide with greatly enhanced LH-and FSH-releasing activity. Biochem Biophys Res Commun, 57: 335-340.

Coy D H, Coy E J, Schally A V, et al. 1975. Synthesis and biological activity of LH-RH analogs modified at the carboxyl terminus. J Med Chem, 18（3）: 275-277.

Daniel K, Gerhard J, Voker A, 2007. Solution-Phase Synthesis of Leuprolide: EP1790656.

Driggers E M, Hale S P, Lee J, et al, 2008. The exploration of macrocycles for drug discovery-an under exploited structural class. Nat Rev Drug Discov, 7（7）: 608-624.

Dutta A S, Furr B J A, Giles M B, 1978. Polypeptide. US4100274.

FDA, 1994. Guidance for Industry for the Submission of Chemistry, Manufacturing, and Controls Information for Synthetic Peptide Substances.

Fujino M, Kobayashi S, Obayashi M, et al. 1974. The Use of N-Hydroxy-5-norbornene-2, 3-dicarboximide active ester in peptide synthesis. Chem Pharm Bull, 22: 1857-1863.

Hu K, Geng H, Zhang Q Z, et al, 2016. An in-tether chiral center modulates the helicity, cell permeability, and target binding affinity of a peptide. Angew Chem Int Ed, 55（28）: 8013-8017.

Ikota N, Shioiri T, Yamada S, 1980. Amino Acids and Peptides. XXX. Phosphorus in Organic Synthesis. XVII. Application of Diphenyl Phosphorazidate（DPPA）and Diethyl Phosphorocyanidate（DEPC）to Solid-phase Peptide Synthesis. Chem. Pharm. Bull., 28: 3064-3069.

Jacques C, Eric F, Patrick J, 1991. Oxybenzotriazole free peptide coupling reagents for N-methylated amino acids. Tetrahedron Lett, 32（17）: 1967-1970.

Kim K M, Ryoo S J, Cha K H, et al. 2008. A Method for Preparing Peptides Using by Solid Phase Synthesis: WO 2008044890A1.

Knudsen L B, Lau J, 2019. The discovery and development of liraglutide and semaglutide. Front Endocrinol, 10（1）: 155-186.

Lam X M, Duenas E T, Daugherty A L, et al, 2000. Sustained release of recombinant human insulin-like growth factor-1 for treatment of diabetes. J Controlled Release, 67（2）: 281-292.

Lau J, Bloch P, Schaffer L, et al, 2015. Discovery of the once-weekly glucagon-like peptide-1（GLP-1）analogue semaglutide. J Med Chem, 58（18）: 7370-7380.

Ma Y Y, Shang C Y, Yang P, et al, 2018. 4-Iminooxazolidin-2-one as a bioisostere of the cyanohydrin moiety: inhibitors of enterovirus 71 3C protease. J Med Chem, 61（22）: 10333-10339.

Matsueda R, Maruyama H, Kitazawa E, et al. 1973. Solid phase peptide synthesis by oxidation-reduction condensation. synthesis of LH-RH by fragment condensation on solid support. Bull Chem Soc Japan, 46（10）: 3240-3247.

Mroz P A, Perez-Tilve D, Liu F, et al, 2016. Pyridyl-alanine as a hydrophilic, aromatic element in peptide structural optimization. J Med Chem, 59（17）: 8061-8067.

Reinhard K, Arnold T, Bannwarth W, et al. 1989. New coupling reagents in peptide chemistry. Tetrahedron Lett, 30（15）: 1927-1930.

Rizzuti B, Bartucci R, Sportelli L, et al, 2015. Fatty acid binding into the highest affinity site of human serum albumin observed in molecular dynamics simulation. Arch Biochem Biophys, 579: 18-25.

Shinagawa S, Fujino M, 1975. Synthesis of a highly potent analog of luteinizing hormone releasing hormone（LH-RH）: [Des-Gly-NH₂¹⁰, Pro-NH-Et⁹]-LH-RH. Chem Pharm Bull, 23（1）: 229-232.

Steer D L, Lew R A, Perlmutter P, et al, 2002. β-Amino acids: versatile peptidomimetics. Curr Med Chem, 9: 811-822.

Stevenson C L, 2009. Advances in peptide pharmaceuticals. Curr Pharm Biotechnol, 10（1）: 122-137.

Ugwoke M I, Agu R U, Verbeke N, et al, 2005. Nasal mucoadhesive drug delivery: background, applications, trends and future perspectives. Adv Drug Deliv Rev, 57（11）: 1640-1665.

Wang C, Shi W G, Cai L F, et al, 2014. Artificial peptides conjugated with cholesterol and pocket-specific small molecules potently inhibit infection by laboratory-adapted and primary HIV-1 isolates and enfuvirtide-resistant HIV-1 strains. J Antimicrob Chemother，69（6）：1537-1545.

White T R，Renzelman C M，Rand A C，et al，2011. On-resin *N*-methylation of cyclic peptides for discovery of orally bioavailable scaffolds. Nat Chem Biol，7（11）：810-817.

Xu S Q，Li H，Shao X X，et al，2012. Critical effect of peptide cyclization on the potency of peptide inhibitors against dengue virus NS2B-NS3 protease. J Med Chem，55（15）：6881-6887.

Yarshosaz J, Sadrm H, Alinagafi R, 2004. Nasal delivery of insulin using chitosan microspheres. J Microencapsual, 21（7）：761-774.

Zhai Y，Zhao X S，Cui Z J，et al，2015. Cyanohydrin as an anchoring group for potent and selective inhibitors of enterovirus 71 3C protease. J Med Chem，58（24）：9414-9420.

Zurit A T，Oshrat C E，Karmiel S S，et al. 2006. Methods for the Production of Peptide Derivatives. Us 20060276626A1.

（宋　芸）

附　　录

附录 I　国内外多肽/多肽药物主要专著及期刊

I -1.　国内多肽/多肽药物主要专著

序号	专著名称	主编	出版时间
1	多肽药物研究与开发	厉保秋	2011 年
2	活性多肽与药物开发	王德心	2008 年
3	肽：化学与生物学	N.休厄德（刘克良，何军林译）	2005 年
4	固相有机合成——原理及应用指南	王德心	2004 年
5	神经肽基础与临床	路长林	2000 年
6	多肽药物化学	彭师奇	1993 年
7	多肽合成	黄惟德	1985 年
8	多肽合成副反应	杨翼	2015 年
9	中国动物多肽毒素	梁宋平，张云	2016 年
10	多肽制备技术	何东平，刘良忠	2013 年
11	多肽治疗肿瘤新方法	袁国栋，陈栋梁	2004 年
12	乳蛋白及多肽的结构与功能	任发政	2015 年
13	生物活性多肽特性与营养学应用研究	王立晖	2016 年
14	梁宋平教授文集：蛋白质与活性多肽探索	梁宋平	2010 年
15	蛋白质多肽序列表征方法及其应用	舒茂，林治华，杨力	2010 年
16	多肽的世界：认识功能肽	陈栋梁	2003 年
17	多肽营养学	陈栋梁	2006 年
18	酶法多肽——人类健康卫士	邹远东	2015 年
19	多肽激素的当代理论和应用	盛树力	1998 年
20	多肽生长因子与脊髓损伤	王廷华，冯忠堂	2003 年
21	多肽生长因子基础与临床	周廷冲	1992 年

I -2.　国外多肽/多肽药物主要专著

序号	专著名称	主编	出版时间
1	Peptide Self-Assembly：Methods and Protocols	Bradley Nilsson，Todd M. Doran	2018
2	Peptide Libraries Method and Protocols	Ratmir Derda	2015
3	Application of Peptide-Based Prodrug Chemistry in Drug Development	Arnab De	2013
4	Peptide Microarrays：Methods and Protocols	Marina Cretich，Marcella Chiari	2009
5	Mass spectrometry of Proteins and Peptides：Methods and Protocols	Mary S. Lipton，Ljiljana Pasa-Tolic	2008
6	Peptide-Based Drug Design：Methods and Protocols	Laszlo Otvos	2008
7	Handbook of Biologically Active Peptides	Abba J. Kastin	2006
8	Handbook of Cell-Penetrating Peptides	Ulo Langel	2006
9	Chemitry of Peptide Synthesis	O. Leo Benoiton	2005
10	Therapeutic Peptides and Proteins：Formulation，Processing，and Delivery Systems	Ajay K. Banga	2005

续表

序号	专著名称	主编	出版时间
11	Fmoc Solid Phase Peptide Synthesis：A Practical Approach	Wang C. Chan	2000
12	HPLC of Peptides and Proteins：Methods and Protocols（Methods in Molecular Biology）	Marie-Isabel Aguilar	2004
13	Pore-forming Peptides and Protein Toxins	Gianfranco Menestrina，Mauro Dalla Serra	2003
14	Cell-Penetrating Peptides：Processes and Applications	Ulo Langel	2002
15	Amino Acids and Peptide Synthesis	John Jones	2002
16	Peptide Nucleic Acids：Methods and Protocols（Methods in Molecular Biology）	Peter E. Nielsen	2002
17	Self-Assembling Peptide Systems in Biology，Medicine and Engineering	A. Aggeli	2001
18	Peptide Antibiotics	Christopher Dutton	2001
19	Peptide and Protein Drug Analysis	Ronald Reid	2000
20	Peptide Science-Present and Future	Yasutsugu Shimonishi	1999
21	Peptidomimetics Protocols（Methods in Molecular Medicine）	Wieslaw M. Kazmierski	1999
22	Antibacterial Peptide Protocols	William M. Shafer	1997
23	Protein and Peptide Analysis by Mass Spectrometry（Method in Molecular Biology）	John R. Chapman	1996
24	Peptide Synthesis Protocols	Michael W. Pennington	1994
25	HPLC of Peptides and Proteins：Separation，Analysis，and Conformation	Colin T. Mant，Robert S. Hodges	1991

1-3.　国内外多肽/多肽药物主要期刊

序号	ISSN	英文名称	中文名称	出版国家	网址
1	0167-0115	Regulatory Peptides	调节肽	荷兰	http://www.sciencedirect.com/science/journal/01670115
2	0196-9781	Peptides	肽	美国	http://www.sciencedirect.com/science/journal/01969781
3	1075-2617	Journal of Peptide Science	肽科学杂志	英国	http://www3.interscience.wiley.com/journal/106586621/home

附录Ⅱ　缩写符号说明

缩写	结构	名称
Boc₂O		二碳酸二叔丁酯 di-*tert*-butyl dicarbonate
DCC		二环己基碳二亚胺 *N,N'*-dicyclohexylcarbodiimide
HOBt		1-羟基苯并三氮唑一水物 1-hydroxybenzotriazole hydrate
BOP-Cl		双(2-氧代-3-噁唑烷基)次磷酰氯 bis(2-oxo-3-oxazolidinyl)phosphinic chloride
HOSu		*N*-羟基琥珀酰亚胺 *N*-hydroxy-succinimide

续表

缩写	结构	名称
PyBOP		1H-苯并三唑-1-基氧三吡咯烷基六氟磷酸盐 benzotriazol-1-yl-oxytripyrrolidino-phosphonium hexafluorophosphate
HATU		2-(7-氮杂苯并三氮唑)-N, N, N′, N′-四甲基脲六氟磷酸酯 2-(7-aza-1H-benzotriazole-1-yl)-1, 1, 3, 3-tetramethyluronium hexafluorophosphate
DPPA		叠氮磷酸二苯酯 diphenylphosphoryl azide
DEPBT		3-(二乙氧基邻酰氧基)-1, 2, 3-苯并三嗪-4-酮 3-(diethoxyphosphoryloxy)-1, 2, 3-benzotrizin-4(3H)-one
HBTU		苯并三氮唑-N, N, N′, N′-四甲基脲六氟磷酸盐 2-(1H-benzotriazole-1-yl)-1, 1, 3, 3-tetramethyluronium hexafluorophosphate
TBTU		2(1H-苯并三偶氮 L-1-基)-1, 1, 3, 3-四甲基脲四氟硼酸酯 2-(1H-benzotriazole-1-yl)-1, 1, 3, 3-tetramethyluronium tetrafluoroborate
HCTU		6-氯苯并三氮唑-1, 1, 3, 3-四甲基脲六氟磷酸酯 O-(6-chlorobenzotriazol-1-yl)-N, N, N′, N′-tetramethyluronium tetrafluoroborate
FDPP		五氟苯基二苯基磷酸酯 pentafluorophenyl diphenylphosphinate
Et₃N		三乙胺 triethylamine

续表

缩写	结构	名称
NMM		N-甲基吗啉 4-methylmorpholine
DIPEA		N, N-二异丙基乙胺 N-ethyl-N-isopropylpropan-2-amine
FmocCl		氯甲酸-9-芴甲酯 9-fluorenylmethyl chloroformate
pGlu		焦谷氨酸 pyroglutamate
TFA		三氟乙酸 2, 2, 2-trifluoroacetic acid
DMF		N, N-二甲基甲酰胺 N, N-dimethylformamide
THF		四氢呋喃 tetrahydrofuran
DIEA		二异丙基乙胺 3-ethyl-2, 4-dimethylpentane
TIS		三异丙基硅烷 triisopropylsilane
EDT		1, 2-乙二硫醇 1, 2-ethanedithiol
PIP		哌啶 piperidine
Trt		三苯甲基 triphenylmethyl

续表

缩写	结构	名称
Brz		间溴苄基 *m*-bromobenzyl
Bom		苄氧甲基 bom benzyloxymethyl
Tos		对甲苯磺酰基 *p*-toluenesulfonyl
Dnp		2, 4-二硝基苯甲基 2, 4-dinitrop·henylmethyl
Z		苄氧羰基 carbobenzoxy
Tfa		三氟乙酰基 trifluoroacetyl
Xan		氧杂蒽基 oxaanthralene
But		叔丁基 tertiary butyl
Bzl		苄基 benzyl